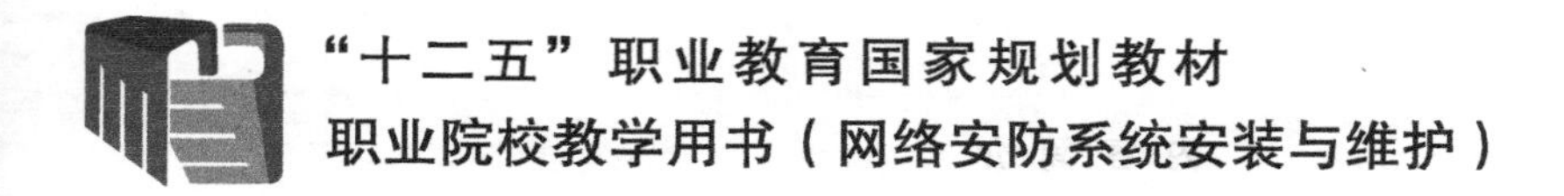

电工电子技术与技能

王　伟　石伟坤　主编
何文生　朱志辉　主审

電子工業出版社
Publishing House of Electronics Industry
北京・BEIJING

内 容 简 介

本书根据教育部颁发的《中等职业学校专业教学标准（试行）信息技术类（第二辑）》中的相关教学内容和要求编写。本书的编写从满足经济发展对高素质劳动者和技能型人才的需求出发，在课程结构、教学内容、教学方法等方面进行了新的探索与改革创新，以利于学生更好地掌握本课程的内容及理论知识，提高实际操作技能。

本书由 10 个项目组成，分别讲述了安全用电、常用仪器仪表、直流电路、交流电路、常用半导体器件、整流/滤波及稳压电路、放大电路和集成运放、逻辑电路、常用传感器件、供电系统电路安装。在实训项目内容设置上，注意广泛性、先进性、实用性、趣味性，注重学生工程实际能力的培养。

本书是网络安防系统安装与维护专业的核心课程教材，也可作为各类计算机组装与维护培训班的教材，还可以供计算机组装与维护人员参考学习。

图书在版编目（CIP）数据

电工电子技术与技能/王伟，石伟坤主编. —北京：电子工业出版社，2017.9
ISBN 978-7-121-32648-6

Ⅰ. ①电… Ⅱ. ①王… ②石… Ⅲ. ①电工技术－中等专业学校－教材②电子技术－中等专业学校－教材 Ⅳ. ①TM②TN

中国版本图书馆 CIP 数据核字（2017）第 218251 号

策划编辑：杨　波
责任编辑：李　蕊
印　　刷：北京七彩京通数码快印有限公司
装　　订：北京七彩京通数码快印有限公司
出版发行：电子工业出版社
　　　　　北京市海淀区万寿路 173 信箱　邮编　100036
开　　本：787×1 092　1/16　印张：15.5　字数：396.8 千字
版　　次：2017 年 9 月第 1 版
印　　次：2022 年 8 月第 6 次印刷
定　　价：35.00 元

凡所购买电子工业出版社图书有缺损问题，请向购买书店调换。若书店售缺，请与本社发行部联系，联系及邮购电话：（010）88254888，88258888。

质量投诉请发邮件至 zlts@phei.com.cn，盗版侵权举报请发邮件至 dbqq@phei.com.cn。

本书咨询联系方式：（010）88254617，luomn@phei.com.cn。

编审委员会名单

序

PROLOGUE

当今是一个信息技术主宰的时代，以计算机应用为核心的信息技术已经渗透到人类活动的各个领域，彻底改变着人类传统的生产、工作、学习、交往、生活和思维方式。和语言、数学等能力一样，信息技术应用能力也已成为人们必须掌握的、最为重要的基本能力。职业教育作为国民教育体系和人力资源开发的重要组成部分，信息技术应用能力和计算机相关专业领域专项应用能力的培养，始终是职业教育培养多样化人才、传承技术技能、促进就业创业的重要载体和主要内容。

信息技术的发展，特别是数字媒体、互联网、移动通信等技术的普及应用，使信息技术的应用形态和领域都发生了重大的变化。第一，计算机技术的使用扩展至前所未有的程度，桌面电脑和移动终端（智能手机、平板电脑等）的普及，网络和移动通信技术的发展，使信息的获取、呈现与处理无处不在，人类社会生产、生活的诸多领域已无法脱离信息技术的支持而独立进行。第二，信息媒体处理的数字化衍生出新的信息技术应用领域，如数字影像、计算机平面设计、计算机动漫游戏、虚拟现实等。第三，信息技术与其他业务的应用有机地结合，如与商业、金融、交通、物流、加工制造、工业设计、广告传媒、影视娱乐等结合，形成了一些独立的生态体系，综合信息处理、数据分析、智能控制、媒体创意、网络传播等日益成为当前信息技术的主要应用领域，并诞生了云计算、物联网、大数据、3D 打印等，指引未来信息技术应用的发展方向。

信息技术的不断推陈出新及应用领域的综合化和普及化，直接影响着技术、技能型人才信息技术能力的培养定位，并引领着职业教育领域信息技术或计算机相关专业与课程改革、配套教材的建设，使之不断推陈出新、与时俱进。

2009 年，教育部颁布了《中等职业学校计算机应用基础大纲》。2014 年，教育部在 2010 年新修订的专业目录基础上，相继颁布了“计算机应用、数字媒体技术应用、计算机平面设计、计算机动漫与游戏制作、计算机网络技术、网站建设与管理、软件与信息服务、客户信息服务、计算机速录”9 个信息技术类相关专业的教学标准，确定了教学实施及核心课程内容的指导意见。本套教材就是以此为依据，结合当前最新的信息技术发展趋势和企业应用案例组织开发和编写的。

本套系列教材的主要特色

● **对计算机专业类相关课程的教学内容进行重新整合**

本套教材面向学生的基础应用能力，设定了系统操作、文档编辑、网络使用、数据分析、媒体处理、信息交互、外设与移动设备应用、系统维护维修、综合业务运用等内容；针对专业应用能力，根据专业和职业能力方向的不同，结合企业的具体应用业务规划了教材内容。

● **以岗位工作过程来确定学习任务和目标，综合提升学生的专业能力、过程能力和职位差异能力**

本套教材通过以工作过程为导向的教学模式和模块化的知识能力整合结构，体现产业需求与专业设置、职业标准与课程内容、生产过程与教学过程、职业资格证书与学历证书、终身学习与职业教育的“五对接”。从学习目标到内容的设计上，本套教材不再只是专业理论内容的复制，而是经由职业岗位实践—工作过程与岗位能力分析—技能知识学习应用内化的学习实训导引和案例。借助知识的重组与技能的强化，达到企业岗位情境和教学内容要求相贯通的课程融合目标。

● **以项目教学和任务案例实训作为主线**

本套教材通过项目教学，构建了工作业务的完整流程和岗位能力需求体系。项目的确定遵循三个基本目标：核心能力的熟练程度，技术更新与延伸的再学习能力，不同业务情境应用的适应性。教材借助以校企合作为基础的实训任务，以应用能力为核心、以案例为线索，通过设立情境、任务解析、引导示范、基础练习、难点解析与知识延伸、能力提升训练和总结评价等环节引领学习者在任务的完成过程中积累技能和学习知识，并迁移到不同业务情境的任务解决过程中，使学习者在未来可以从容面对不同应用场景的工作岗位。

国务院出台的《加快发展现代职业教育的决定》明确提出要“形成适应发展需求、产教深度融合、中职高职衔接、职业教育与普通教育相互沟通，体现终身教育理念，具有中国特色、世界水平的现代职业教育体系”。现代职业教育体系的建立将带来人才培养模式、教育教学方式和办学体制机制的巨大变革，这无疑给职业院校信息技术应用人才培养提出了新的目标。计算机类相关专业的教学必须适应改革，始终把握技术发展和技术技能人才培养的最新动向，坚持产教融合、校企合作、工学结合、知行合一，为培养出更多适应产业升级转型和经济发展的高素质职业人才做出更大贡献！

前言

PREFACE

为建立健全教育质量保障体系，提高职业教育质量，教育部于 2014 年颁布了中等职业学校专业教学标准（以下简称专业教学标准）。专业教学标准是指导和管理中等职业学校教学工作的主要依据，是保证教育教学质量和人才培养规格的纲领性教学文件。在“教育部办公厅关于公布首批《中等职业学校专业教学标准（试行）》目录的通知”（教职成厅[2014]11 号文）中，强调“专业教学标准是开展专业教学的基本文件，是明确培养目标和规格、组织实施教学、规范教学管理、加强专业建设、开发教材和学习资源的基本依据，是评估教育教学质量的主要标尺，同时也是社会用人单位选用中等职业学校毕业生的重要参考”。

本书简介

全书由 10 个项目单元构成，涵盖了网络安防系统安装与维护专业所需的电工电子的基础知识和基本技能。从安全用电入手，让学生形成安全用电的习惯，掌握电气安全的基础知识和急救方法。然后教会学生正确使用常用的电子电气仪器仪表，并通过学习直流电路、交流电路，了解电路的基本概念和基本分析方法。在电子技术方面，让学生识别常用的半导体器件，通过搭建整流电路和放大电路，了解模拟电路的基础知识；通过表决电路、数码管显示电路及抢答器电路，学习数字电路的基础知识和技能。最后，针对网络安防系统安装与维护专业的需要，介绍了典型传感器电路及供电系统接入的应用知识。

本书按照职业教育的特点，结合网络安防系统安装与维护专业电工电子技术应用的实际情况，既突出技能训练和动手能力的培养，又注意知识、技能体系的相对完整性，符合职业院校学生的学习习惯和学习特点。

课时分配

本书参考课时为 96 学时，具体安排如下：

课时分配表（仅供参考）

教学内容	理　论（讲解与示范）	实　训	合　计
安全用电	4	3	7
常用仪器仪表	6	3	9
直流电路	6	3	9
交流电路	6	3	9
常用半导体器件	6	3	9
整流、滤波及稳压电路	6	3	9
放大电路和集成运放	6	3	9

逻辑电路	8	3	11
常用传感器件	8	4	12
供电系统电路安装	8	4	12
课时总计	**64**	**32**	**96**

本书作者

本书由王伟、石伟坤主编，何文生、朱志辉主审，黄江峰、叶少芬、陈永鸿、谭丽容、王钦礼、吉凤、李昌荣、苏珊珊参编。在编写过程中，得到了全体同人的支持和帮助，在此表示衷心的感谢！

由于编者水平有限，书中难免有疏漏和不足之处，敬请读者批评指正。

教学资源

为了提高学习效率和教学效果，方便教师教学，本书配有电子教案、教学指南等教学资源，请有此需要的读者登录华信教育资源网（http://www.hxedu.com.cn）免费注册后下载，有问题时请在网站留言板留言或与电子工业出版社联系（E-mail:hxedu@phei.com.cn）。

编　者

目录

CONTENTS

项目 1

安全用电

本项目将学习安全用电相关的触电急救、电气火灾防范与扑救知识。
完成本项目的学习后，你应该能够：
（1）描述安全电压的等级；
（2）描述人体触电类型及人体触电类型；
（3）描述人体触电急救方法及技巧；
（4）懂得安全用电的知识，以及安全用电操作规范和安全意识；
（5）了解电气火灾产生的原因、掌握电气火灾扑救常识。

建议本项目安排 4～6 学时。

任务 1 触 电 急 救

2002 年 8 月 10 日，在上海某建筑公司工地上，油漆工正在进行装饰工程的墙面批嵌作业。下午上班后，油漆工屈某在施工现场 47#房西南广场处，将经过改装的电钻搅拌机（金属外壳）伸入桶内搅拌批嵌材料。下午 15 时 35 分左右，泥工何某见到屈某手握电钻坐在地上，以为他在休息而未注意。大约 1 分钟后，发现屈某倒卧在地上，不省人事。何某立即叫来油漆工班长等人用出租车将屈某急送医院，经抢救无效死亡。医院诊断为触电身亡。假如何某懂得触电急救知识，在急救的黄金时间内对屈某进行触电急救，屈某有可能不会死亡。

假如你遇见此事故如何对触电者进行急救?

为完成本任务，需要知道什么是安全电压，什么是触电，触电对人体的伤害，人体触电的类型、原因与预防等知识，还要熟练掌握触电者脱离电源的方法和现场急救的方法。

任务实施

1．认识安全电压

我们知道电压越高对人体伤害就越严重，什么电压为安全电压呢？安全电压是指不使人直接致死或致残的电压。一般环境条件下允许持续接触的“安全特低电压”根据生产和作业场所的特点采用相应等级，这是防止发生触电伤亡事故的根本性措施。国家标准规定我国安全电压额定值的等级为 42V、36V、24V、12V 和 6V，应根据作业场所、操作员条件、使用方式、供电方式、线路状况等因素选用。例如，特别危险环境中使用的手持电动工具应采用 42V 特低电压；有电击危险环境中使用的手持照明灯和局部照明灯应采用 36V 或 24V 特低电压；金属容器内或特别潮湿处等环境中使用的手持照明灯采用 12V 特低电压；水下作业等场所应采用 6V 特低电压。

2．了解常见的触电方式

触电是指电流通过人体引起不适、伤害、死亡事件。一般是由非故意、不小心、缺少常识与保护造成的。它与电压、环境（绝缘）、各人的身体条件有关。

1）单相触电

单相触电是指人在地面或其他接地体上，人体的某一部位触及一相带电体时的触电。

2）两相触电

两相触电是指人体的两处同时触及两相带电体的触电，这时人体承受的是 380V 的线电压，其危险性一般比单相触电大。人体接触两相带电体时通过人体的电流比较大，轻微的会引起触电烧伤或导致残疾，严重的可以导致触电死亡事故，而且两相触电使人触电身亡的时间只有 1～2s。人体的触电方式中以两相触电最为危险。

3）跨步电压触电

跨步电压触电是指人进入接地电流的散流场时的触电。由于散流场内地面上的电位分布不均匀，所以人的两脚间电位不同。这两个电位差称为跨步电压，跨步电压的大小与人和接地体的距离有关。当人的一只脚跨在接地体上时，跨步电压最大；人离接地体越远，跨步电压越小；与接地体的距离超过 20m 时，跨步电压接近于 0。

3．了解人体触电的常见原因

现在电气设备种类层出不穷，使用场所各不一样，操作人员电气知识水平不同，设备使用的环境与条件不同，设备使用的电压级别有高有低，配电线路的敷设方式不同（有走明线、有走线槽、有走暗线或预埋在地下或者墙体）等，如果不按安全操作规程，那么触电事故的发生很难避免。根据生产与生活已发生触电的原因分析，事故原因大致归纳为以下方面，如表 1-1 所示。

表 1-1　常见触电方式

触电方式	具体情况
不遵守安全操作规程与安全技术	（1）断电后，不经过验电，就进行操作。 （2）没有仔细查看图纸或检查分析电路，造成错接线。 （3）敷设临时线时，不按规程要求操作。例如，不按要求悬挂，施工时脚手架上挂线、不设总开关与断路器、为方便不接地线等。 （4）不按要求穿戴防护用品。例如，绝缘鞋、防护手套、安全帽等
缺乏电气知识	（1）临时接地线不按要求接，甚至不挂临时接地线。 （2）不关断电源即搬移电气设备。 （3）在不清楚设备内部电路与结构的情况下，进行带电维修或者检测。 （4）对不确定是否安全可靠的电热电动工具即通电使用。 （5）同时剪断两条或者多条带电导线。 （6）带电灭火时，使用了水或其他不应该的灭火器材
维护不善	（1）处于人可触及部位的导线出现裸露的部分，未及时绝缘处理或换线。 （2）保护接地设备，其接地装置长久没有检测，接地装置的接地电阻过大或者失去作用。 （3）设备出现接地故障，使设备外壳带电，造成电气事故。 （4）保护接零或者保护接地的保护线断开而未发觉。 （5）维修后，原来设备防护件（如灭弧罩、防护用的壳罩等）没有装回原来位置
设备不合格	（1）绝缘不良。 （2）电气设备内部接线不良，导致裸露的导线或者带电器件的部分碰了金属外壳

4．学会触电急救

人触电以后，会出现神经麻痹、呼吸困难、血压升高、昏迷、痉挛，直至呼吸中断、心脏停跳等现象，呈现昏迷不醒的状态。如果未见明显的致命外伤，就不能轻率地认定触电者已经死亡，而应该看作是“假死”，施行急救。

有效的急救在于快而得法。即用最快的速度，施以正确的方法进行现场救护，多数触电者是可以复活的。

触电急救的第一步是使触电者迅速脱离电源，第二步是现场救护，现分述如下。

1）使触电者脱离电源

电流对人体的作用时间越长，对生命的威胁越大。所以，触电急救的关键是要使触电者迅速脱离电源。可根据具体情况，选用下述几种方法使触电者脱离电源。

（1）脱离低压电源的方法。

脱离低压电源的方法可用“拉”“切”“挑”“拽”和“垫”五字来概括，如表 1-2 所示。

（2）脱离高压电源的方法。

由于装置的电压等级高，一般绝缘物品不能保证救护人员的安全，而且高压电源开关距离现场较远，不便拉闸。因此，使触电者脱离高压电源的方法与脱离低压电源的方法有所不同，通常的做法如下。

表 1-2 脱离低压电源的方法

拉	拉开电源开关、拔出插销或瓷插保险。此时应注意拉线开关和扳把开关是单极的，只能断开一根导线，有时由于安装不符合规程要求，把开关安装在零线上。这时虽然断开了开关，但人身触及的导线可能仍然带电，这就不能认为已切断电源
切	用带有绝缘柄的利器切断电源线。当电源开关、插座或瓷插保险距离触电现场较远时，可用带有绝缘手柄的电工钳或有干燥木柄的斧头等利器将电源线切断。切断时应防止带电导线断落触及周围的人体。多芯绞合线应分相切断，以防短路伤人
挑	如果导线搭落在触电者身上或压在身下，这时可用干燥的木棒、竹竿等挑开导线或用干燥的绝缘绳套拉导线或触电者，使之脱离电源
拽	救护人员可戴上手套或在手上包缠干燥的衣服、围巾、帽子等绝缘物品拖拽触电者，使之脱离电源。如果触电者的衣裤是干燥的，又没有紧缠在身上，救护人可直接用一只手抓住触电者不贴身的衣裤，将触电者拉脱电源。但要注意，拖拽时切勿触及触电者的体肤。救护人员也可站在干燥的木板、木桌椅或橡胶垫等绝缘物品上，用一只手把触电者拉脱电源
垫	如果触电者由于痉挛手指紧握导线或导线缠绕在身上，救护人可先用干燥的木板塞进触电者身下使其与地绝缘来隔断电源，然后再采取其他办法把电源切断

① 立即电话通知有关供电部门拉闸停电。

② 如电源开关离触电现场不太远，则可戴上绝缘手套，穿上绝缘靴，拉开高压断路器，或用绝缘棒拉开高压跌落保险以切断电源。

③ 往架空线路抛挂裸金属软导线，人为造成线路短路，迫使继电保护装置动作，从而使电源开关跳闸。抛挂前，将短路线的一端先固定在铁塔或接地引线上，另一端系重物。抛掷短路线时，应注意防止电弧伤人或断线危及人员安全，也要防止重物砸伤人。

④ 如果触电者触及断落在地上的带电高压导线，且尚未确认线路无电之前，救护人员不可进入断线落地点 8～10m 的范围内，以防止跨步电压触电。进入该范围的救护人员应穿上绝缘靴或临时双脚并拢跳跃地接近触电者。触电者脱离带电导线后应迅速将其带至 8～10m 以外立即开始触电急救。只有在确认线路已经无电的情况下，才可在触电者离开触电导线后就地急救。

（3）使触电者脱离电源时应注意的事项。

① 救护人员不得采用金属和其他潮湿的物品作为救护工具。

② 未采取绝缘措施前，救护人员不得直接触及触电者的皮肤和潮湿的衣服。

③ 在拉拽触电者脱离电源的过程中，救护人员宜用单手操作，这样对救护人员比较安全。

④ 当触电者位于高位时，应采取措施预防触电者在脱离电源后坠地摔伤或摔死。

⑤ 夜间发生触电事故时，应考虑切断电源后的临时照明问题，以利于救护。

2）现场救护

触电者脱离电源后，应立即就地进行抢救。“立即”之意就是争分夺秒，不可贻误。“就地”之意就是不能消极等待医生的到来，而应在现场施行正确救护的同时，派人通知医务人员到现场并做好将触电者送往医院的准备工作。

根据触电者受伤害的轻重程度，现场救护有以下几种措施。

（1）触电者未失去知觉的救护措施。

如果触电者所受的伤害不太严重，神志尚清醒，只是心悸、头晕、出冷汗、恶心、呕吐、四肢发麻、全身乏力，甚至一度昏迷，但未失去知觉，则应让触电者在通风暖和的处所静卧休息，并派人严密观察，同时请医生前来或送往医院诊治。

（2）触电者已失去知觉（心肺正常）的抢救措施。

如果触电者已失去知觉，但呼吸和心跳尚正常，则应使其舒适地平卧着，解开衣服以利于呼吸，四周不要围人，保持空气流通，冷天应注意保暖，同时立即请医生前来或送往医院诊治。若发现触电者呼吸困难或心跳失常，应立即施行人工呼吸或胸外心脏按压。

（3）对“假死”者的急救措施。

如果触电者呈现“假死”（即所谓电休克）现象，则可能有三种临床症状：一是心跳停止，但尚能呼吸；二是呼吸停止，但心跳尚存（脉搏很弱）；三是呼吸和心跳均已停止。“假死”症状的判定方法是“看”“听”“试”。“看”是观察触电者的胸部、腹部有无起伏动作；“听”是用耳贴近触电者的口鼻处，听其有无呼气声音；“试”是用手或小纸条试测口鼻有无呼吸的气流，再用两手指轻压一侧（左或右）喉结旁凹陷处的颈动脉有无搏动感觉。如“看”“听”“试”的结果，既无呼吸又无颈动脉搏动，则可判定触电者呼吸停止或心跳停止或呼吸心跳均停止。“看”“听”“试”的操作方法如图1-1所示。

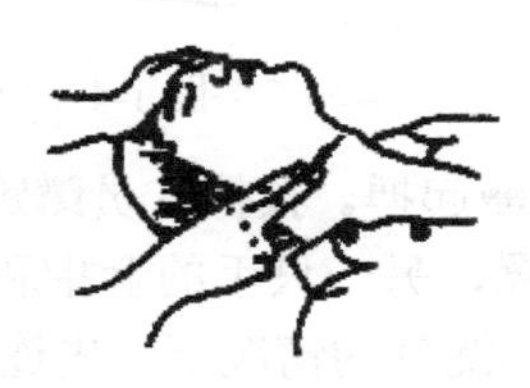

图1-1 判定“假死”的“看”“听”“试”的操作方法

当判定触电者呼吸和心跳停止时，应立即按心肺复苏法就地抢救。所谓心肺复苏法就是支持生命的三项基本措施，即通畅气道、口对口（鼻）人工呼吸、胸外按压（人工循环）。

① 通畅气道。

若触电者呼吸停止，要紧的是始终确保气道通畅，其操作要领如下。

a．清除口中异物。使触电者仰面躺在平硬的地方，迅速解开其领扣、围巾、紧身衣和裤带。如发现触电者口内有食物、假牙、血块等异物，可将其身体及头部同时侧转，迅速用一个手指或两个手指交叉从口角处插入，从中取出异物，操作中要注意防止将异物推到咽喉深处。

b．采用仰头抬颌法（见图1-2）通畅气道。操作时，救护人员用一只手放在触电者前额，另一只手的手指将其颏颌骨向上抬起，两手协同将头部推向后仰，舌根自然随之抬起，气道即可畅通。气道是否畅通如图1-3所示。为使触电者头部后仰，可于其颈部下方垫适量厚度的物品，但严禁将枕头或其他物品垫在触电者头下，因为头部抬高前倾会阻塞气道，还会使施行胸外按压时流向脑部的血量减小，甚至完全消失。

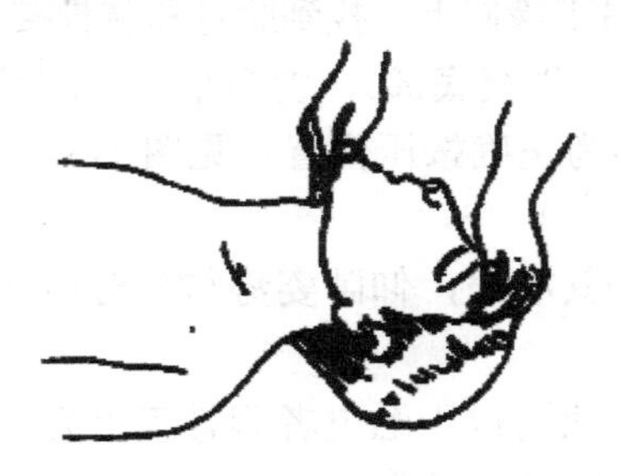

图1-2 仰头抬颌法

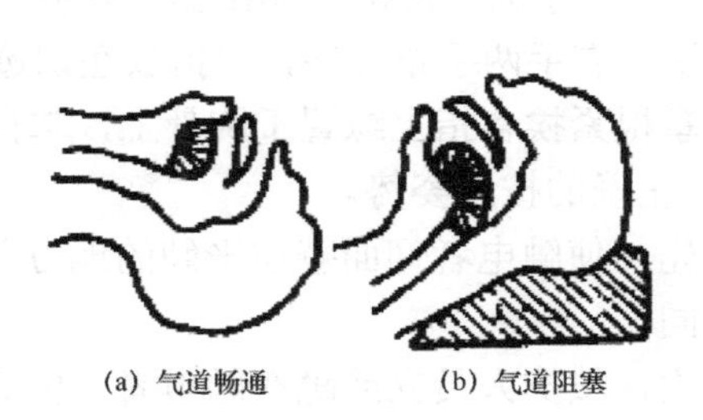

(a) 气道畅通　(b) 气道阻塞

图1-3 气道状况

② 口对口（鼻）人工呼吸。

救护人员在完成气道通畅的操作后，应立即对触电者施行口对口或口对鼻人工呼吸。口对鼻人工呼吸用于触电者嘴巴紧闭的情况。人工呼吸的操作要领如下（见图1-4）。

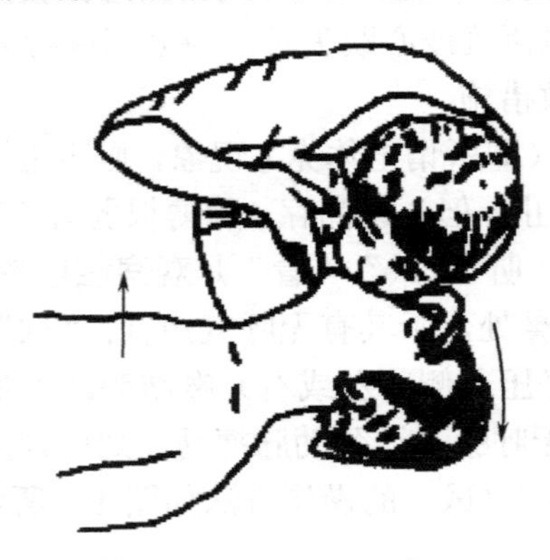

图1-4　口对口人工呼吸

a．先大口吹气刺激起搏。救护人员蹲跪在触电者的左侧或右侧；用放在触电者额上那只手的手指捏住其鼻翼，另一只手的食指和中指轻轻托住其下巴；救护人深吸气后，与触电者口对口紧合，在不漏气的情况下，先连续大口吹气两次，每次1～1.5s；然后用手指试测触电者颈动脉是否有搏动，如仍无搏动，可判断心跳确已停止，在施行人工呼吸的同时应进行胸外按压。

b．正常口对口人工呼吸。大口吹气两次试测颈动脉搏动后，立即转入正常的口对口人工呼吸阶段。正常的吹气频率是每分钟约12次。正常的口对口人工呼吸操作姿势如上述。但吹气量不需过大，以免引起胃膨胀。如触电者是儿童，吹气量宜小些，以免肺泡破裂。救护人员换气时，应将触电者的鼻或口放松，让他借自己胸部的弹性自动吐气。吹气和放松时要注意触电者胸部有无起伏的呼吸动作。吹气时如有较大的阻力，可能是头部后仰不够，应及时纠正，使气道保持畅通。

c．触电者如牙关紧闭，可改行口对鼻人工呼吸。吹气时要将触电者嘴唇紧闭，防止漏气。

③ 胸外按压。

胸外按压是借助人力使触电者恢复心脏跳动的急救方法。其有效性在于选择正确的按压位置和采取正确的按压姿势。

a．确定正确按压位置的步骤。

首先，右手的食指和中指沿触电者的右侧肋弓下缘向上，找到肋骨和胸骨接合处的中点。

其次，右手两手指并齐，中指放在切迹中点（剑突底部），食指平放在胸骨下部，另一只手的掌根紧挨食指上缘置于胸骨上，掌根处即为正确按压位置，见图1-5。

b．正确的按压姿势。

首先，使触电者仰面躺在平硬的地方并解开其衣服，仰卧姿势与口对口（鼻）人工呼吸法相同。

其次，救护人员立或跪在触电者一侧肩旁，两肩位于触电者胸骨正上方，两臂伸直，肘关节固定不屈，两手掌相叠，手指翘起，不接触触电者胸壁。

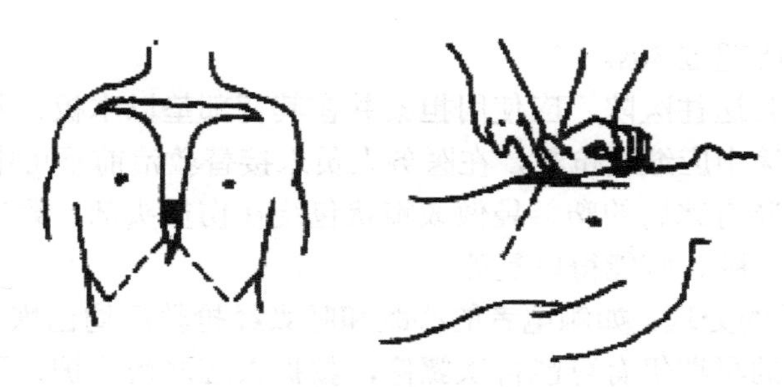

图 1-5 正确的按压位置

其次，以髋关节为支点，利用上身的重力，垂直将正常成人胸骨压陷 3～5cm（儿童和瘦弱者酌减）。

最后，压至要求程度后立即全部放松，但救护人的掌根不得离开触电者的胸壁。

接压姿势与用力方法见图 1-6。按压有效的标志是在按压过程中可以触到颈动脉搏动。

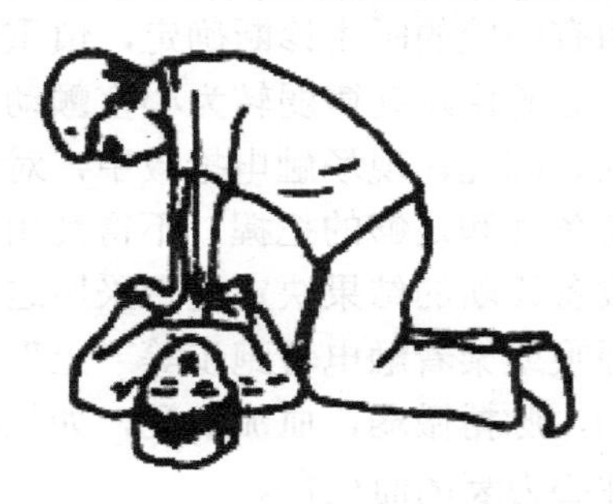

图 1-6 按压姿势与用力方法

c．恰当的按压频率。

胸外按压要以均匀速度进行。操作频率以每分钟 80 次为宜，每次包括按压和放松一个循环，按压和放松的时间相等。

当胸外按压与口对口（鼻）人工呼吸同时进行时，操作的节奏为：单人救护时，每按压 15 次后吹气 2 次(15:2)，反复进行；双人救护时，每按压 15 次后由另一人吹气 1 次(15:1)，反复进行。

④ 现场救护中的注意事项。

a．抢救过程中应适时对触电者进行再判定。

按压吹气 1min 后（相当于单人抢救时做了 4 个 15:2 循环），应采用“看”“听”“试”方法在 5～7s 内完成对触电者是否恢复自然呼吸和心跳的再判断。

若判定触电者已有颈动脉搏动，但仍无呼吸，则可暂停胸外按压，重复进行 2 次口对口人工呼吸，接着每隔 5s 吹气一次（相当于每分钟 12 次）。如果脉搏和呼吸仍未能恢复，则继续坚持心肺复苏法抢救。

在抢救过程中，要每隔数分钟用“看”“听”“试”方法再判定一次触电者的呼吸和脉搏情况，每次判定时间不得超过 5～7s。在医务人员未前来接替抢救前，现场人员不得放弃现场抢救。

b．抢救过程中移送触电者时的注意事项。

应在现场就地坚持进行心肺复苏法，不要图方便而随意移动触电者，如确有需要移动时，抢救中断时间不应超过30s。

移动触电者或将其送往医院，应使用担架并在其背部垫以木板，不可让触电者身体蜷曲着进行搬运。移送途中应继续抢救，在医务人员未接替救治前不可中断抢救。

应创造条件，用装有冰屑的塑料袋做成帽状包绕在伤员头部，露出眼睛，使脑部温度降低，争取触电者心、肺、脑能得以复苏。

c. 触电者好转后的处理。如触电者的心跳和呼吸经抢救后均已恢复，可暂停心肺复苏法。但心跳呼吸恢复的早期仍有可能再次骤停，救护人应严密监护，不可麻痹，要随时准备再次抢救。触电者恢复之初，往往神志不清、精神恍惚或情绪躁动、不安，应设法使他安静下来。

d. 慎用药物。人工呼吸和胸外按压是对触电"假死"者的主要急救措施，任何药物都不可替代。无论是兴奋呼吸中枢的尼可刹米、洛贝林等药物，或者是使心脏复跳的肾上腺素等强心针剂，都不能代替人工呼吸和胸外按压这两种急救办法。必须强调指出的是，对触电者用药或注射针剂，应由有经验的医生诊断确定，慎重使用。例如，肾上腺素有使心脏恢复跳动的作用，但也可使心脏由跳动微弱转为心室颤动，从而导致触电者心跳停止而死亡，这方面的教训是不少的。因此，现场触电抢救中，对使用肾上腺素等药物应持慎重态度。如没有必要的诊断设备条件和足够的把握，不得乱用。而在医院内抢救触电者时，则由医务人员根据医疗仪器设备诊断的结果决定是否采用这类药物救治。此外，禁止采取冷水浇淋、猛烈摇晃、大声呼唤或架着触电者跑步等"土"办法刺激触电者的举措，因为人体触电后，心脏会发生颤动，脉搏微弱，血流混乱，如果在这种险象下用上述办法强烈刺激心脏，会使触电者因急性心力衰竭而死亡。

e. 触电者死亡的认定。对于触电后失去知觉、呼吸心跳停止的触电者，在未经心肺复苏法急救之前，只能视为"假死"。任何在事故现场的人员，一旦发现有人触电，都有责任及时和不间断地进行抢救。"及时"就是要争分夺秒，即医生到来之前不等待，送往医院的途中也不可中止抢救。"不间断"就是要有耐心坚持抢救，有抢救近5h终使触电者复活的实例，因此抢救时间应持续6h以上，直到救活或医生做出触电者已临床死亡的认定为止。

只有医生才有权认定触电者已死亡，宣布抢救无效，否则就应本着人道精神坚持不懈地运用人工呼吸和胸外按压对触电者进行抢救。

了解安全用电常识

1）学会看安全用电标志

标志分为颜色标志和图形标志。颜色标志常用来区分各种不同性质、不同用途的导线，或用来表示某处安全程度。图形标志一般用来告诫人们不要去接近有危险的场所。为保证安全用电，必须严格按有关标准使用颜色标志和图形标志。我国安全色标采用的标准基本上与国际标准草案（ISD）相同。一般采用的安全色有以下几种，如表1-3所示。

表 1-3　一般采用的安全色

红色	用来标志禁止、停止和消防，如信号灯、信号旗、机器上的紧急停机按钮等都是用红色来表示“禁止”的信息
黄色	用来标志注意危险，如“当心触点”“注意安全”等
绿色	用来标志安全无事，如“在此工作”“已接地”等
蓝色	用来标志强制执行，如“必须戴安全帽”等
黑色	用来标志图像、文字符号和警告标志的几何图形

按照规定，为便于识别，防止误操作，确保运行和检修人员的安全，采用不同颜色来区别设备特征。如电气母线，A 相为黄色，B 相为绿色，C 相为红色，明敷的接地线涂为黑色。在二次系统中，交流电压回路用黄色，交流电流回路用绿色，信号和警告回路用白色。

2）安全用电的注意事项

（1）认识了解电源总开关，学会在紧急情况下关断总电源。

（2）不用手或导电物（如铁丝、钉子、别针等金属制品）去接触、探试电源插座内部。

（3）接临时电源要用合格的电源线，电源插头、插座要安全可靠。损坏的不能使用，电源线接头要用胶布包好。

（4）严禁私自从公用线路上接线。

（5）线路接头应确保接触良好，连接可靠。

（6）房间装修，隐藏在墙内的电源线要放在专用阻燃护套内，电源线的截面应满足负荷要求。

（7）使用电动工具（如电钻等），必须戴绝缘手套。

（8）遇有家用电器着火，应先切断电源再救火。

（9）家用电器接线必须确保正确，有疑问应及时询问专业人员。

（10）家庭用电应装设带有过电压保护的调试合格的漏电保护器，以保证使用家用电器时的人身安全。

（11）家用电器在使用时应有良好的外壳接地，室内要设有公用地线。

（12）湿手不能触摸带电的家用电器，不能用湿布擦拭使用中的家用电器。

（13）电器通电后发现冒烟、发出烧焦气味或着火时，立即切断电源，切不可用水或泡沫灭火器灭火。

（14）电炉、电烙铁等发热电器不能直接放在木板上或靠近易燃物品，对无自动控制的电热器具用后要随手关电源，以免引起火灾。

（15）使用的移动式电器具，如坐地式风扇、手提砂轮、手电钻等电动工具都必须使用漏电保护开关，实行单机保护。

（16）发现有人触电，千万不要用手去拉触电者，要尽快拉开电源开关或用干燥的木棍、竹竿挑开电线，立即用正确的人工呼吸方法进行抢救。

〖思考练习〗

（1）触电急救的要点是什么？

（2）人体触电有哪两种类型？有哪些形式？

（3）在电气操作与日常用电中，哪些因素会导致人体触电？

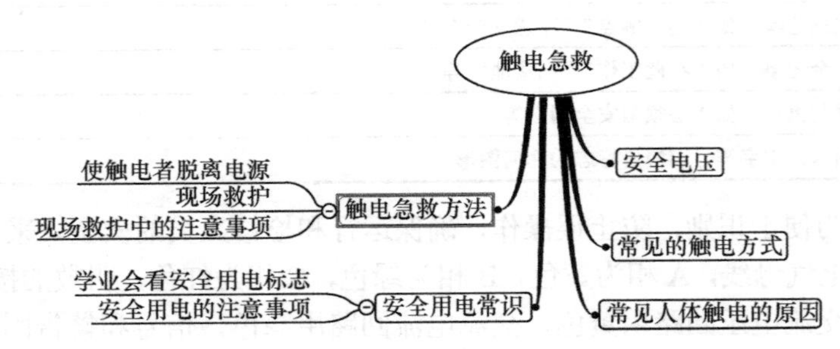

〖技术知识〗

（1）什么情况下使用口对口人工呼吸法？叙述其动作要领。

（2）什么情况下使用胸外挤压法？叙述其动作要领。

〖实践操作〗

触电急救训练。

训练条件：

（1）环境模拟低压触电现场。

（2）模拟心肺复苏法。

训练步骤：

（1）复习救护要领与现场触电急救的规程。

（2）进行口对口人工呼吸救护操作。

（3）进行胸外挤压法救护操作。

实践操作评分表如表 1-4 所示。

表 1-4　实践操作评分表

序　　号		项 目 内 容	评 分 标 准	
口对口人工呼吸	1	仰卧姿势、呼救	（1）有呼唤被触电者动作	3 分
			（2）有摆好手脚等动作	3 分
	2	检查有无呼吸心跳	（1）手指或耳朵检测有无呼吸	2.5 分
			（2）把脉位置正确	2.5 分
	3	检查口中有无异物、松开衣物、站位	（1）口中有无异物	2 分
			（2）松开紧身衣物	2 分
			（3）站位正确	1 分
	4	畅通气道	（1）打开气道方法正确、一手扶颈一手抬额头（注：此步动作正确才可做下一步，否则要再次打开气道，而且第一次打开气道不成功，扣 1 分；第二次打开气道不成功，扣 3 分）	3 分

（续表）

序	号	项目内容	评分标准	
口对口人工呼吸	4	畅通气道	（2）试吹气，眼睛要有观察胸部的动作	5分
	5	口对口人工呼吸	（1）呼吸动作	5分
			（2）有捏鼻子的动作	5分
			（3）吹气长短及气量合适	5分
			（4）有松鼻子的动作	5分
			（5）时间节奏、次数合适	5分
胸外挤压法	6	找压力点	能一次正确找到压力点（每错一次扣3分）	5分
	7	姿势正确	（1）手臂直	3分
			（2）用掌根	3分
	8	按压动作	（1）按压力度大小合适（每错一次扣1分）	15分
			（2）按压方向垂直	5分
			（3）稍带冲击力按压，然后迅速松开	5分
			（4）频率为每分钟60～80次	5分
	9	协调性	整个过程连贯、协调	10分

任务2 电气火灾与扑救

近些年来电气火灾的相关报道连续不断。据统计，2012年我国电气火灾数量占总火灾比重的29.9%，但人员伤亡比重为33.5%，经济损失比重为41.4%。由此可见，电气火灾事故往往会造成更高的人员伤亡和更大的经济损失。引发电气火灾事故的原因是什么呢？如何预防电气火灾，以及发生电气火灾时应如何扑救？请总结电气火灾发生的原因与电气火灾扑救方法。

为完成本项任务，首先需要了解电气火灾发生的原因，知道原因后才能做出良好的防范措施，制定可行的规章制度并严格按照章程进行操作。通过学习电气火灾扑救常识与消防器材操作，再进行电气火灾的模拟训练，使人们懂得电气火灾发生的原因及消防器材的使用、火灾扑救方法。

1. 了解电气线路发生火灾的原因

电气线路发生火灾，主要是由于线路的短路、过载或接触电阻过大等产生电火花、电弧或引起电线、电缆过热，从而造成火灾。

1）短路造成的火灾

电气线路中的导线由于各种原因造成相线与相线、相线与零线（地线）的连接，在回路中引起电流的瞬间增大的现象叫短路。根据欧姆定律，短路时由于电阻突然减小，电流将突然增大。因此，线路短路时在极短的时间内会发出很大的热量，这个热量不仅能使绝缘层燃烧，而且能使金属熔化，引起邻近的易燃、可燃物质燃烧，从而造成火灾。相线之间相接叫相间短路；相线与零线（地线）相接叫直接接地短路；相线与接地导体相接叫间接接地短路。发生短路的主要原因有以下几点。

① 电气设备的绝缘老化变质，机械损伤，在高温、潮湿或者腐蚀环境的作用下使绝缘层破损。

② 因雷击等过电压的作用使绝缘击穿。

③ 安装和检修工作中，由于接线和操作的错误使发生短路。

2）过载造成的火灾

电气线路中允许连续通过而不至于使电线过热的电流量，称为安全载流量或安全电流。如果导线通过的电流超过安全电流值，则叫导线过载。导线过载，一般在不考虑电压降的情况下，以温升为标准。一般导线的最高允许工作温度为65℃。当过载时，导线的温度超过这个温度值，会使绝缘加速老化，甚至损坏，引起短路火灾事故。过载原因如下。

① 设计选用的线路或设备不合理，使在额定负载下出现过热。

② 使用不合理，如超载运行，连续使用时间过长，造成过热。

③ 设备故障运行，如三相电动机缺相运行、三相变压器不对称运行，均可造成过载。

3）接触电阻过大造成的火灾

导体连接时，在接触面上形成的电阻称为接触电阻。接头处理良好，则接触电阻小；连接不牢或其他原因，使接头接触不良，则会导致局部接触电阻过大，产生高温，使金属变色甚至熔化，引起绝缘材料中可燃物燃烧。接触电阻过大的原因如下。

① 接头的连接不牢，焊接不良或者接头处混有杂物，都会增加接触电阻而导致接头打火。

② 可拆卸的接头连接不紧密或者振动面松动，也会增加接触电阻而导致接头 打火。

③ 开关接触等活动触头，在没有足够的压力或者接触面粗糙不平时，都会导致打火。

④ 对于铜铝接头，由于铜铝性质不同，接头外容易受电解作用腐蚀，从而导致打火。

4）漏电造成的火灾

漏电是由于带电导体的绝缘破坏，在不同电位导体之间产生非正常电流。漏电造成的火灾一般发生在线路、用电设备及开关设备处。

2. 预防电气火灾

电气火灾的预防方法如下。

（1）排除易燃易爆物品，保持良好通风。

（2）正确安装电气设备。严格按照防火要求来选择、布置和安装电气设备。

（3）正确使用加热设备。如正在使用的加热设备必须有人看管，人离开时要切断电源。

（4）选择合适的导线与电器。电源线的安全载流量必须满足电气设备的容量要求。

（5）选择合适的保护装置。电路中要装设熔断器或者自动空气开关。

（6）选择绝缘性能好的导线。对热能电器应该选用护套线绝缘。

（7）处理好电路中的连接处。电路中的连接处要连接牢固，接触良好，避免短路。

（8）正确选择产品的类型。必须根据使用场所的特点，正确选择产品类型。如户外应安装防雨水灯具，在易燃易爆气体车间、仓库内应安装防爆灯。

（9）安装时留有一定的安全距离。热源不要紧贴在天花板上或屋顶上，应有一定的安全距离以利于散热。

（10）发现线路老化、绝缘层破坏或者电气设备损坏时应及时更换。

3．处理电气火灾

（1）发现电子装置、电气设备、电缆等冒烟起火时应及时切断电源。

（2）使用沙土或者专用灭火器进行灭火。

（3）在灭火时避免将身体或者灭火工具触及导线或者电气设备。

（4）若不能及时灭火，应该立即拨打119报警。

使用灭火器

1）泡沫灭火器

泡沫灭火器的适用范围：主要适用于扑救各种油类火灾及木材、纤维、橡胶等固体可燃物火灾，也适用于竹、木、棉、纸等引起的初期火灾，但不能用来扑灭忌水物质的火灾。

泡沫灭火器有三种：手提式泡沫灭火器、推车式泡沫灭火器和空气泡沫灭火器。下面主要说一下手提式泡沫灭火器的使用方法（一般放置于离地面150cm处）。

第一步：轻轻取下灭火器。

第二步：手提筒体上部的提环，迅速奔赴火场，应注意不得使灭火器过分倾斜，更不可横拿或颠倒，以免两种摇剂混合而提前喷出。

第三步：在距离着火点10m左右停下，将筒体颠倒过来。

第四步：上下摇晃灭火器。

第五步：右手抓筒耳，左手抓筒底边缘，把喷嘴朝向燃烧区，站在离火源10m远的地方喷射，并不断前进，围着火焰喷射，直至把火扑灭。

第六步：灭火后，把灭火器卧放在地上，喷嘴朝下。

2）二氧化碳灭火器

二氧化碳灭火器的适用范围：各种易燃、可燃液体和可燃气体火灾。还可扑救仪器仪表、图书档案、工艺器具和低压电气设备等的初期火灾。

二氧化碳灭火器有两种，一种是手提式的，一种是推车式的。下面主要说一下手提式二氧化碳灭火器的使用方法。

第一步：用右手握住压把。

第二步：用右手提着灭火器到现场。

第三步：除掉铅封。

第四步：站在距火源 5m 的地方，左手拿着喇叭筒，右手用力压下压把。

3）干粉灭火器

干粉灭火器的适用范围：适用于扑救各种易燃、可燃液体和易燃、可燃气体火灾，以及电气设备火灾。

干粉灭火器也有两种形式，一种是手提式的，一种是推车式的。下面主要对手提式干粉灭火器加以说明（一般放置于离地面 150cm 处）。

第一步：右手握着压把，左手托着灭火器底部，轻轻取下灭火器。

第二步：右手提着灭火器到现场。

第三步：除掉铅封。

第四步：左手握着喷管，右手提着压把。

第五步：在距离火焰 2m 的地方，右手用力压下压把，左手拿着喷管左右摆动，喷射干粉覆盖整个燃烧区。

有些时候，火灾刚发生并不严重，只要及时用灭火器将其扑灭就可以了，但是很多人因为不会使用灭火器，才使得火势蔓延，所以必须要学会使用灭火器。

以上所指的灭火器是可以正常使用的。一般正常的灭火器除铅封完好外，还要注意压力是否正常。压力表有三种颜色（黄、绿、红），黄色代表压力过高；绿色为正常；红色代表已过有效期，不能正常使用。所有灭火器的铭牌必须朝外，这是为了人们能直接看到灭火器的主要性能指标，适用扑救火灾的类别和用法，使人们正确选择和使用灭火器，充分发挥灭火器的作用，有效扑灭初期火灾。

灭火器上的字母什么？

国家标准规定，灭火器型号应以汉语拼音大写字母和阿拉伯数字表示，如 MF2 等。其中第一个字母 M 代表灭火器，第二个字母代表灭火器类型（F 是干粉灭火剂，FL 是磷铵干粉，T 是二氧化碳灭火剂，Y 是卤代烷灭火剂，P 是泡沫，QP 是轻水泡沫灭火剂，SQ 是清水灭火剂），后面的阿拉伯数字代表重量或容积，一般单位为千克或升。

〖思考练习〗

（1）引起电气火灾的原因主要有哪些？

（2）简述灭火器的用途和使用方法。

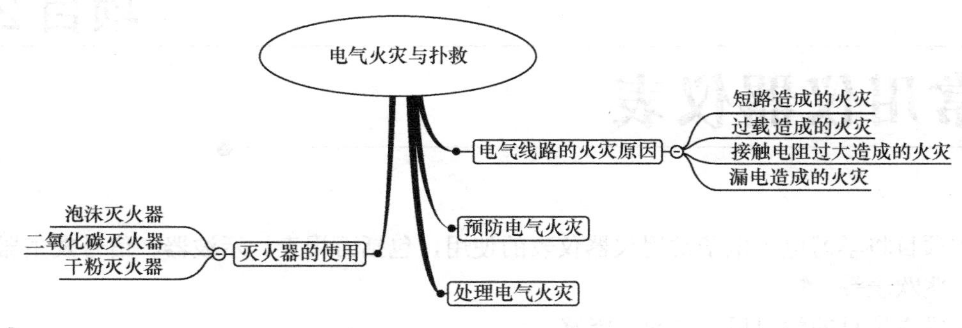

〖技术知识〗

（1）假如发生电气火灾，你应该如何进行扑救？

（2）哪些情况下容易发生电气火灾？如何预防？

〖实践操作〗

（1）火灾处理措施：假设某场所发生电气火灾，请叙述处理的过程。

（2）灭火器的使用：假设某场所发生电气火灾，应选择什么样的灭火器，并模拟使用灭火器进行灭火。

（3）检查火警隐患：对教室、宿舍、家庭的电路与电器进行检查，是否存在电气火灾隐患，并书面写出整改方案。

项目 2

常用仪器仪表

本项目将学习电工电子常用仪器仪表的使用，包括万用表、示波器、信号发生器、毫伏表、兆欧表等。

完成本项目的学习后，你应该能够：

（1）了解万用表的结构和原理；

（2）掌握万用表的基本使用方法，会用万用表测量电阻、电压等物理量；

（3）了解示波器的基本测量原理，掌握示波器各主要开关旋钮的功能；

（4）掌握示波器测量电压幅值、周期和相位的方法；

（5）了解信号发生器的使用；

（6）了解交流毫伏表的使用；

（7）掌握兆欧表测量电动机绝缘的方法；

（8）能够利用兆欧表测量电动机的绝缘电阻；

（9）了解钳形电流表的使用方法。

建议本项目安排 8～10 学时。

任务 1　使用万用表

使用直流电源、万用表、1kΩ 电阻、10kΩ 电阻、20kΩ 电阻、开关及导线等元件，搭建出如图 2-1 所示电路，测量各电阻元件及电源两端的电压。

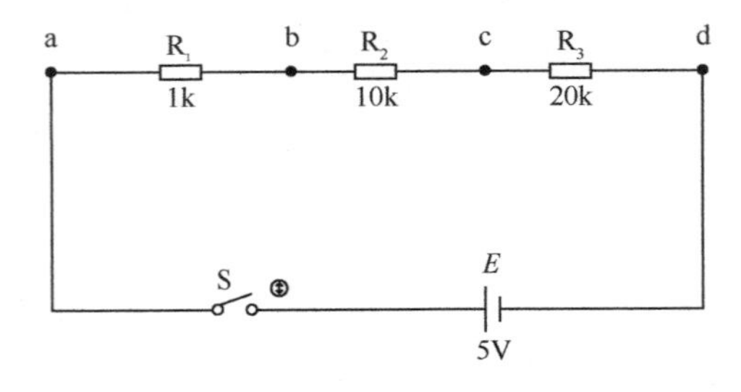

图 2-1　任务 1 电路图

为完成本任务，首先需要认识给出的元件，学习万用表的使用方法，并根据任务要求，挑选参数合适的元件，搭建出实际电路。最后测量电阻和电压，读取数值。

本任务需要测量电阻和电压，学习者应理解并掌握万用表的使用方法，加强知识的巩固和应用，培养观察能力和分析能力。

1．认识万用表

1）*初识万用表*

万用表是一种多用途的电子测量仪器，在电子线路等实际操作中有着重要的用途。如图 2-2、图 2-3 所示，它不仅可以测量电阻，还可以测量电流、电压、电容及二极管、三极管等电子元件的参数。

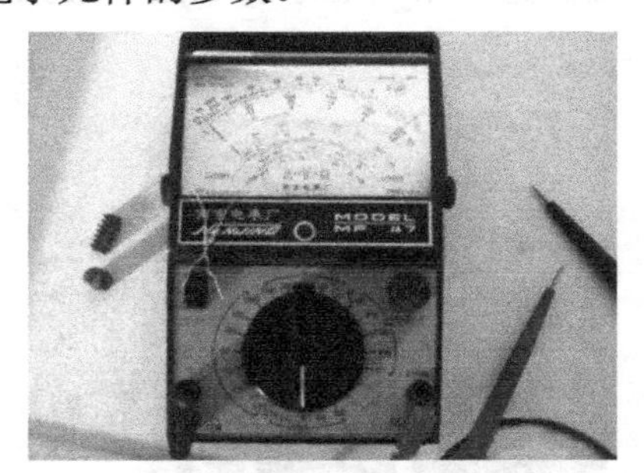

图 2-2　指针式万用表

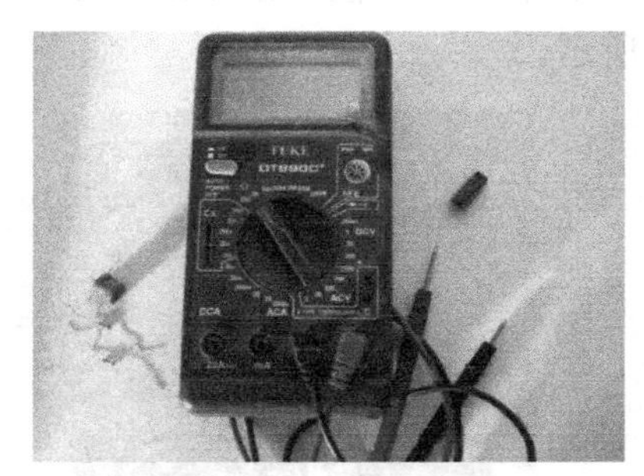

图 2-3　数字式万用表

与模拟式仪表相比，数字式仪表灵敏度高、准确度高、显示清晰、过载能力强、便于携带、使用更简单。下面以数字式万用表为例（如图 2-4 所示），简单介绍一下其使用方法和注意事项。

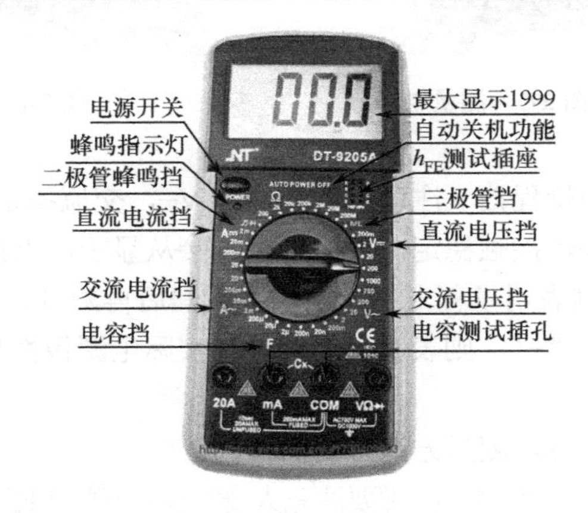

图 2-4　数字式万用表外形

2）测量电阻

将红表笔插入 VΩ 孔，黑表笔插入 COM 孔；量程旋钮打到 Ω 量程挡适当位置，分别将红、黑表笔接到电阻两端金属部分，读出显示屏上显示的数字，如图 2-5 所示。

注意事项：

- 量程的选择和转换。量程选小了显示屏上会显示“1.”，此时应换用较大的量程；反之，若量程选大了，显示屏上会显示一个接近于 0 的数，此时应换用较小的量程。
- 如何读数？显示屏上显示的数字再加上挡位选择的单位就是它的读数。要注意的是，在 200 挡时单位是 Ω，在 2～200k 挡时单位是 kΩ，在 2～2000M 挡时单位是 MΩ。
- 如果被测电阻值超出所选择量程的最大值，将显示过量程“1.”，应选择更高的量程。对于大于 1MΩ 或更高的电阻，要几秒钟后读数才能稳定，这是正常的。
- 当没有连接好时，如开路情况，仪表显示为“1.”。
- 当检查被测线路的阻抗时，要保证移开被测线路中的所有电源，所有电容放电。被测线路中若有电源和储能元件，则会影响线路阻抗测试的正确性。

3）测量电压

插好表笔，将量程旋钮打到 V–或 V～适当位置，直接读出显示屏上显示的数据，如图 2-6 所示。

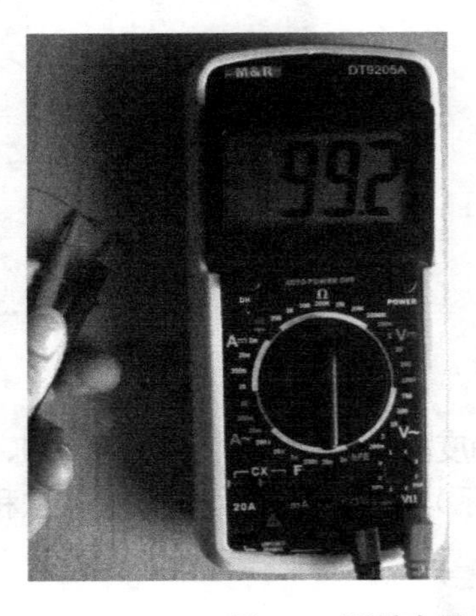

图 2-5　测量电阻

图 2-6　测量电压

注意事项：

- 选择比估计值大的量程挡（注意，直流挡是 V–，交流挡是 V～），接着把表笔接电源或电池两端；保持接触稳定，数值可以直接从显示屏上读取。
- 若显示为“1.”，则表明量程太小，要加大量程后再测量。
- 若在数值左边出现“–”，则表明表笔极性与实际电源极性相反，此时红表笔接的是负极。
- 交流电压无正负之分，测量方法跟前面相同。
- 无论测交流电压还是直流电压，都要注意人身安全，不要随便用手触摸表笔的金属部分。

4）测量电流

首先断开电路，黑表笔插入 COM 孔，红表笔插入 mA 或者 A～孔；量程旋钮拨至 A～（交流）或 A–（直流），并选合适的量程。将数字式万用表串联入被测线路中，被测线路中电流从一端流入红表笔，经万用表黑表笔流出，再流入被测线路中接通电路，读出 LCD 显示屏上显示的数字。

注意事项：

- 估计电路中电流的大小。若测量大于 200mA 的电流，则要将红表笔插入 10A 孔并将量程旋钮拨到直流 10A 挡；若测量小于 200mA 的电流，则将红表笔插入 200mA 孔，将量程旋钮拨到直流 200mA 以内的合适量程。
- 将万用表串联进电路中，保持稳定，即可读数。若显示为“1.”，那么就要加大量程；如果在数值左边出现“–”，则表明电流从黑表笔流进万用表。

5）测量电容

将电容两端短接，对电容进行放电，确保数字式万用表的安全；将量程旋钮拨至电容 F 测量挡，并选择合适的量程；将电容插入万用表 CX 孔；读出 LCD 显示屏上显示的数字。如图 2-7 所示。

图 2-7　测电容

注意事项：

- 测量前电容需要放电，否则容易损坏万用表。
- 测量后也要放电，避免埋下安全隐患。
- 仪器本身已对电容挡设置了保护，故在电容测试过程中不用考虑极性及电容充放电等情况。
- 测量电容时，将电容插入专用的电容测试孔中（不要插入 COM 孔、V/Ω 孔）。
- 测量大电容时稳定读数需要一定的时间。

6）数字式万用表

注意事项：

- 如果无法预先估计被测电压或电流的大小，则应先拨至最高量程挡测量一次，再视情况逐渐把量程减小到合适位置。测量完毕，应将量程旋钮拨到最高电压挡，并关闭电源。

- 满量程时，仪表仅在最高位显示“1.”，其他位均消失，这时应选择更高的量程。
- 测量电压时，应将数字式万用表与被测电路并联；测电流时应与被测电路串联；测交流量时不必考虑正、负极性。
- 当误用交流电压挡去测量直流电压，或者误用直流电压挡去测量交流电压时，显示屏将显示 000，或低位上的数字出现跳动。
- 禁止在测量高电压（220V 以上）或大电流（0.5A 以上）时换量程，以防止产生电弧，烧毁开关触点。
- 当万用表的电池电量即将耗尽时，液晶显示器左上角将提示电池电量低，会有电池符号显示此时电量不足，若仍进行测量，测量值会比实际值偏高。

〖**思考练习**〗

（1）数字式万用表的使用方法与指针式万用表有什么不同？

（2）在测量电压时，若不知道具体数值是什么，万用表应如何正确选择量程？

（3）测量电阻、直流电压、直流电流、交流电压时量程旋钮应拨到什么位置？

2．测量电路参数

按照图 2-1 连接电路。闭合开关，然后用万用表测量各电阻两端电压及各段电路的电阻。将测量结果记录在表 2-1 和表 2-2 中。

表 2-1　电压测量数据

测量对象	U_{ab}	U_{bc}	U_{cd}	U_{ad}
电表量程				
理论值				
测量值				

表 2-2　电阻测量数据

测量对象	R_{ab}	R_{bc}	R_{cd}	R_{ad}
挡位				
标称值	1kΩ	10kΩ	20kΩ	31kΩ
测量值				

3．分析测量结果

（1）根据测量记录，比较理论值与测量值，分析误差。

（2）分析用万用表进行电阻测量，选择不同挡位时，测量值不相同的原因；测量值与标称值不同的原因。

（3）分析万用表在进行电压测量时，因选择不同量程，而使测量数据不相同的原因。

（4）在用万用表进行各电参量测量时，应分别采取什么措施来减小测量误差？

〖思考练习〗

（1）在带电测试过程中，为什么不能拨动万用表的转换开关？
（2）在测量电阻阻值时，为什么不允许用手同时触及被测电阻的两端？
（3）如何使用万用表判断二极管的好坏？

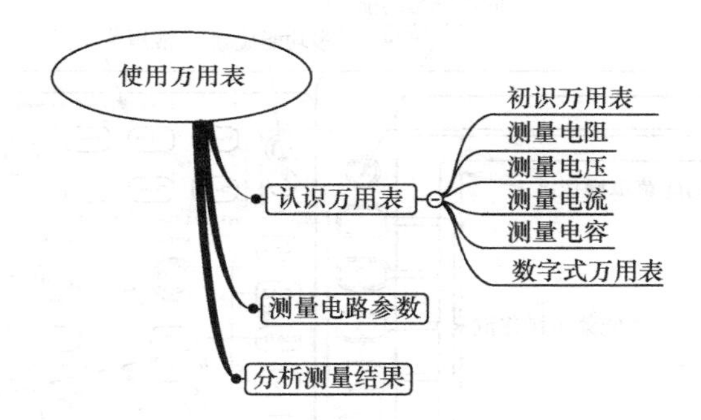

〖实践操作〗

（1）使用万用表检测 100pF、220μF 电容的好坏。
（2）使用万用表判断二极管的好坏。
（3）使用万用表判断三极管的管脚。

任务 2　使用示波器、信号发生器和毫伏表

将信号发生器输出产生的 100Hz、1500Hz、2500Hz 三种不同频率和幅度的正弦信号在示波器上显示，调节示波器，在荧光屏上观察到 1～3 个完整的波形，并使用交流毫伏表测量各正弦交流信号电压有效值。

为完成本项任务，首先需要认识示波器、信号发生器、交流毫伏表，掌握它们的使用方法，了解其使用注意事项。根据任务要求，连接相应的仪器，观察测量波形，测量电压等。

任务实施

1．认识数字示波器

数字示波器不仅具有多重波形显示、分析和数学运算功能，波形、设置、CSV 和位图文件存储功能，自动光标跟踪测量功能，波形录制和回放功能等，还支持即插即用 USB 存储设备和打印机，并可通过 USB 存储设备进行软件升级等。数字示波器操作面板如图 2-8 所示。

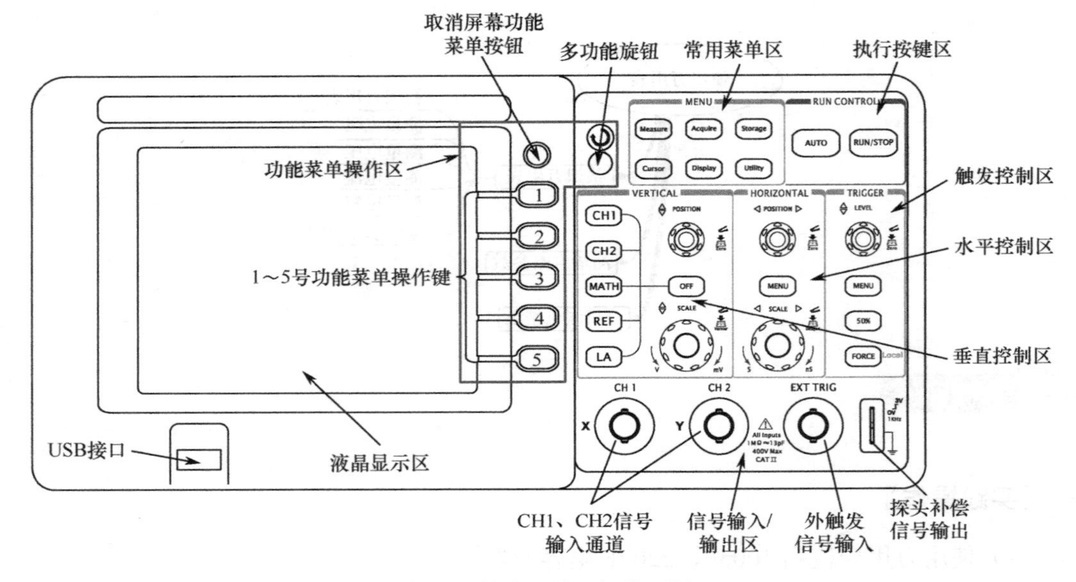

图 2-8　数字示波器操作面板

1）功能前面板

功能前面板可分为 8 大区，即液晶显示区、功能菜单操作区、常用菜单区、执行按键区、垂直控制区、水平控制区、触发控制区、信号输入/输出区等。

功能菜单操作区有 5 个按键，1 个多功能旋钮和 1 个按钮。5 个按键用于操作屏幕右侧的功能菜单及子菜单；多功能旋钮用于选择和确认功能菜单中下拉菜单的选项等；按钮用于取消屏幕上显示的功能菜单。

垂直控制区如图 2-9 所示。垂直位置旋钮POSITION可设置所选通道波形的垂直显示位置。转动该旋钮不但显示的波形会上下移动，且所选通道的“地”（GND）标志也会随波形上下移动并显示于屏幕左状态栏，移动值则显示于屏幕左下方；按下垂直位置旋钮POSITION，垂直显示位置快速恢复到零点（即显示屏水平中心位置）处。垂直衰减旋钮SCALE调整所选通道波形的显示幅度。转动该旋钮改变“Volt/div（伏/格）”垂直挡位，同时下状态栏对应通道显示的幅值也会发生变化。“CH1”“CH2”“MATH”“REF”为通道或方式按键，按下某按键屏幕将显示其功能菜单、标志、波形和挡位状态等信息。“OFF”键用于关闭当前选择的通道。

水平控制区如图2-10所示，主要用于设置水平时基。水平位置旋钮◎POSITION调整信号波形在显示屏上的水平位置，转动该旋钮不但波形随旋钮而水平移动，且触发位移标志“T”也在显示屏上部随之移动，移动值则显示在屏幕左下角；按下此旋钮触发位移恢复到水平零点（即显示屏垂直中心线置）处。水平衰减旋钮◎SCALE改变水平时基挡位设置，转动该旋钮改变“s/div（秒/格）”水平挡位，下状态栏Time后显示的主时基值也会发生相应的变化。按动水平旋钮◎SCALE可快速打开或关闭延迟扫描功能。按水平功能菜单“MENU”键，显示TIME功能菜单，在此菜单下可开启/关闭延迟扫描，切换Y（电压）-T（时间）、-X（电压）-Y（电压）和ROLL（滚动）模式，设置水平触发位移复位等。

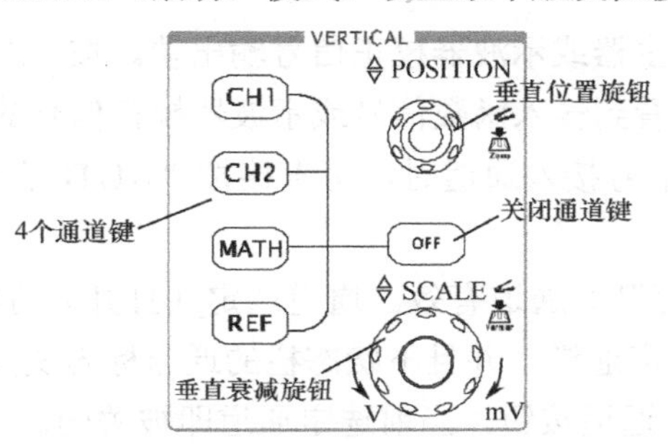

图2-9　垂直控制区

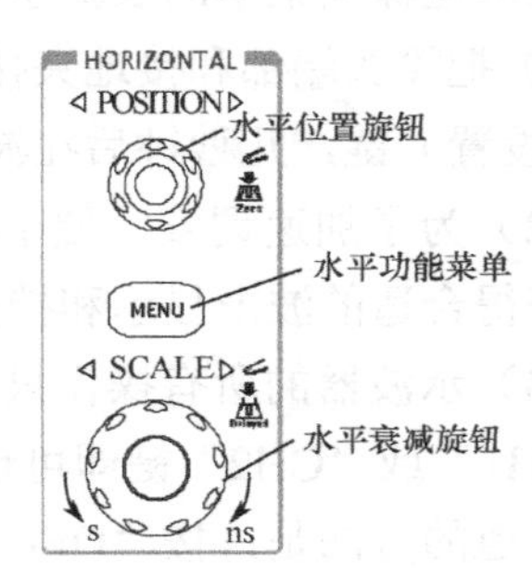

图2-10　水平控制区

2）显示界面

数字示波器显示界面如图2-11，它主要包括波形显示区和状态显示区。液晶屏边框线以内为波形显示区，用于显示信号波形、测量数据、水平位移、垂直位移和触发电平值等。位移值和触发电平值在转动旋钮时显示，停止转动5s后则消失。显示屏边框线以外为上、下、左3个状态栏（显示区）。下状态栏通道标志为黑底的是当前选定通道，操作示波器面板上的按键或旋钮只对当前选定通道有效，按下通道相应键则可选定相应通道。状态显示区显示的标志位置及数值随面板相应按键或旋钮的操作而变化。

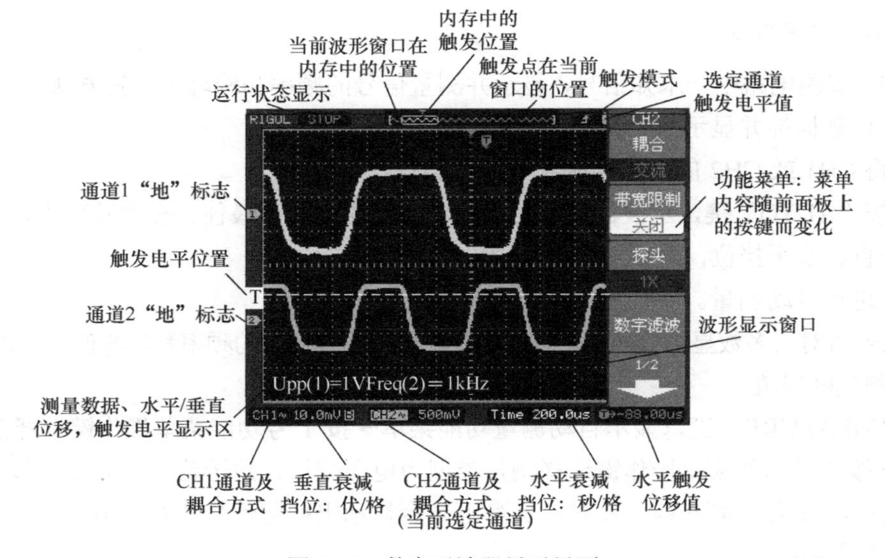

图2-11　数字示波器显示界面

3）使用要领和注意事项

（1）信号接入方法。以 CH1 通道为例介绍信号接入方法。

① 将探头上的开关设定为 10X，将探头连接器上的插槽对准 CH1 插口并插入，然后向右旋转拧紧。

② 设定示波器探头衰减系数。探头衰减系数改变仪器的垂直挡位比例，因而直接关系测量结果的正确与否。默认的探头衰减系数为 1X，设定时必须使探头上黄色开关的设定值与输入通道探头菜单的衰减系数一致。

③ 把探头端部和接地夹接到函数信号发生器或示波器校正信号输出端。按“AUTO”（自动设置）键，几秒钟后在波形显示区即可看到输入函数信号或示波器校正信号的波形。

（2）为了加速调整，便于测量，当被测信号接入通道时，可直接按“AUTO”键以便立即获得合适的波形显示和挡位设置等。

（3）示波器的所有操作只对当前选定（打开）通道有效。通道选定（打开）方法是：按“CH1”或“CH2”键即可选定（打开）相应通道，并且下状态栏的通道标志变为黑底。关闭通道的方法是：按“OFF”键或再次按下通道按钮，当前选定通道即被关闭。

〖思考练习〗

（1）如何使用示波器显示正弦交流电的波形？

（2）如果要比较电阻元件的电流波形与电压波形的相位，应该怎样做？

2. 使用示波器测量电路物理量

用数字示波器进行任何测量前，都要先将 CH1、CH2 探头菜单的衰减系数和探头上的开关衰减系数设置一致。

1）测量简单信号

例如，观测电路中一未知信号，显示并测量信号的频率和峰峰值，其方法和步骤如下。

（1）正确捕捉并显示信号波形。

① 将 CH1 或 CH2 的探头连接到电路被测点。

② 按“AUTO”键，示波器将自动设置使波形显示达到最佳。在此基础上，可以进一步调节垂直、水平挡位，直至波形显示符合要求。

（2）进行自动测量。

示波器可对大多数显示信号进行自动测量。现以测量信号的频率和峰峰值为例进行介绍。

① 测量峰峰值。

按“MEASURE”键以显示自动测量功能菜单→按 1 号功能菜单操作键选择信源 CH1 或 CH2→按 2 号功能菜单操作键选择测量类型为电压测量，并转动多功能旋钮↻，在下拉菜单中选择峰峰值，按下↻。此时，屏幕下方会显示出被测信号的峰峰值。

② 测量频率。

按 3 号功能菜单操作键，选择测量类型为时间测量，转动多功能旋钮↻，在时间测量下拉菜单中选择频率，按下↻。此时，屏幕下方峰峰值后会显示出被测信号的频率。

在测量过程中，当被测信号变化时，测量结果也会随之改变。当信号变化太大，波形不能正常显示时，可再次按“AUTO”键，搜索波形至最佳显示状态。测量参数等于“※※※※”，表示被测通道关闭或信号过大示波器未采集到，此时应打开关闭的通道或按下“AUTO”键采集信号到示波器。

2）观测正弦信号

显示输入、输出信号。

① 将电路的信号输入端接于 CH1，输出端接于 CH2。

② 按下“AUTO”键，自动搜索被测信号并显示在显示屏上。

③ 调整水平、垂直旋钮直至波形显示符合测试要求，如图 2-12 所示。

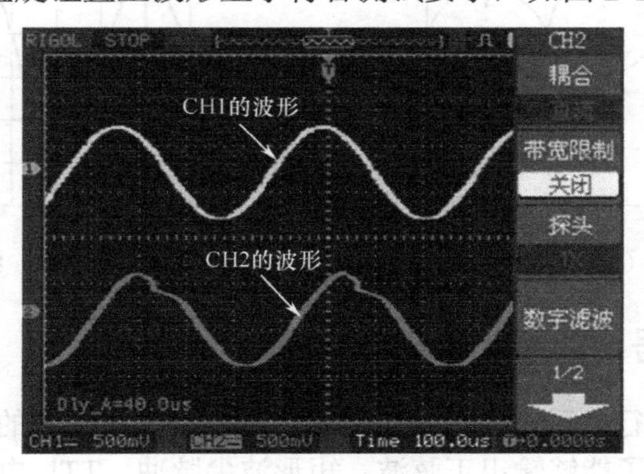

图 2-12　示波器测量正弦信号

3）捕捉单次信号

用数字示波器可以快速方便地捕捉脉冲、突发性毛刺等非周期性的信号。要捕捉一个单次信号，先要对信号有一定了解，以正确设置触发电平和触发沿。例如，若脉冲是 TTL 电平的逻辑信号，触发电平应设置为 2V，触发沿应设置成上升沿。如果对信号的情况不确定，则可以通过自动或普通触发方式先对信号进行观察，以确定触发电平和触发沿。捕捉单次信号的具体操作步骤和方法如下。

① 按触发（TRIGGER）控制区“MENU”键，在触发系统功能菜单下分别按 1～5 号菜单操作键设置触发类型为边沿触发，边沿类型为上升沿，信源选择为 CH1 或 CH2，触发方式为单次，触发设置选择耦合为直流。

② 调整水平时基和垂直衰减挡位至适合的范围。

③ 旋转触发控制区的 LEVEL 旋钮，调整适合的触发电平。

④ 按“RUN/STOP”执行钮，等待符合触发条件的信号出现。如果有某一信号达到设定的触发电平，即采样一次，并显示在屏幕上。

⑤ 旋转水平控制区水平位置旋钮 POSITION，改变水平触发位置，以获得不同的负延迟触发，观察毛刺发生之前的波形。

〖思考练习〗

（1）如图 2-13 所示为双踪示波器测量两个同频率正弦信号的波形，若示波器的水平（X

轴）偏转因数为 10μs/div，则两信号的频率和相位差分别是（　　）。

A．25kHz，0°　　B．25kHz，180°

C．25MHz，0°　　D．25MHz，180°

（2）如图 2-14 所示为示波器测量的某正弦信号的波形，若示波器的垂直（Y 轴）偏转因数为 10V/div，则该信号的电压峰值是（　　）。

A．46V　　B．32.5V

C．23V　　D．16.25V

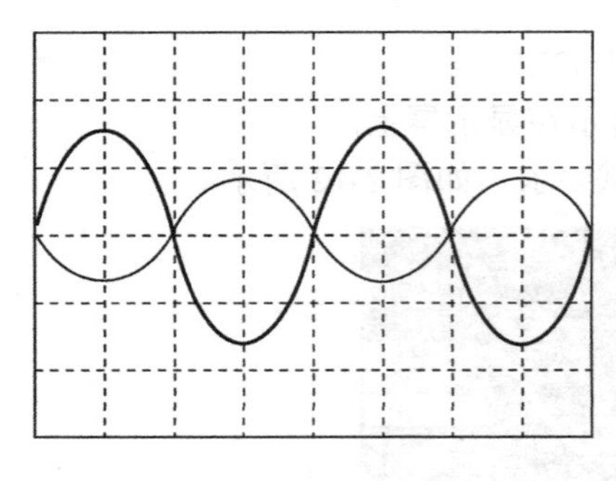

图 2-13　练习（1）图

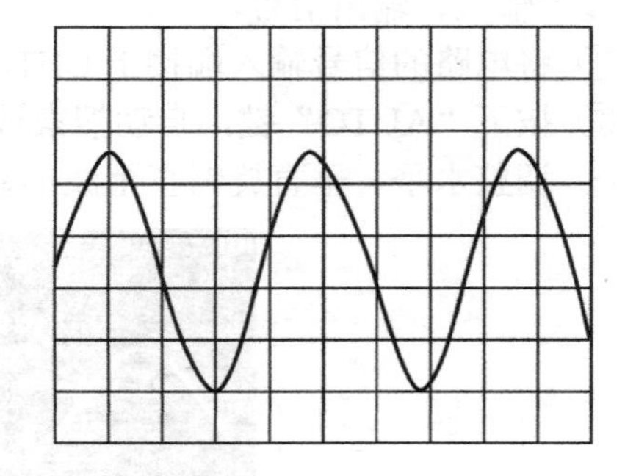

图 2-14　练习（2）图

3．认识和使用信号发生器

信号发生器是为进行电子测量提供满足一定技术要求电信号的仪器设备。这种仪器是多用途测量仪器，它除了能够输出正弦波、矩形波尖脉冲、TTL 电平、单次脉冲 4 种波形外，还可以作为频率计，测量外输入信号的频率。下面以 SP1641B 型函数信号发生器/计数器为例，介绍其使用方法，如图 2-15 所示。

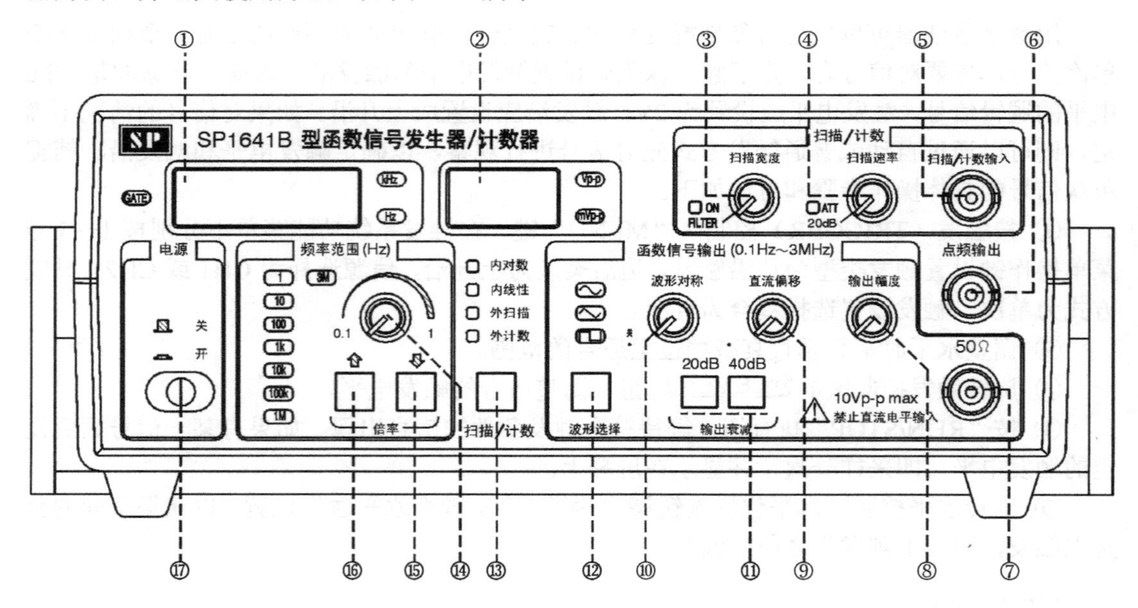

图 2-15　信号发生器前面板

1）前面板按钮

信号发生器前面板按钮说明如表 2-3 所示。

表 2-3 信号发生器前面板按钮说明

序号	名　称	含　义
1	频率显示窗口	显示输出信号的频率或外测频信号的频率
2	幅度显示窗口	显示函数输出信号的幅度
3	扫描宽度调节旋钮	调节此旋钮可调节扫频输出的频率范围。在外测频时，逆时针旋到底（绿灯亮），外输入测量信号经过低通开关进入测量系统
4	扫描速率调节旋钮	调节此旋钮可以改变内扫描的时间长短。在外测频时，逆时针旋到底（绿灯亮），外输入测量信号经过衰减 20dB 进入测量系统
5	扫描/计数输入插座	当扫描/计数按钮功能选择外扫描状态或外测频功能时，外扫描控制信号或外测频信号由此输入
6	点频输出端	输出标准正弦波 100Hz 信号，输出幅度 2Vp-p
7	函数信号输出端	输出多种波形受控的函数信号，输出幅度 20Vp-p（1MΩ 负载），10Vp-p（50Ω 负载）
8	函数信号输出幅度调节旋钮	调节范围 20dB
9	函数输出信号直流电平偏移调节旋钮	调节范围-5～+5V（50Ω 负载），-10～+10V（1MΩ 负载）。当调节旋钮处在关位置时，则电平为 0
10	输出波形对称性调节旋钮	调节此旋钮可改变输出信号的对称性。当调节旋钮处在关位置时，则输出对称信号
11	函数信号输出幅度衰减开关	当“20dB”和“40dB”键均不按下时，输出信号不经衰减，直接输出到插座口；当“20dB”和“40dB”键分别按下时，可选择 20dB 或 40dB 衰减；当“20dB”和“40dB”键同时按下时，为 60dB 衰减
12	函数输出波形选择按钮	可选择正弦波、三角波、脉冲波输出
13	扫描/计数按钮	可选择多种扫描方式和外测频方式
14	频率微调旋钮	调节此旋钮可微调输出信号频率，调节基数范围为从小于 0.1 到大于 1
15	倍率选择按钮	每按一次此按钮可递减输出频率的 1 个频段
16	倍率选择按钮	每按一次此按钮可递增输出频率的 1 个频段
17	整机电源开关	此键按下时，机内电源接通，整机工作；此键释放时，关掉整机电源

2）使用方法

① 由信号输出端输出函数信号。

② 由倍率选择按钮选定输出函数信号的频段，由频率微调旋钮调整输出信号频率，直到所需的工作频率值。

③ 由函数输出波形选择按钮选定输出函数的波形，可分别获得正弦波、三角波、脉冲波。

④ 由函数输出信号幅度调节旋钮选定和调节输出信号的幅度。

⑤ 由函数输出信号直流电平偏移调节旋钮选定输出信号所携带的直流电平。

⑥ 输出波形对称性调节旋钮可改变输出信号的对称性。输出波形为三角波或正弦波时可使三角波调变为锯齿波，正弦波调变为正与负半周分别为不同角频率的正弦波，且可移相 180°。

〖思考练习〗

使用信号发生器产生正弦波、方波和三角波三种周期性波形，要求信号频率为 100Hz，幅值为 5V，并比较三种信号波形。

4. 认识和使用交流毫伏表

毫伏表是一种测量交流电压的仪器。电子设备的许多工作特性和多种控制信号都能由电压参数显示出来，电压测量是其他参数测量的基础，因此电压测量是十分重要的。交流毫伏表前面板如图 2-16 所示。

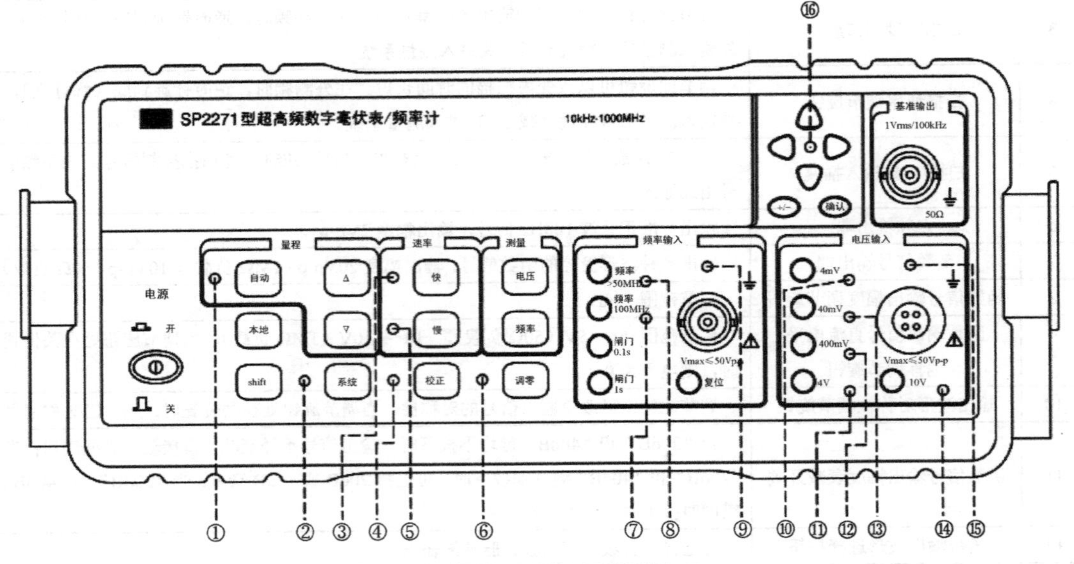

图 2-16　交流毫伏表前面板

1）前面板指示灯

交流毫伏表前面板指示灯说明如表 2-4 所示。

表 2-4　交流毫伏表前面板指示灯说明

序　号	名　称	含　义
1	自动量程指示灯	仪器处于自动量程状态时，该指示灯亮； 仪器处于手动量程状态时，该指示灯灭
2	系统指示灯	进入系统设置时，该指示灯亮
3	快速测量指示灯	电压快速测量时，该指示灯亮
4	校正指示灯	校正测量误差时，该指示灯亮
5	慢速测量指示灯	电压慢速测量时，该指示灯亮
6	调零指示灯	调零时，该指示灯亮
7	测频低通指示灯	测频状态处于低通时，该指示灯亮
8	高频测量指示灯	测频状态处于高频测量时，该指示灯亮
9	测频通道指示灯	仪器测量信号为频率输入通道信号时，该指示灯亮
10	4mV 挡指示灯	仪器处于手动量程、4mV 挡时，该指示灯亮
11	4V 挡指示灯	仪器处于手动量程、4V 挡时，该指示灯亮
12	400mV 挡指示灯	仪器处于手动量程、400mV 挡时，该指示灯亮

（续表）

序　　号	名　　称	含　　义
13	40mV 挡指示灯	仪器处于手动量程、40mV 挡时，该指示灯亮
14	10V 挡指示灯	仪器处于手动量程、10V 挡时，该指示灯亮
15	电压通道指示灯	仪器测量信号为电压输入通道信号时，该指示灯亮
16	数值输入指示灯	仪器处于数值输入状态时，该指示灯亮

注意：

① 测量电压时，频率通道的相关功能按键不作用。

② 测量频率时，电压通道的相关功能按键不作用。

2）按键操作

交流毫伏表按键操作说明如表 2-5 所示。

表 2-5　交流毫伏表按键操作说明

按 键 名 称	按 键 功 能
自动量程键“自动”	按下该键，进入自动量程状态，自动量程指示灯亮
降量程键“▲”	按下该键，进入手动量程状态，自动量程指示灯灭，同时当前量程降一挡
升量程键“▼”	按下该键，进入手动量程状态，自动量程指示灯灭，同时当前量程升一挡
返回本地键“本地”	在远地状态下，“Rmt”标志亮；按下该键，进入本地状态，“Rmt”标志灭
SHIFT 键“SHIFT”	用来和其他键一起实现二次功能。按下“SHIFT”键后，显示屏右端的“s”标志亮。再按下其他键后，“s”标志灭
系统键“系统”	按下该键，进入系统功能设置状态，此时可以设置通信接口、RS232 波特率、RS232 奇偶校验位、蜂鸣器开关状态等
校正键“校正”	在电压测量状态下，将基准输出接到电压输入，按下该键，校正电压测量误差
调零键“调零”	按下该键，进入调零状态，显示区显示“ZEROING”。调零结束后，显示区显示电压测量值
电压快速测量键“快”	按下该键，进入电压快速测量状态，电压快速测量指示灯亮
电压慢速测量键“慢”	按下该键，进入电压慢速测量状态，电压慢速测量指示灯亮
电压通道键“电压”	按下该键，仪器测量信号为电压输入通道信号，电压通道指示灯亮。此时，频率测量的相关按键为无效按键
频率通道键“频率”	按下该键，仪器测量信号为频率输入通道信号，频率通道指示灯亮。此时，电压测量的相关按键为无效按键
高频测量键“频率>50MHz”	当被测频率大于 50MHz 时，按下该键，高频测量指示灯亮，进入高频测量状态；再次按下该键，指示灯灭，取消高频测量状态
低通键“低通 100kHz”	当被测频率小于 100kHz 时，按下该键，低通测量指示灯亮，进入低通测量状态；再次按下该键，指示灯灭，关闭低通
闸门 100ms 键“闸门 0.1s”	按下该键，频率测量闸门为 100ms
闸门 1s 键“闸门 1s”	按下该键，频率测量闸门为 1s
复位键“复位”	按下该键，恢复到开机状态
数字输入键“↑”“↓”“←”“→”“+/-”	用来对当前显示的参数进行修改

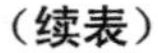
（续表）

按键名称	按键功能
数据输入确认键“确认”	按下该键，当前输入的数据确认并生效
4mV 挡选择键“4mV”	按下该键，电压测量手动选择到 4mV 挡
40mV 挡选择键“40mV”	按下该键，电压测量手动选择到 40mV 挡
400mV 挡选择键“400mV”	按下该键，电压测量手动选择到 400mV 挡
4V 挡选择键“4V”	按下该键，电压测量手动选择到 4V 挡
10V 挡选择键“10V”	按下该键，电压测量手动选择到 10V 挡

3）测量电压操作步骤

① 先仔细检查电源电压是否符合本仪器的电压工作范围，确认无误后方可将电源线插入后面板的电源插座内。

② 开机时，检波探头的输入信号应断开，以保证初始化正常。

按下面板上的电源按钮，电源接通，仪器进入初始化，蜂鸣器先鸣响一声，然后点亮 VFD 显示屏和 LED 指示灯，显示仪器型号。初始化结束后进入电压测量状态，电压输入通道 LED 亮，自动量程 LED 亮。

③ 如果仪器当前测量信号为电压输入通道信号，则“电压通道指示灯”亮，否则按“电压”键选择测量信号为电压输入通道信号，此时电压通道指示灯亮。

④ 调零。在进行测量之前，需要对毫伏表进行调零，以保证 20mV 以下电压测量的准确性。

调零时，必须先将输入端信号去掉（如果调零时输入端有信号输入，则调零不能完成）。然后按下“调零”键，进入调零状态，显示屏显示“ZEROING”。调零结束后，显示调零后的电压值（0.000mV）。

注：在测量 4mV 以下的小信号时，最好在屏蔽空间内进行，以保证微小信号测量的准确性。

⑤ 校正。将检波探头信号输入端连接到基准输出，按下“校正”键，系统将自动校正仪器测量偏差。

注：关机或复位不保存校正值

⑥ 选择量程。电压输入通道有自动量程和手动量程。测量时一般使用自动量程，这样可以保证仪器测量数据的准确。使用手动量程，则如果输入电压大于当前量程的上限，则测量数据误差较大。

⑦ 选择测量速率。共有两种测量速率，一种为“快速”，一种为“慢速”。

按“快”键，选择快速测量；按“慢”键，选择慢速测量。慢速测量时速率为每秒 2 次，显示 4 位有效数字。快速测量时速率为每秒 20 次，此时显示有效数字只有 3 位，最后一位始终显示为“o”。

⑧ 读数。

4）使用注意事项

① 测试仪器或其他设备的外壳应接地良好。

② 若要测量高电压，输入端黑表笔必须接在“地”端。

③ 修理焊接时严禁带电操作。只要电源线插入本仪器，电源部件和晶振部分即开始工作，焊接时必须将本仪器的电源线拔去。

④ 交流毫伏表接入被测电路时，其地端（黑表笔）应始终接在电路的地上（成为公共接地），以防干扰。

〖思考练习〗

（1）使用函数信号发生器输出频率为 1.2kHz，输出幅度为 95mV 的正弦信号，接入交流毫伏表并读出电压值。

（2）使用函数信号发生器输出频率为 1.5MHz，Vp-p 为 3.8V 的正弦信号，接入交流毫伏表并读出电压值。

（3）使用函数信号发生器输出频率为 445kHz，Vp-p 为 7.4V 的方波信号，接入交流毫伏表并读出电压值。

（4）比较前 3 题中电压的测量值与理论值，分析误差。

5. 测量与记录

（1）使用 CH1 通道对示波器本身提供的校准信号进行自检，如图 2-17 所示。

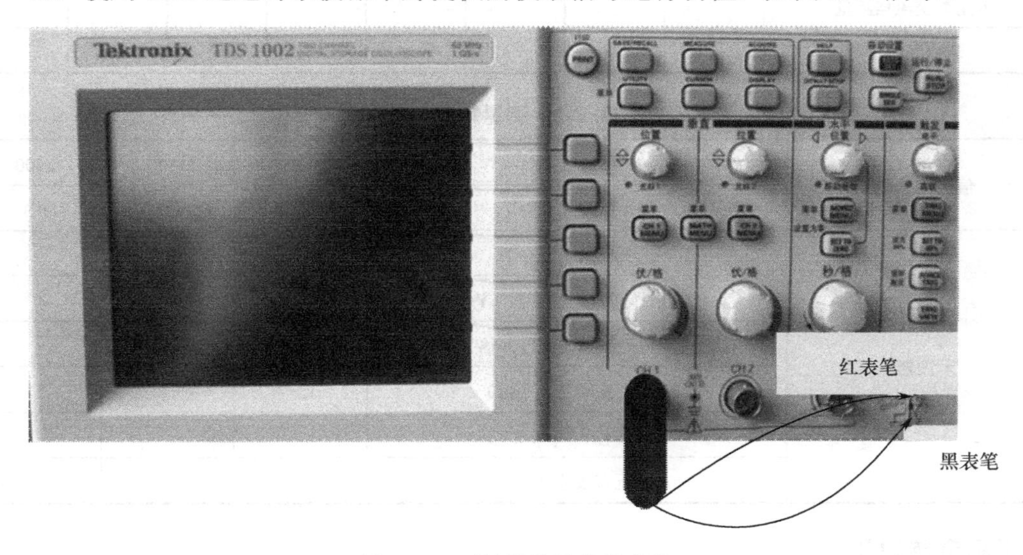

图 2-17　示波器校准信号自检

（2）确认市电电压在 220V±10%范围内，方可将电源线插头插入信号发生器后面板的电源线插座内，供仪器随时开启工作。

（3）将信号发生器打到 0dB 挡，并保持毫伏表指示为 5V，改变信号源输入信号的频率，用万用表、毫伏表测量相应的电压值，记入表并比较。

（4）信号发生器输出产生 100Hz、1500Hz、2500Hz 三种不同频率和幅度的正弦信号，要求调节示波器，使在荧光屏上观察到 1～3 个完整的波形。务必使波形清晰和稳定，并测定出表规定的内容。

测量连线如图 2-18 所示，测量数据填入表 2-6 和表 2-7 中。

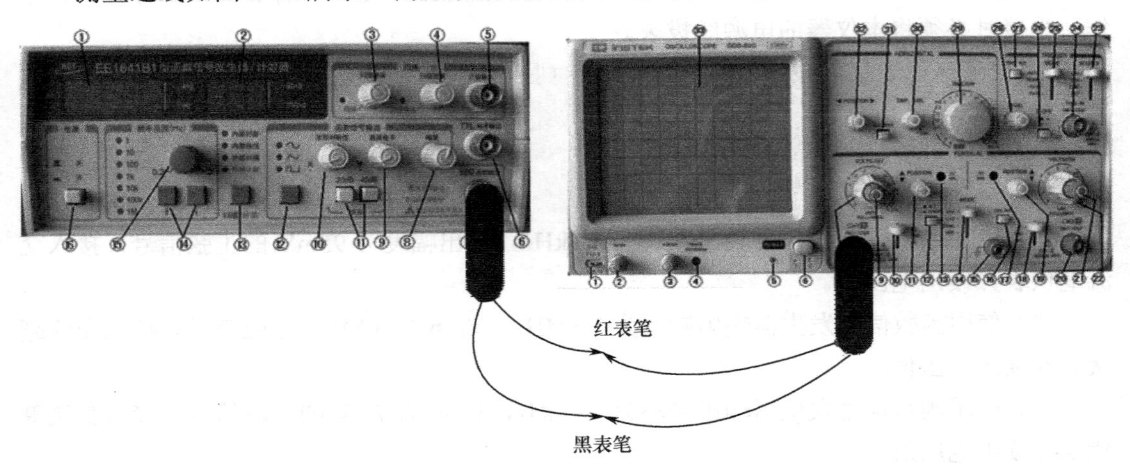

图 2-18　测量连线

表 2-6　测量数据 1

信号源频率（Hz）	50	100	1k	10k	50k	100k	150k	200k
万用表交流挡测量								
毫伏表测量								

表 2-7　测量数据 2

信号发生器	*f*（Hz）	100	1500	2500
	U（有效值单位）	3	1	0.3
示波器	扫描频率选择开关所在位置（t/div）			
	灵敏度选择开关所在位置（Y/div）			
	周期内峰到峰的长度（格）			
	峰到峰波形高度（格）			
	峰到峰电压 Vp-p（V）			
	电压有效值（V）			

〖**思考练习**〗

（1）示波器上显示的两个正弦信号的波形如图 2-19 所示，已知时基因数“t/div”开关置于 10ms/div 挡，水平扩展倍率 k=10，Y 轴偏转因数“V/div”开关置于 10mV/div 挡，则信号的周期及两者的相位差分别是（　　）。

A．9ms，4°　　B．9ms，40°

C．90ms，4°　　D．90ms，40°

（2）如图 2-20 所示为双踪示波器测量两个同频率正弦信号的波形，若示波器的水平（X 轴）偏转因数为 10μs/div，则两信号的频率和相位差分别是（　　）。

A．25kHz，0°　　　　B．25kHz，180°

C．25MHz，0°　　　　D．25MHz，180°

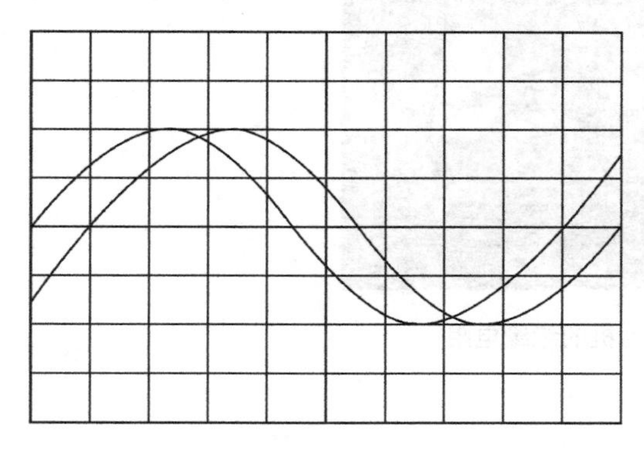

图 2-19　练习（1）图

图 2-20　练习（2）图

学习总结

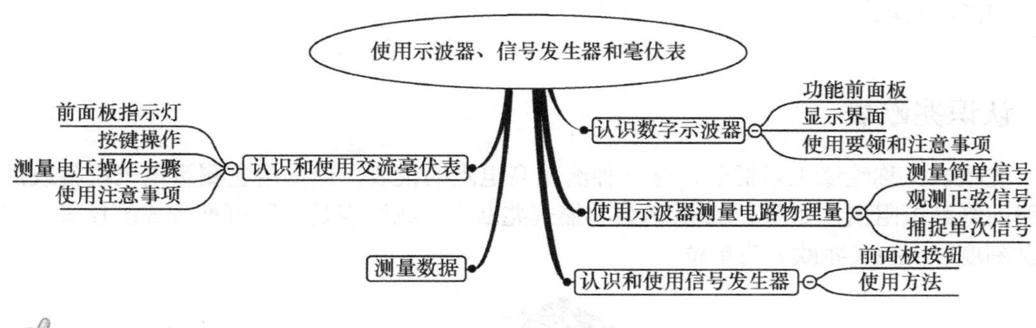

检测评价

〖实践操作〗

由信号发生器产生一个周期为 2s，幅值为 5V 的矩形波，使用示波器显示其波形，并测量周期。

任务 3　使用兆欧表

任务描述

使用手摇式兆欧表测量电动机的绝缘电阻，包括电动机绕组对机壳及绕组相互间的绝缘电阻，如图 2-21 所示。

图 2-21　测量电动机的绝缘电阻

任务分析

为完成本项任务，首先需要认识兆欧表，学习兆欧表的使用方法，并根据任务要求，测量出绝缘电阻。

任务实施

1．认识兆欧表

兆欧表又称绝缘电阻摇表，是一种测量高电阻的仪表，经常用它测量电气设备或供电线路的绝缘电阻值，如图 2-22 所示为手摇式兆欧表。兆欧表是一种可携带式的仪表，它的表盘刻度以 MΩ（兆欧）为单位。

图 2-22　手摇式兆欧表

兆欧表有三个接线端钮，其中 L 表示“线”或“火线”，E 表示“地”，G 表示“保护环”（即屏蔽接线端钮）。

1）选用兆欧表

兆欧表的选用，主要是选择其电压及测量范围，高压电气设备需使用电压高的兆欧表，低压电气设备需使用电压低的兆欧表。一般选择原则是：500V以下的电气设备选用500～1000V的兆欧表；瓷瓶、母线、刀闸应选用2500V以上的兆欧表。

兆欧表测量范围的选择原则是：要使测量范围适应被测绝缘电阻的数值，避免读数时产生较大的误差。如有些兆欧表的读数不是从0开始，而是从1MΩ或2MΩ开始。这种表就不适宜测定处在潮湿环境中的低压电气设备的绝缘电阻。因为这种设备的绝缘电阻有可能小于1MΩ，使仪表得不到读数，容易误认为绝缘电阻为零，而得出错误结论。

电阻量程范围的选择。摇表的表盘刻度线上有两个小黑点，小黑点之间的区域为准确测量区域，所以在选表时应使被测设备的绝缘电阻值在准确测量区域内。

2）测量绝缘电阻的方法

① 测试前的准备：测量前将被测设备切断电源，并短路接地放电3～5min，特别是电容量大的，更应充分放电以消除残余静电荷引起的误差，保证正确的测量结果及人身和设备的安全；被测物表面应擦干净，绝缘物表面的污染、潮湿，对绝缘的影响较大，而测量的目的是为了解电气设备内部的绝缘性能，一般都要求测量前用干净的布或棉纱擦净被测物，否则达不到检查的目的。

兆欧表在使用前应平稳放置在远离大电流导体和有外磁场的地方，测量前应对兆欧表本身进行检查。开路检查，两根线不要绞在一起，将发电机摇动到额定转速，指针应指在无穷大位置。短路检查，将表笔短接，缓慢转动发电机手柄，看指针是否到0位。若达不到0位或无穷大，则说明兆欧表有问题，必须进行检修。

② 接线：用有足够绝缘强度的单相绝缘线将L端和E端分别接到被测物导体部分和被测物的外壳或其他导体部分（如测相间绝缘）。

在特殊情况下，如被测物表面受到污染不能擦干净、空气太潮湿或者有外电磁场干扰等，就必须将G接线柱接到被测物的金属屏蔽保护环上，以消除表面漏流或干扰对测量结果的影响。

③ 测量：摇动发电机使转速达到额定转速（120r/min）并保持稳定。一般采用1min以后的读数为准，当被测物电容量较大时，应延长时间，以指针稳定不变时为准。

④ 拆线：在兆欧表没停止转动和被测物没有放电以前，不能用手触及被测物和进行拆线工作，必须先将被测物对地短路放电，然后再停止兆欧表的转动，防止电容放电损坏兆欧表。

⑤ 测量电动机的绝缘电阻时，E端接电动机的外壳，L端接电动机的绕组。

提示：测量电缆的绝缘电阻时兆欧表使用方法如下。

测量电力线路或照明线路的绝缘电阻时，L端接被测线路上，E端接地线。测量电缆的绝缘电阻时，为使测量结果精确，消除线芯绝缘层表面漏电所引起的测量误差，还应将G端接到电缆的绝缘纸上。

3）使用注意事项

① 测量前必须将被测设备电源切断，并对地短路放电，决不允许设备带电测量，以保证人身和设备的安全。

② 对可能感应出高压电的设备，必须消除这种可能性后才能进行测量。

③ 被测物表面要清洁，减少接触电阻，确保测量结果的正确性。

④ 测量前要检查兆欧表是否处于正常工作状态，主要检查其0位和无穷大处。即摇动手柄，使电动机达到额定转速，兆欧表在短路时应指在0位，开路时应指在无穷大处。

⑤ 兆欧表引线应用多股软线，而且应有良好的绝缘。

⑥ 不能全部停电的双回架空线路和母线，在被测回路的感应电压超过 12V 时，或当雷雨发生时的架空线路及与架空线路相连接的电气设备，禁止进行测量。

⑦ 兆欧表使用时应放在平稳、牢固的地方，且远离大的外电流导体和外磁场。

〖**思考练习**〗

（1）关于绝缘电阻的测量正确的是（　　）。

A．工程上常用兆欧表进行测量

B．加压 6s 后兆欧表的读数为该试品的绝缘电阻

C．手摇发电机电源电压没有 2500V

D．对 1000V 及以下设备常用 500V 兆欧表

（2）绝缘电阻表（兆欧表）是用来测量电气设备或线路的________。测量时，其表把的摇转速度应为每分钟________转，使用屏蔽端是为了排除________影响。

（3）用兆欧表时，在测量前要先检查兆欧表是否正常，如何检查呢？

（4）兆欧表主要用来测量各种绝缘电阻，表盘刻度值单位是什么？

2．使用兆欧表测量绝缘电阻

选择合适电压等级的绝缘电阻摇表，然后检查摇表是否正常。方法是：将摇表放在水平位置，将摇表的 L 端与 E 端开路，摇动把手到额定转速（一般 120r/min），此时指针应指向无穷大处；用线短接 L 端与 E 端，轻摇把手，指针应指 0 位（注意轻摇以免打坏表针）。确认电动机已经停电、放电后，按图 2-23 接线。

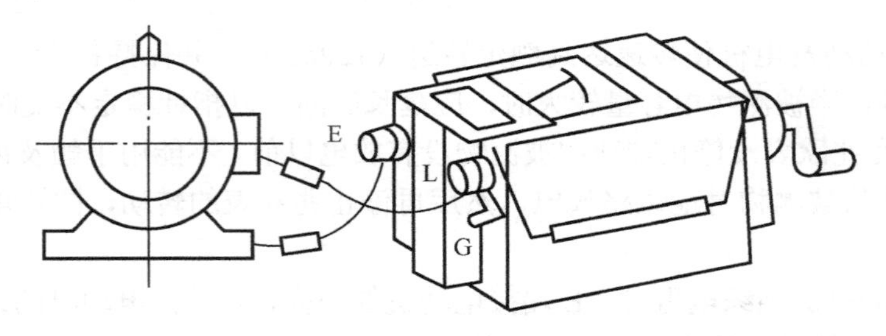

图 2-23　兆欧表测试电动机绝缘电阻接线图

以恒定速度摇动把手（平均 120r/min），摇表指针逐渐上升，在摇表达额定转速后，分别读取 15s 和 60s 的电阻值并记录于表 2-8 中。

表 2-8　测量绝缘电阻值

项 目 名 称	绝缘电阻值（MΩ）	项 目 名 称	绝缘电阻值（MΩ）
A-N		A-B	
B-N		A-C	
C-N		B-C	

〖思考练习〗

（1）分析表 2-8 中的数据，判断电动机的绝缘状况。低压电动机绕组的绝缘电阻不低于 0.5MΩ，否则电动机绝缘不达标。

（2）兆欧表上一般有三个接线柱，分别标有 L（线路）、E（接地）和 G（屏蔽）。其中 L 接在（　　）；E 接在（　　）；G 接在（　　）。

① 被测物和大地绝缘的导线部分；

② 被测物的屏蔽环上或不需测量的部分；

③ 被测物的外壳或大地。

认识和使用钳形电流表

1）初识钳形电流表

钳形电流表（如图 2-24 所示）是一种不用断开电路就可直接测量电路交流电流的便携式仪表，在电气检修中使用非常方便，此种测量方式最大的益处就是可以测量大电流而不用关闭被测电路。

图 2-24　钳形电流表外形

钳形电流表简称钳形表。其工作部分主要由一只电磁式电流表和穿心式电流互感器组成。穿心式电流互感器的铁芯制成活动开口且成钳形，故名钳形电流表。它是一种不用断开电路就可直接测量电路交流电流的便携式仪表，在电气检修中使用非常方便，应用相当广泛。

钳形表可以通过转换开关的拨挡改换不同的量程，但拨挡时不允许带电进行操作。钳形表一般准确度不高，通常为 2.5～5 级。为了使用方便，表内还有不同量程的转换开关供测不同等级电流及测量电压的功能。

2）使用方法

（1）选择适当的挡位。选挡位的原则如下。

① 已知被测电流范围时，选用大于被测值但又与之最接近的那个挡位。

② 不知被测电流范围时，可先置于电流最高挡试测（或根据导线截面积，估算其安全载流量，适当选挡位），根据试测情况决定是否需要降挡测量。总之，应使表针的偏转角度尽可能的大。

（2）测试人应戴手套，将表平端，张开钳口，使被测导线进入钳口后再闭合钳口。

（3）读数：根据所使用的挡位，在相应的刻度线上读取读数（注意，挡位值即是满偏值）。

（4）如果在最低挡位上测量，表针的偏转角度仍很小（表针的偏转角度小，意味着其测量的相对误差大），允许将导线在钳口铁芯上缠绕几匝，闭合钳口后读取读数。这时导线上的电流值=读数÷匝数（匝数的计算：钳口内侧有几条线，就算作几匝）。

钳形电流表操作如图 2-25 所示。

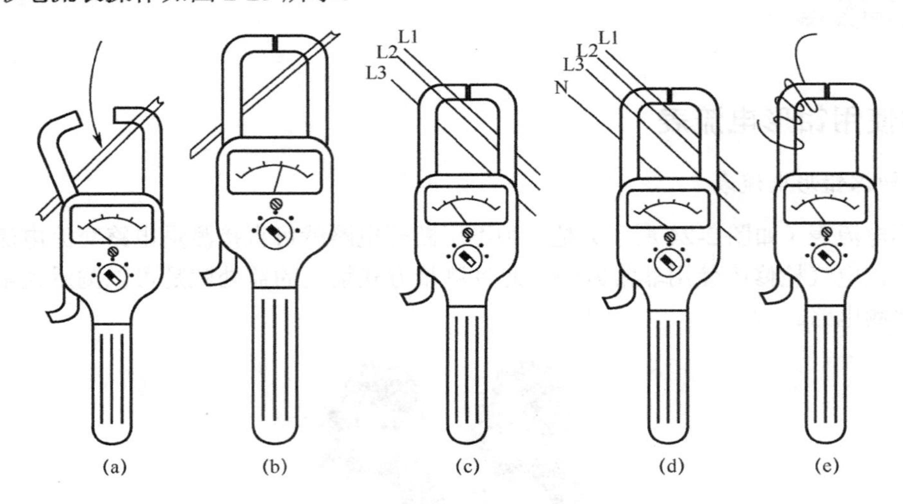

图 2-25　钳形电流表操作

操作提示：

① 同时钳入两条导线，则指示的电流值应是第三条线的电流值。

② 若是在三相四线系统中，同时钳入三条相线测量，则指示的电流值应是工作零线上的电流值。

③ 如果导线上的电流太小，即使置于最小电流挡测量，表针偏转角仍很小（这样读数不准确），可以将导线在钳臂上盘绕数匝（如图 2-25（e）所示为四匝）后测量，将读数除以匝数，即是被测导线的实测电流值。

3）使用注意事项

① 测量前对表做充分的检查，并正确选挡。

② 测试时应戴手套（绝缘手套或清洁干燥的线手套），必要时应设监护人。

③ 需换挡测量时，应先将导线自钳口内退出，换挡后再钳入导线测量。

④ 不可测量裸导体上的电流。

⑤ 测量时，注意与附近带电体保持安全距离，并应注意不要造成相间短路和相对地短路。

⑥ 使用后，应将挡位置于电流最高挡，有表套时将其放入表套，存放在干燥、无尘、

无腐蚀性气体且不受震动的场所。

〖思考练习〗

（1）钳形电流表与普通电流表相比有什么优点？

（2）用钳形电流表测量未知电流时如何选择量程？

（3）测量未知的被测电流时，钳形电流表钳口应缓慢闭合，在闭合钳口过程中发现指针已达满偏值，此时正确的操作为（　　）。

A．迅速关闭钳口　　B．继续缓慢闭合钳口

C．张大钳口，取出钳形电流表，换大量程钳形电流表

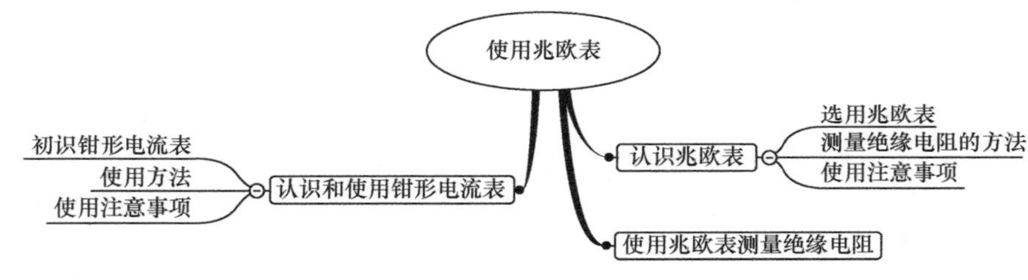

〖技术知识〗

（1）电路板上电阻有小电流流过时，可以用万用表电阻挡测量该电阻。（是、否）

（2）用钳形电流表测量未知电流时，应先用较大量程挡测量，然后根据被测量电流的大小再逐步换成合适的量程。（是、否）

（3）钳形电流表的优点是不需要切断电路的电流。（是、否）

（4）用钳形电流表测量时，被测载流导线置于钳口中央部位，可以减少测量误差。（是、否）

（5）在测量过程中发现选择量程不适当，可以钳住被测载流导线，进行转换挡位。（是、否）

（6）使用指针式钳形电流表不需要进行机械调零使指针调置零位。（是、否）

（7）用兆欧表时，在测量前要先检查是否完好，即在兆欧表未接上被测物之前，摇动手柄使发电机达到额定转速，观察指针是否指在标尺“∞”位。将接线柱“L”端和“E”端短接，缓慢摇动手柄，观察指针是否指在标尺“0”位。如不符合要求应对其检修后再用。（是、否）

（8）用兆欧表测量前要切断被测设备的电源，并接地进行放电。（是、否）

（9）用兆欧表测量时，摇动手柄应由慢渐快，若发现指针指零，则说明被测绝缘物可

能发生了短路，这时就不能继续摇动手柄，以减少测量误差。（是、否）

（10）万用表使用完毕，应将转换开关打在最大电流挡上。（是、否）

（11）测量 28V 的直流电压，用（　　）挡测量较适合。

A．直流 10V 挡　　B．直流 50V 挡

C．直流 250V 挡　　D．交流 50V 挡

（12）在高压高阻的测试环境中，为什么要求仪表接“G”端连线？

（13）为什么电子式兆欧表由几节电池供电就能产生较高的直流高压？

（14）能不能用兆欧表直接测带电的被测试品，结果有什么影响，为什么？

项目 3

直流电路

本项目将学习直流电路的基本组成、电路中常用物理量的表示方法，以及直流电路的相关定律。

完成本项目的学习后，你应该能够：

（1）知道电路的基本组成，理解电流、电压、电位、电动势、电阻、电功率的基本概念，并能进行简单的计算；

（2）理解欧姆定律，掌握电阻串联、并联的连接方式，能利用欧姆定律对电路进行简单分析与计算；

（3）知道基尔霍夫定律，会利用其对电路进行简单分析与计算；

（4）会测量电路中的电流、电压、电位；

（5）会根据电路图正确接线；

（6）能认识电阻，会使用万用表测量电阻。

建议本项目安排 10～12 学时。

任务 1　认识电路及基本物理量

使用一只 1.5V 干电池，一只 2.5V/0.2A 小灯泡，一个开关和若干导线，按如图 3-1 所示电路进行连接。当开关闭合时，灯泡发光，当开关断开时，灯泡熄灭。观察这个电路，并测量电流、电压、电位、电动势等物理量。

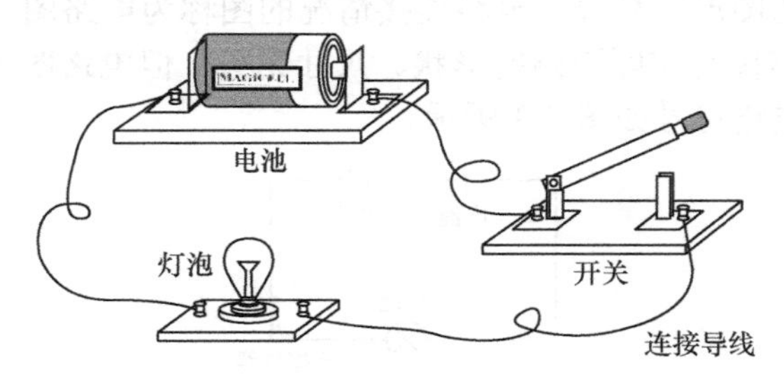

图 3-1　灯泡发光电路

任务分析

为完成本项任务，需要学习电路的组成及作用，理解电流、电压、电位、电动势、电阻等物理量的概念，并会对这些常用的物理量进行测量。

任务实施

1．认识电路

1）电路的组成

如图 3-1 所示的灯泡发光电路由电池、灯泡、导线和开关组成。这里电池是电源，灯泡是负载，开关起控制电路通断的作用，由金属导线将这些元件连接成一个导电回路，称为电路。电路一般由电源、负载、开关和导线组成，具体说明如表 3-1 所示。

表 3-1　电路组成说明

电源	电源是将其他形式的能量转换为电能的装置。如干电池、蓄电池、直流稳压电源等
负载	负载也称用电器，是将电能转换成其他形式能量的装置。如电灯、电风扇、电动机等
开关	开关用于控制电路的接通或断开。如刀开关、低压断路器等
导线	导线将电源和负载连接起来，起着传递能量的作用

电路的作用分两类：一类是传输、分配和使用电能，另一类是传递和处理信号。

2）电路的状态

电路一般有断路、通路和短路三种状态，如表 3-2 所示。

表 3-2　电路三种状态说明

断路	断路又称开路，是指电路中有一处或多处断开，此时电路中没有电流流过。图 3-1-1 中的开关断开，灯泡熄灭的状态就是断路
通路	通路又称闭路，是指电路没有断开的地方形成闭合状态，此时电路中有电流流过
短路	短路是指电路中某两点之间被导线直接相连接的状态。如果电源的两端短路，电源和短路导线中的电流很大，会损坏电源和导线，这是非常危险的，需要避免

3）电路图

实际电路很复杂，电路中所用到的元件结构也不简单。如果每个元件都像图 3-1 那样画实物连接图，这会给人们研究和分析电路造成很多困难。因此，常用图形来表示电路连接情况，这种用规定的图形符号表示电路连接情况的图称为电路图。上面灯泡发光的电路图如图 3-2 所示。电路图与实际电路的形状、尺寸无关，但电路图中的图形符号要遵循国家标准，常用元件的电路符号如图 3-3 所示。

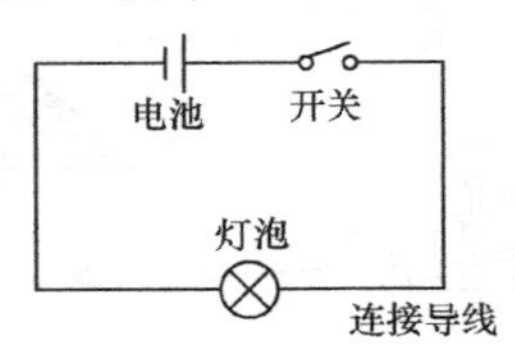

图 3-2　灯泡发光电路图

名　称	符　号	名　称	符　号
直流电压源 电池		可变电容	
电压源	+ −	理想导线	
电流源		互相连接 的导线	
电阻元件		交叉但不相 连接的导线	
电位器		开关	
可变电阻		熔断器	
电灯		电流表	A
电感元件		电压表	V
铁芯电感		功率表	V
电容元件		接地	

图 3-3　常用元件的电路符号

〖思考练习〗

利用规定的电路符号，画出如图 3-4 所示实物电路对应的电路原理图。

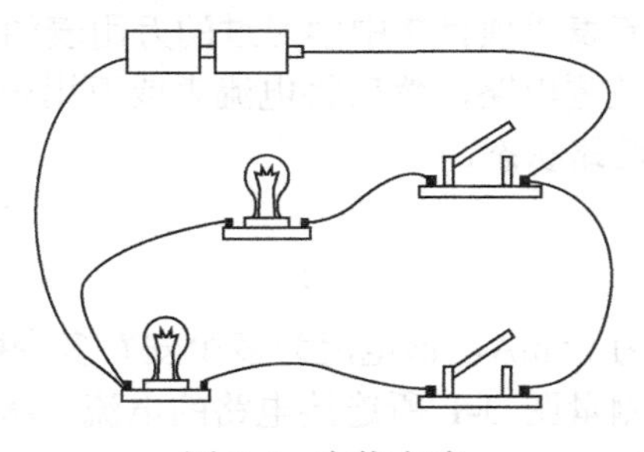

图 3-4　实物电路

2. 认识电流

1）什么是电流

在如图 3-1 所示的灯泡发光电路中，开关闭合之后，电源 E 为灯泡提供电能，在灯泡两端建立了电场，使灯泡里的电荷在电场力的作用下定向运动，使灯泡发光。

电荷定向有规则的移动称为电流。在导体中，电流是由各种不同的带电粒子在电场力的作用下做有规则的运动而形成的。

不同的负载通过的电流大小是不一样的，电流是单位时间内通过导体横截面的电荷量，用 I 表示。如果在时间 t 内通过导体横截面的电荷量为 Q，则电流的定义为：

$$I=\frac{Q}{t}$$

式中，I 为电流，单位 A（安培）；Q 为电荷，单位 C（库仑）；t 为时间，单位 s（秒）。

如果在 1s 内通过导体横截面的电荷量为 1C，则导体中的电流就是 1A。

常用的电流单位还有 kA（千安）、mA（毫安）和 μA（微安）。它们之间的换算关系如下：

1kA=1000A、1mA=1000μA=10^{-3}A、1μA=10^{-6}A

电流不仅有大小，而且有方向。习惯上规定以正电荷移动的方向为电流的方向。

在分析电路时，常常要知道电流的方向，但有时对某段电路中的电流方向难以判断，此时可先任意假定电流的参考方向，然后根据计算结果来判断。如果求出的电流为正，则表明实际方向与参考方向一致，如图 3-5（a）所示；如果求出的电流为负，则表明实际方向与参考方向相反，如图 3-5（b）所示。

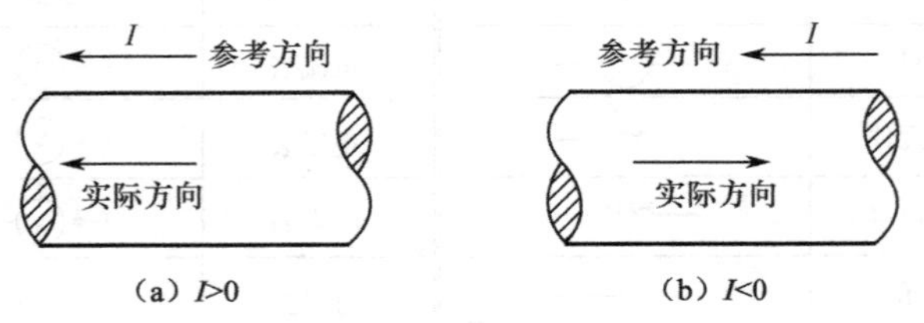

图 3-5　电流的正负规定

电流的大小和方向都不随时间变化的叫作恒定直流，简称直流。在本项目中所学习的直流是指恒定直流。电流的方向不随时间变化，而大小随时间变化的叫作脉动直流。

2）电流的测量

电路中的电流，可用电流表或项目 2 中学习过的万用表的电流挡来测量。

测量时，首先需要断开被测电路，然后将电流表或万用表串联在被测电路中，测量完毕要恢复电路，使电路处于通路状态。

〖思考练习〗

（1）收音机的工作电流为 25mA，该电流为多少安？多少微安？

（2）用万用表的电流挡测量图 3-1 所连接电路的电流，将操作步骤和测量结果记录下来，并说明灯泡中的电流方向。

3. 认识电压、电位和电动势

1）什么是电压

在电场力的作用下，电荷做定向移动形成电流。如果将电流类比成水管里流动的水，那么水的流动要有水压或者水位差，电的流动也会有一个类似水压或水位差的物理量，这就是电压。电压又称电位差，是衡量电场力做功本领大小的物理量。在电场中若电场力将电荷 Q 从 A 点移动到 B 点，所做的功为 W_{AB}，则功 W_{AB} 与电荷 Q 的比值就称为这两点之间的电压，用 U_{AB} 表示，其数学表达式为：

$$U_{AB}=\frac{W_{AB}}{Q}$$

式中，U_{AB} 为电压，单位 V（伏特）；W_{AB} 为功，单位 J（焦耳）；Q 为电荷，单位 C（库仑）。

常用的电压单位还有 kV（千伏）、mV（毫伏）、μV（微伏）等。它们之间的换算关系如下：

$1kV=1000V$、$1mV=1000\mu V=10^{-3}V$、$1\mu V=10^{-6}V$

电压和电流一样，不仅有大小，而且有方向。对于负载来说，规定电流流进端为电压的正端，电流流出端为电压的负端，电压的方向由正指向负，如图 3-6 所示。电压的方向在电路图中有两种表示方法，一种是用箭头表示，另一种是用极性符号表示。在分析电路时，有时难以确定电压的实际方向，此时可先假定电压的参考方向，再根据计算所得值的正、负来确定电压的实际方向。

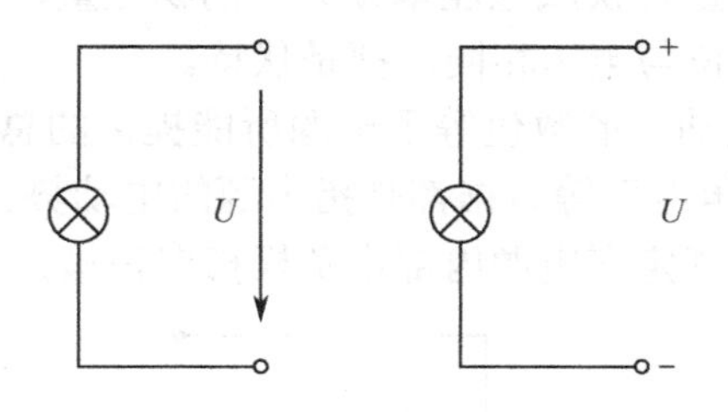

图 3-6　电压的方向

2）什么是电位

上面介绍的是电压的概念，电压又称电位差。类比水流一样，水流形成的条件是必须有水位差。同样的道理，电路中之所以能够形成电流，是因为电路中电荷的“位置”也有高低，称为电位差。电位是表示电荷在电路中某一点所具有的电位能的一个物理量。用 V 表示，单位也是伏特，如 V_A，即表示 A 点的电位。

电路中每一点都有一定的电位，就如同空间中的每一点都对应一定的高度一样。要确定某一点的高度就必须先确定一个计算的起点，即高度的零点，就好像日常生活中一般以地平面作为高度零点，也称为参考点。计算电位也是一样，要先确定一个计算电位的起点，称为零电位点。

原则上讲，零电位点可以任意选定，但一般选大地为零电位点。在电子仪器或设备中常把金属外壳或电路的公共点作为零电位点，用⊥表示。

根据电压又称电位差的概念，电压与电位的关系可以表达为：

$$U_{AB}=V_A-V_B$$

式中，U_{AB} 为 AB 之间的电压；V_A 为 A 点的电位；V_B 为 B 点的电位。

若 A 点的电位 V_A 比 B 点的电位 V_B 高，则 U_{AB} 为正值；若 A 点的电位 V_A 比 B 点的电位 V_B 低，则 U_{AB} 为负值。假设选取 B 点为零电位点，则 $V_B=0$，因此上式又可转化成 $V_A=U_{AB}$，即电路中某点的电位，在数值上等于该点到参考点之间的电压。

零电位点选取不同，则电路中同一点的电位也就不同，即电位的大小与参考点的选取有关，但电路中任意两点之间的电压却是不变的，与参考点选取无关。

3）电压与电位的测量

电压与电位的测量不需要断开被测电路，可用电压表或项目 2 中学习过的万用表的电压挡来测量。测量时应注意以下几点。

（1）电压表应并联在被测量的电路中。

（2）电压表的正表笔接电路的高电位端，负表笔接电路的低电位端，若指针反偏，则说明电压的方向相反，这时无法读数，需更换电压表的极性重新测量。

（3）与电流表测量电流一样，要合理选择量程。

4）什么是电动势

按照能量守恒的原则，电源不可能凭空源源不断地向其他部件提供能量，一定是其他形式的能量转换而来的。例如，发电机把机械能转换成电能，干电池把化学能转换成电能。所以，电源的作用就是将其他形式的能转换成电能，向用电设备提供能源。电源电动势就是描述电源将其他形式的能量转换成电能本领大小的物理量，它只决定电源本身的性质，与外电路无关。电动势的单位与电压相同，都是伏特。

从电源的外部来看，电动势的数值等于电源所能提供的总电压。例如，汽车的“12V蓄电池”、家用的“1.5V 干电池”等数据都是指电源的电动势。

电动势是有方向的，它规定在电源内部由负极指向正极，如图 3-7 所示。

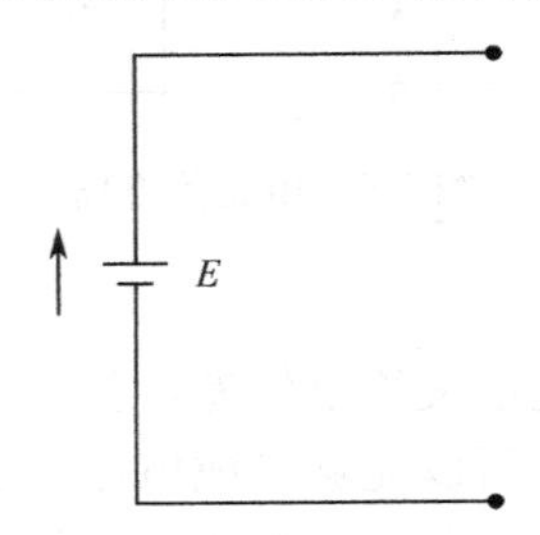

图 3-7　电动势的符号表示

对于一个电源来讲，既有电动势，又有端电压。电动势只存在于电源内部，而端电压则是电源加在外电路两端的电压，其方向由正极指向负极。一般情况下，电源的端电压总是低于电源内部的电动势，只有当电源开路时，电源的端电压才与电源的电动势相等。

〖思考练习〗

现有输出可调的直流稳压电源一台，12V/3W 灯泡三只，开关一个和导线若干，请按如图 3-8 所示连接好电路。将直流稳压电源输出调节到 12V，闭合开关 S。

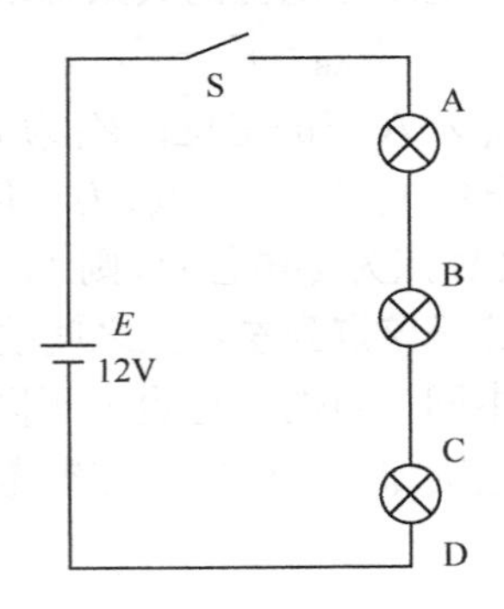

图 3-8　电位和电压测量电路原理图

（1）以 D 点为零电位点，依次测量 A、B、C 各点的电位（万用表黑表笔接在 D 点，红表笔依次接在 A、B、C 各点），将测量结果填写在表 3-3 中。

（2）以 C 点为零电位点，依次测量 A、B、D 各点的电位（注意，D 点电位的值应如何填写），将测量结果填写在表 3-3 中。

（3）测量 U_{AB}（红表笔接在 A 点，黑表笔接在 B 点）、U_{BC}（红表笔接在 B 点，黑表笔接在 C 点），将测量结果填写在表 3-3 中。

（4）分别以 D 点和 C 点为零电位点，计算 U_{AB}（V_A-V_B）、U_{BC}（V_B-V_C），将计算结果填写在表 3-3 中。

表 3-3 电位和电压测量表（单位：V）

		V_A	V_B	V_C	V_D	U_{AB}	U_{BC}
测量值	以 D 点为零电位点						
	以 C 点为零电位点						
计算值	以 D 点为零电位点						
	以 C 点为零电位点						

（通过测量和计算可以看到，电路中的电位与参考点的选取有关，但两点之间的电压与参考点的选取无关）

4. 认识电功率

1）什么是电功

电流流过负载时，负载将电能转换成其他形式的能量，这一过程称为电流做功，简称电功，用 W 表示。电流做功的多少跟电流的大小、电压的高低、通电时间长短都有关系。加在负载上的电压越高、通过的电流越大、通电时间越长，电流做功就越多。研究表明，当电路两端电压为 U，电路中的电流为 I，通电时间为 t 时，电功 W（或者说消耗的电能）为：

$$W = UIt$$

式中，W 为电功，单位 J（焦耳）；U 为加在负载上的电压，单位 V（伏特）；I 为流过负载的电流，单位 A（安培）；t 为时间，单位 s（秒）。

焦耳（J）是电功的国际单位。但焦耳这个单位很小，用起来不方便，生活中常用“度”（kW·h）做电功的单位，就是平常说的用了几度电的“度”。“度”称作千瓦时，表示 1kW 的用电器在 1h 内所消耗的电能。度与焦耳的换算关系为：

$$1\text{kW}\cdot\text{h} = 3.6\times10^6\text{J}$$

2）什么是电功率

不同的用电器，在相同的时间里，电流做功的快慢是不一样的。电流在单位时间内所做的功称作电功率，简称功率。它是用来表示消耗电能快慢的物理量，用 P 表示，其数学表达式为：

$$P = \frac{W}{t} = UI$$

式中，P 为电功率，单位 W（瓦特）。

在实际工作中，功率的常用单位还有 kW（千瓦）、mW（毫瓦）。

在实际电路中，要注意实际功率和额定功率的区别。额定功率是用电器在额定工作状态下的功率，而实际功率是用电器在电路中实际损耗的功率，由实际电压、电流决定。

〖思考练习〗

家里有一台电热水器，额定电压为 220V，额定功率为 2200W，若每日使用热水器 2h，假设每度电的电费为 1 元，一个月（按 30 天计）需要多少电费？

5. 认识电阻

1）什么是电阻

灯泡为什么会发光发热呢？是因为灯泡有电阻。水的定向移动形成了水流，水在流淌中会受到各种障碍物的阻碍。同样，电荷在导体中做定向移动形成了电流，电荷在导体中的运动也会受到其他粒子的阻碍，这种阻碍作用最明显的特征就是导体消耗电能而发热或发光。导体对电流的这种阻碍作用称为电阻。导体的电阻越大，表示导体对电流的阻碍作用越大，转化为其他形式的能就越多。平常人们所说的元件都有一定的电阻。灯泡有电阻，电源有电源内阻（新、旧电池的内阻不一样），导线有导线电阻，开关有接触电阻等，只是电阻的大小不同而已。在某些场合为了分析方便，小电阻可以忽略不计。

不同的导体，电阻一般不同，电阻是导体本身的一种特性。具有一定电阻值的元件称为电阻器，习惯简称为电阻，用 R 表示，图形符号是—▭—，电阻的单位是 Ω（欧姆）。除了欧姆以外还有 kΩ（千欧）、MΩ（兆欧），它们之间的换算关系如下：

$1\text{M}\Omega=10^6\Omega$、$1\text{k}\Omega=10^3\Omega$

2）电阻的分类

在电路中常用的电阻有固定电阻和可变电阻两大类，按制作材料和工艺不同，可分为碳膜电阻、金属膜电阻、线绕电阻等。几种常用电阻的外形和特点见表 3-4。

表 3-4　常用电阻的名称、外形和特点

名　称	外　形	特　点
碳膜电阻		碳膜电阻稳定性较高，噪声比较低，价格低廉。在直流、交流电路中应用广泛
金属膜电阻		金属膜和金属氧化膜电阻精度高、噪声小、耐高温。在各种仪表、仪器及无线电设备中广泛应用
线绕电阻		线绕电阻的阻值精确，稳定、耐热性能好，功率较大。有固定式和可调式两种。缺点是体积大，成本高，有电感存在，不适用于高频电路
电位器		阻值连续可调。碳膜电位器的阻值可调范围很宽，分辨率高，噪声很小，工作稳定性好。线绕电位器的阻值变化范围小，能承受较高的温度，功率较大

3）电阻的主要参数

（1）标称阻值。电阻上都标有电阻的阻值，这就是电阻的标称阻值，单位为 Ω、kΩ、MΩ。标称阻值都应符合表 3-5 所列数值乘以 10^N，其中 N 为正整数。

（2）允许误差。电阻的误差反映了电阻的精度。不同的精度有一个相应的允许误差，表 3-6 列出了常用电阻允许误差等级。常用的普通型电阻是碳膜电阻，精密型电阻是金属膜电阻。

表 3-5　电阻标称阻值系列

系　列	允许误差	电阻的标称阻值
E24	±5%（Ⅰ）	1.0，1.1，1.2，1.3，1.5，1.6，1.8，2.0，2.2，2.4，2.7，3.0，3.3，3.6，3.9，4.3，4.7，5.1，5.6，6.2，6.8，7.5，8.2，9.1
E12	±10%（Ⅱ）	1.0，1.2，1.5，1.8，2.2，2.7，3.3，3.9，4.7，5.6，6.8，8.2
E6	±20%（Ⅲ）	1.0，1.5，2.2，3.3，4.7，6.8

表 3-6　电阻允许误差等级

允许误差	±0.1%	±0.2%	±0.5%	±1%	±2%	±5%或Ⅰ	±10%或Ⅱ	±20%或Ⅱ
文字符号	B	C	D	F	G	J	K	M
类　型	精密型					普通型		

（3）额定功率。当电流流过电阻的时候，电阻会发热。如果电阻发热的功率超出其所能承受的功率，电阻就会烧坏。电阻长时间正常工作允许消耗的最大功率叫作额定功率。

电阻的额定功率通常为 1/8W、1/4W、1/2W、1W、2W、3W、5W、10W 等，常用的电路符号如图 3-9 所示。

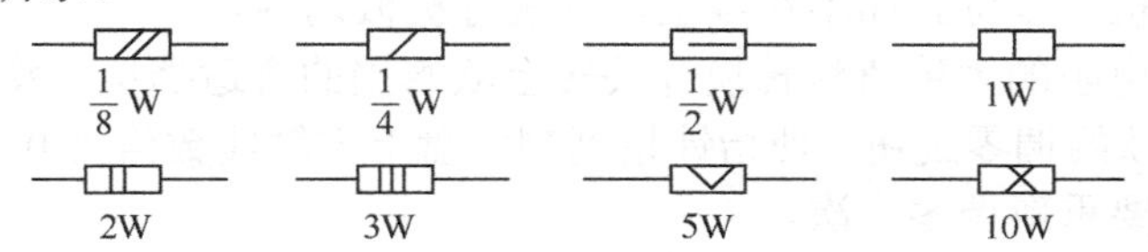

图 3-9　电阻额定功率的电路符号

4）电阻的标注方法

电阻的标称阻值和允许误差一般都直接标注在电阻上，目前最常见的是色标法。色标法是用不同颜色的色环在电阻的表面标出标称阻值和误差的方法。其色环的意义见表 3-7。

表 3-7　电阻色环颜色所代表的含义

颜　色	有效数字	乘　数	允许误差
棕	1	10	±1%
红	2	100	±2%
橙	3	1000	—
黄	4	10000	—
绿	5	100000	±0.5%
蓝	6	1000000	±0.25%
紫	7	10000000	±0.1%
灰	8	100000000	—
白	9	1000000000	—
黑	0	1	—
金	—	0.1	±5%
银	—	0.01	±10%
无色	—	—	±20%

普通电阻用四色环表示，如图 3-10（a）所示。精密电阻用五色环表示，如图 3-10（b）所示。靠电阻引脚最近的色环为第一色环，然后依次为第二、第三、第四色环，误差色环会略粗。如果确实无法区分，可以用万用表检测。

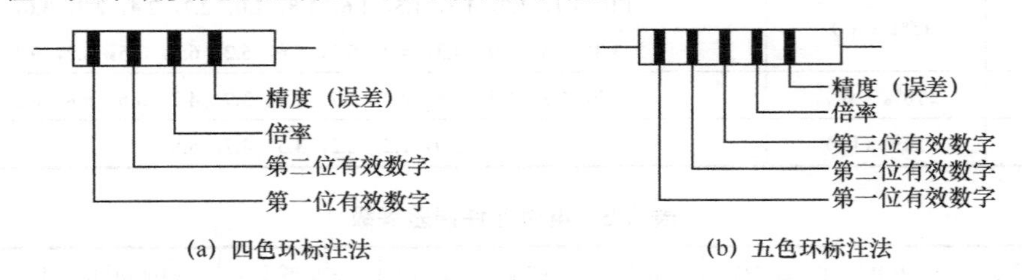

(a) 四色环标注法　　(b) 五色环标注法

图 3-10　电阻色标法

例如图 3-10 中，四色环电阻的颜色排列为“红黑棕金”，表示这只电阻的标称阻值为 20×10=200Ω，允许误差为±5%；五色环电阻的颜色排列为“黄橙黑黑棕”，表示这只电阻的标称阻值为 430×1=430Ω，允许误差为±1%。

5）电阻的测量

电阻的测量方法很多，最为简单的是用万用表的电阻挡直接测量。

（1）检查指针机械零位。如不在零位，则进行机械调零。

（2）根据已知电阻的大致值将转换开关转至欧姆挡的合适挡位，将万用表红、黑表笔短接的同时，调整欧姆调零旋钮，使指针指到刻度盘上方轴线数值为 0 处，这叫欧姆调零。每转换一个挡位均要重新调零一次。

（3）将两表笔分别可靠接触到被测电阻的两端，读出指针所指刻度盘上方轴线的数值。被测电阻的阻值等于刻度盘上的读数乘以所选挡位的倍率。

注意：挡位选择恰好使指针处于刻度盘的 1/3～2/3 处。如果预先不知道被测值的大致范围，可以先选择数值大一些的挡位，不合适时再调整。但每调整一次挡位均需重新进行欧姆调零！另外，为保证读数正确，测量时测量者的两手不能触碰到表笔或负载的测量端。

〖思考练习〗

现有 10 只不同阻值的色环电阻，其中四色环 5 只，五色环 5 只，分别利用色环标志计算电阻值和万用表测量电阻值，记录在表 3-8 中。

表 3-8　电阻测量记录表

电 阻 序 号	电 阻 色 环	电阻计算值	万用表测量值
1			
2			
3			
4			
5			
6			
7			
8			
9			
10			

如果电阻处在电路中，则测量电阻值时要注意：

（1）如果电路处于通电状态，不能带电测量电阻值，必须切断电路电源，才可以测量。

（2）被测电阻至少要一段与电路断开，以免受电路影响。

连接电池组

由于每节电池的电源电压和所能提供的电流都是一定的，因此当实际应用中需要更高的电压和更大的电流输出时，就需要将几个电池连接在一起使用，这就是电池组。

常见的电池组连接方式主要有电池的串联和电池的并联。

1）电池的串联

由于电池的电动势一般都偏低，往往不能满足负载额定电压的要求，所以在实际应用中都是以电池串联的方式来供电的，如图 3-11 所示。

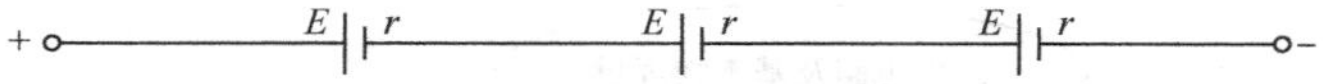

图 3-11　电池的串联

设串联电池组中每个电池的电动势都是 E，内阻值都是 r，则串联电池组的总电动势为：

$$E_{总} = nE$$

即串联电池组的电动势等于各电池电动势之和。手电筒、半导体收音机、汽车等都是把电池串联起来使用的，目的是增大电动势。

串联电池组的内电阻值等于各电池内电阻值之和。

$$r_{总} = nr$$

设外电路的电阻值为 R，由全电路欧姆定律得到电池组的电流为：

$$I = \frac{nE}{R + nr}$$

因此，串联电池组适用于输出电流不太大，而输出电压要求较高的场合。

2）电池的并联

由于每个电池的输出电流是一定的，往往不能满足实际使用中负载额定电流的要求，因此需要将多个电池并联起来使用，如图 3-12 所示。

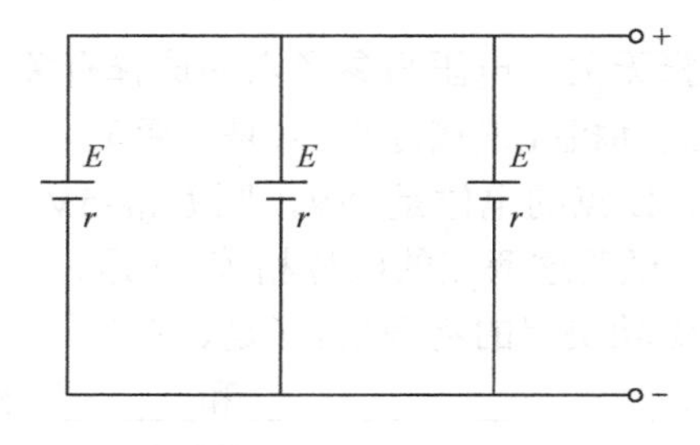

图 3-12　电池的并联

设并联电池组中 n 个电池的电动势都是 E，内阻值都是 r，则并联电池组的总电动势为：

$$E_{总}=E$$

并联电池组的总内阻值为：

$$r_{总}=\frac{r}{n}$$

并联电池组所能提供的电流为：

$$I=I_1+I_2+I_3+\cdots+I_n$$

可见，并联电池组适用于每个电池的电动势能够满足负载所需电压，而单个电池的输出电流小于负载所需电流的情况。

〖**思考练习**〗

新旧电池为什么不宜混在一起串联和并联使用呢？

学习总结

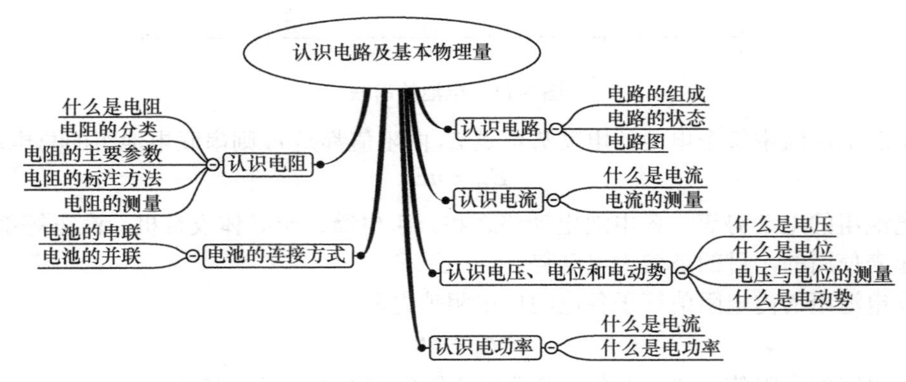

检测评价

〖**技术知识**〗

（1）电子在电路中定向运动的方向就是电路中电流的方向。（是、否）

（2）用电流表测量电流时，应将测量的电路断开，然后把电流表串联在被测电路中。（是、否）

（3）电位与参考点的选择无关，电压与参考点的选择有关。（是、否）

（4）电位的参考点一般选择机壳或接地点。（是、否）

（5）A 点的电位是 10V，B 点的电位是−5V，则 U_{AB}=5V。（是、否）

（6）两点间的电压为 0，说明这两点的电位相等。（是、否）

（7）电功率是表示电流做功快慢的物理量。（是、否）

（8）电路是由________、________、________和________组成的。

（9）380V=________kV，220kV=________V，75mV=________V。

（10）计算电路中的电位时，应首先确定________点，由于________点不同，电路中同一点的电位也会不同。

（11）O 点是参考点，U_{AO}=−10V，U_{BA}=15V，则 V_A=________，V_B=________。

（12）如图 3-13 所示，已知 U_{ab}=12V，U_{bc}=6V，U_{ad}=9V，U_{dc}=9V。

① 以 c 点为参考点，计算 a、b、d 点的电位。

② 以 a 点为参考点，计算 b、c、d 点的电位。

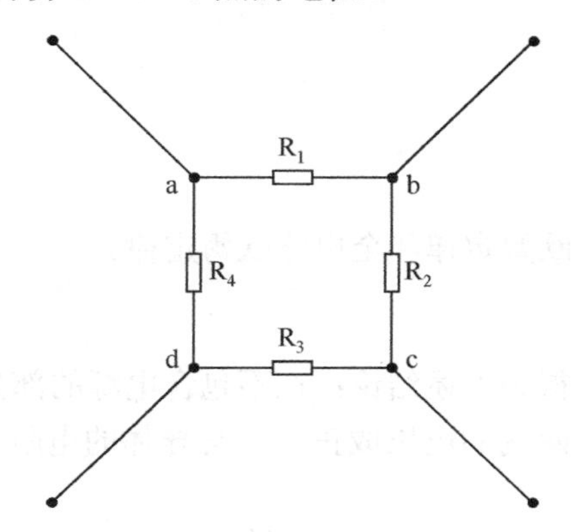

图 3-13　练习（12）图

任务 2　认识欧姆定律及电阻的串、并联电路

使用 1 台直流稳压电源，1 只 100Ω 固定电阻，1 只滑动变阻器，1 个开关和若干导线，搭建如图 3-14 所示的电路。测试电流与电压，理解欧姆定律。

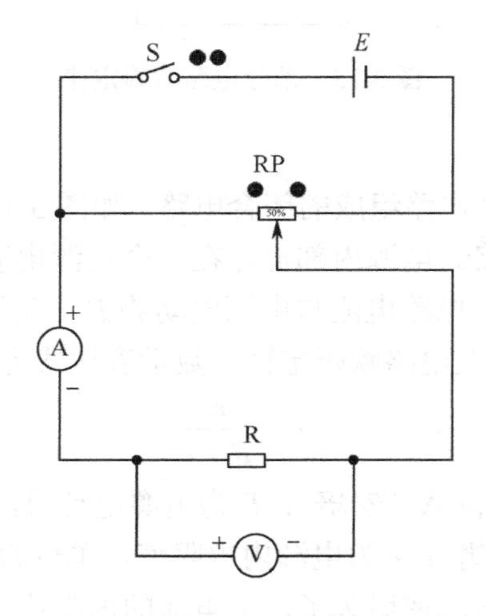

图 3-14　欧姆定律测试电路

任务分析

为完成本项任务，需要学习欧姆定律和电阻的串、并联连接方式等电路基本知识，并学习利用欧姆定律对电路进行简单分析与计算，然后依据电路图搭建电路，进行测量。

任务实施

1．认识欧姆定律

欧姆定律分为部分电路欧姆定律和全电路欧姆定律。

1）部分电路欧姆定律

通过上面测试分析可以得到下述结论：在不包含电源的部分电路中，如图 3-15 所示，流过导体的电流与这段导体两端的电压成正比，与导体的电阻成反比，这就是部分电路欧姆定律，数学表达式为：

$$I = \frac{U}{R}$$

式中，I 为电路中的电流，单位 A（安培）；U 为该部分电路两端电压，单位 V（伏特）；R 为该部分电路的电阻值，单位 Ω（欧姆）。

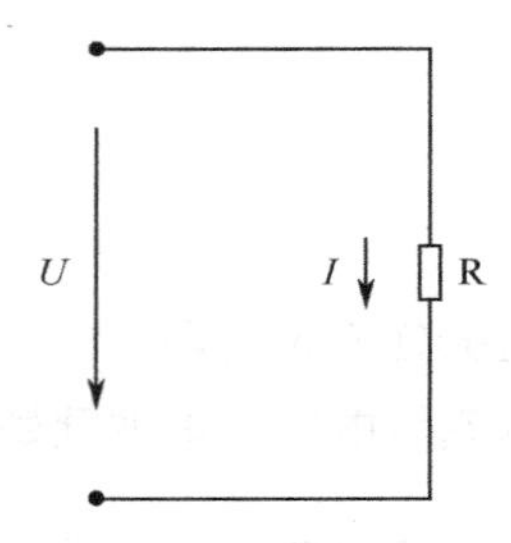

图 3-15　部分电路欧姆定律

2）全电路欧姆定律

全电路是指由内电路和外电路组成的闭合电路。如图 3-16 所示，图中虚线框代表一个电源的内部电路，称为内电路。电源内部都存在一个电源电动势和电源内阻，电源内阻值用 r 或 R_0 表示。在全电路中，电路电流与电源电动势 E 成正比，与整个电路的内外电阻值之和（$R+r$）成反比，这就是全电路欧姆定律。数学表达式为：

$$I = \frac{E}{R + r}$$

式中，I 为电路中的电流，单位 A（安培）；E 为电源电动势，单位 V（伏特）；R 为外电路（负载）电阻值，单位 Ω（欧姆）；r 为电源内电阻值，单位 Ω（欧姆）。

根据以上公式可知，干电池使用久了，干电池的内阻值 r 就会变大，流过灯泡的电流就会下降，因此灯泡就会变暗。

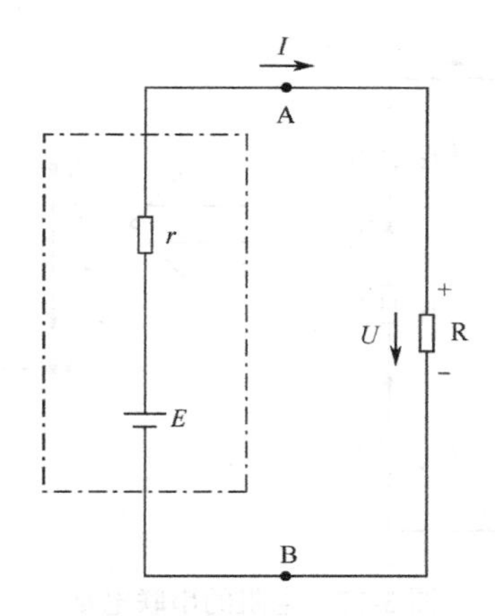

图 3-16　全电路欧姆定律

还可以将全电路欧姆定律写成：

$$E=I(R+r)=IR+Ir=U_{外}+U_{内}$$

式中，$U_{外}$ 为外电路的电压，也称电源的端电压；$U_{内}$ 为电源内阻的电压，也称内阻压降。

因此，全电路欧姆定律又可以表述为：电源电动势在数值上等于闭合电路中内、外电路电压之和。

实际上无法用万用表直接测量出一个实际电源的内阻值，万用表的电阻挡是不允许带电测量的。

〖**思考练习**〗

在如图 3-16 所示电路中，已知 E=3V，电源内阻值 r=0.9Ω，R=9.1Ω。求电源的端电压和内阻压降。

2．认识电阻的串、并联电路

1）电阻的串联电路

两个或两个以上的电阻首尾依次连接所构成的无分支电路，叫作电阻的串联电路，如图 3-17 所示。

电阻的串联电路有如下特点。

（1）串联电路中流过各个电阻的电流都相等，即：

$$I=I_1=I_2=\cdots=I_n$$

（2）串联电路中总电压等于各电阻上电压之和，即：

$$U=U_1+U_2+\cdots+U_n$$

（3）串联电路中的总电阻值（等效电阻的阻值）等于各个串联电阻的阻值之和，即：

$$R=R_1+R_2+\cdots+R_n$$

（4）串联电路中每个电阻两端的电压与电阻的大小成正比，即：

$$\frac{U_1}{R_2}=\frac{U_2}{R_2}=\cdots=\frac{U_n}{R_n}=\frac{U}{R}=I$$

上式表明，电阻的串联电路具有分压作用，电阻分得的电压高低与电阻的大小成正比。

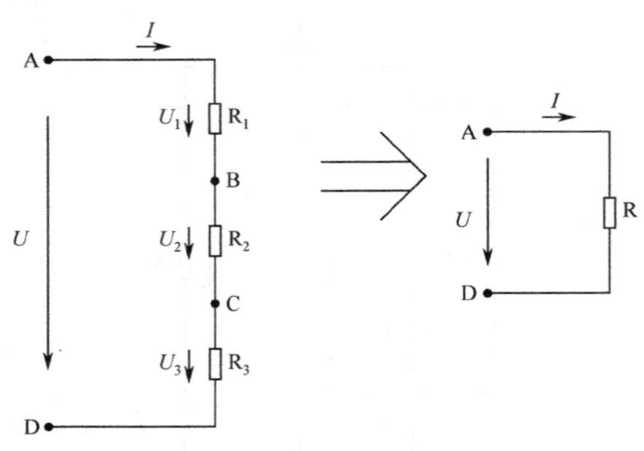

图 3-17　电阻的串联电路

2）电阻的并联电路

两个或两个以上的电阻首尾连接在电路中相同两点之间的连接方式，叫作电阻的并联电路，如图 3-18 所示。

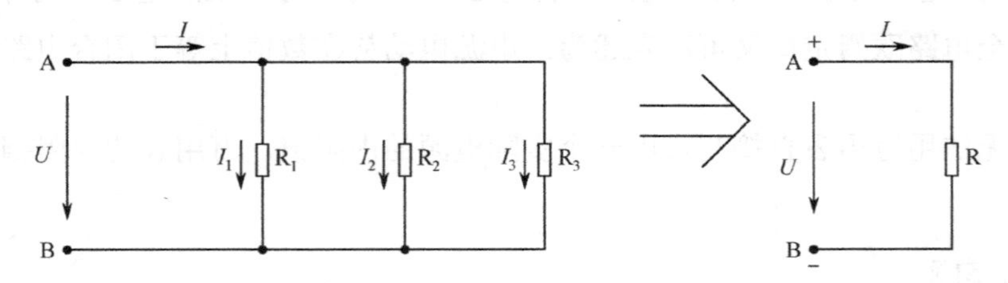

图 3-18　电阻的并联电路

电阻的并联电路有如下特点。

（1）并联电路中各电阻两端的电压均相等，且等于电路两端的电压，即：

$$U = U_1 = U_2 = \cdots = U_n$$

（2）并联电路中总电流等于流过各电阻的电流之和，即：

$$I = I_1 + I_2 + \cdots + I_n$$

（3）并联电路的总电阻值（等效电阻的阻值）的倒数等于各并联电阻阻值的倒数之和，即：

$$\frac{1}{R} = \frac{1}{R_1} + \frac{1}{R_2} + \cdots + \frac{1}{R_n}$$

当只有两只电阻 R_1、R_2 并联时，等效电阻的阻值为 $R = \dfrac{R_1R_2}{R_1 + R_2}$。

当 n 个阻值都为 R 的电阻并联时，等效电阻的阻值为 $R_n = \dfrac{R}{n}$。

（4）每个电阻分配到的电流与电阻的大小成反比，即：

$$I_1R_1 = I_2R_2$$

上式表明，电阻的并联电路具有分流作用，电阻分得的电流大小与电阻的大小成反比。

〖思考练习〗

在图 3-17 和图 3-18 中，$R_1=R_2=R_3=100\Omega$，分别求它们的等效电阻。

3. 测试欧姆定律

按照图3-14连接电路。将直流稳压电源输出调节到9V，闭合开关S。

（1）调节滑动变阻器，分别使电压表的读数为6V、5V和4V，分别记录相应电流表的读数并填入表3-9中。

表3-9　电阻为100Ω时电流与电压的关系

电　压	6V	5V	4V
电　流			

（2）当固定电阻分别为100Ω、200Ω、300Ω时，调节滑动变阻器，使电压表读数恒为6V不变的情况下，分别记录相应电流表的读数并填入表3-10中。

表3-10　电压为6V时电流与电阻的关系

电　阻	100Ω	200Ω	300Ω
电　流			

1. 电阻的串、并联应用

电阻的串、并联广泛应用于仪表的扩量程、电子线路中使元件处于合适的工作点等方面。

『例』有一只微安表，满偏电流为I_g=100μA、内阻值R_g=1kΩ，要改装成量程为I=100mA的电流表，如图3-19所示，需并联多大的分流电阻R？

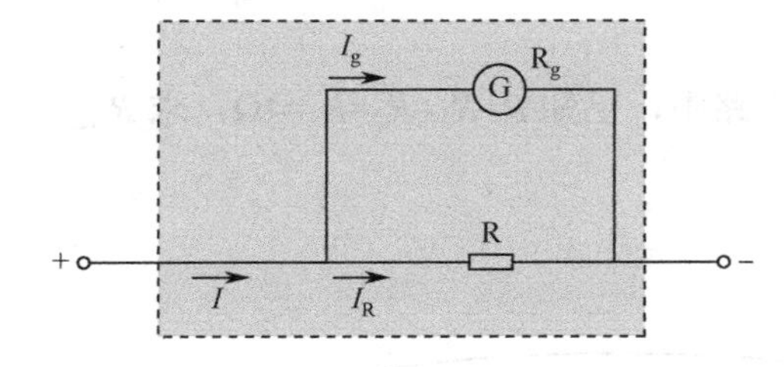

图3-19　例题图

『解』

根据电阻并联的特点，流过分流电阻R的电流为：

$$I_R=I-I_g=100-100\times10^{-3}\approx100\ (\text{mA})$$

由于电阻R和表头内阻并联，因此有$I_gR_g=I_RR$，可得：

$$R=\frac{I_gR_g}{I_R}=\frac{100\times10^{-3}\times1\times10^{3}}{100}=1(\Omega)$$

即将微安表与一只1Ω的分流电阻并联后可扩大测量的量程。

〖思考练习〗

把量程为 3V、内电阻为 30kΩ的电压表量程扩大到 30V，需串联多大的电阻？

2. 电阻的混联应用

实际电路的负载电阻往往不是单纯的串联或并联，而是既有串联又有并联，这样的连接方式叫混联，如图 3-20（a）所示。对于这样的电路，可以依照串并联等效化简规则，如图 3-20（b）、（c）、（d）所示，首先将混联电路简化成一个无分支电路，然后再根据欧姆定律，计算出电路的总电流、各支路的电流和各电阻的端电压。

凡能够用电阻串、并联的方法化简成无分支单一回路的电路，均称为简单电路。

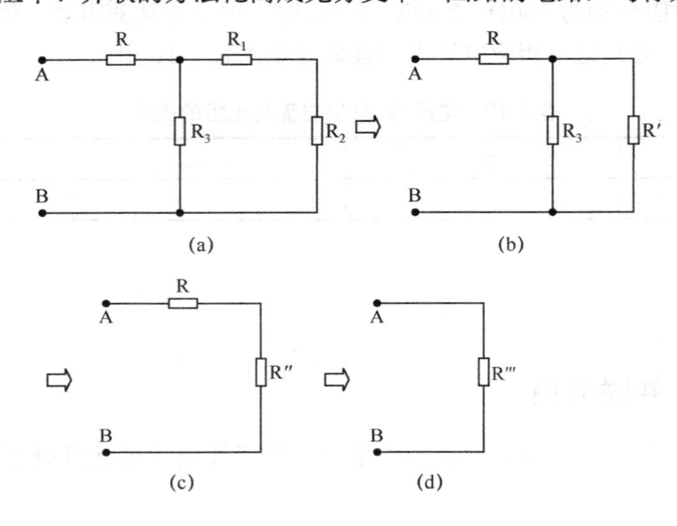

图 3-20 电阻混联电路的简化过程

〖思考练习〗

在如图 3-20 所示的电路中，已知 $R=R_1=R_2=R_3=4\Omega$，求 R_{AB}。

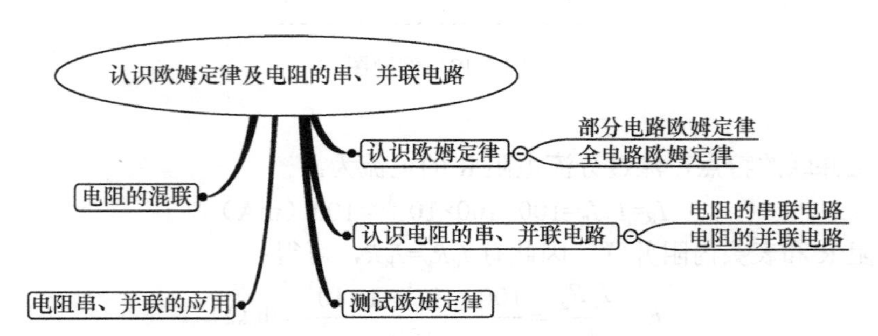

〖技术知识〗

（1）电池的内电阻是 0.2Ω，外电路上的电压是 1.8V，电路里的电流是 0.2A，则电池的电动势是________V，外电路的电阻是________Ω。

（2）电源的电动势为 3V，内电阻为 0.2Ω，外电路的电阻为 4.8Ω，则电路中的电流 I=________A，内电压为________ V，路端电压为________ V。

（3）电动势为 3V、内阻为 0.1Ω 的电源短路时，短路电流 I 为________，此时端电压 $U_{端}$ 为________。

（4）电阻值 R_1:R_2=4:1，若将 R_1 与 R_2 串联，则它们的电流之比 I_1:I_2=________；若将 R_1 与 R_2 并联，则它们的电流之比 I_1:I_2=________。

（5）电阻值 R_1:R_2=5:1，若将 R_1 与 R_2 串联，则它们的电压之比 U_1:U_2=________；若将 R_1 与 R_2 并联，则它们的电压之比 U_1:U_2=________。

（6）两只完全相同的电阻，它们串联的总电阻是并联的总电阻的（　　）。

A．1/2　　B．2 倍

C．1/4　　D．4 倍

（7）下面四对并联电阻，总电阻最小的是（　　）。

A．两只 4Ω　　B．一只 4Ω，一只 6Ω

C．一只 1Ω，一只 8Ω　　D．一只 2Ω，一只 7Ω

（8）电源的电动势为 4.5V，内电阻为 0.5Ω，外电路接一只 4Ω 的电阻，这时电源两端的电压为（　　）。

A．5V　　B．4.5V

C．4V　　D．3.5V

（9）在闭合电路中，外电路电阻变大时（　　）。

A．端电压减小　　B．电路中的电流增大

C．电源内部的电压升高　　D．电源的内、外电压之和保持不变

（10）如图 3-21 所示，已知流过 R_2 的电流 I_1=2A，R_1=1Ω，R_2=2Ω，R_3=3Ω，R_4=4Ω，求总电流 I。

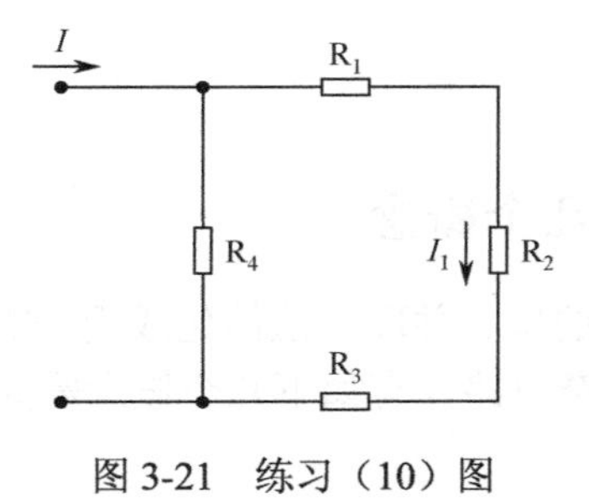

图 3-21　练习（10）图

（11）如图 3-22 所示，已知 R_1=30Ω，R_2=20Ω，R_3=10Ω，R_4=60Ω，求等效电阻 R_{AB}。

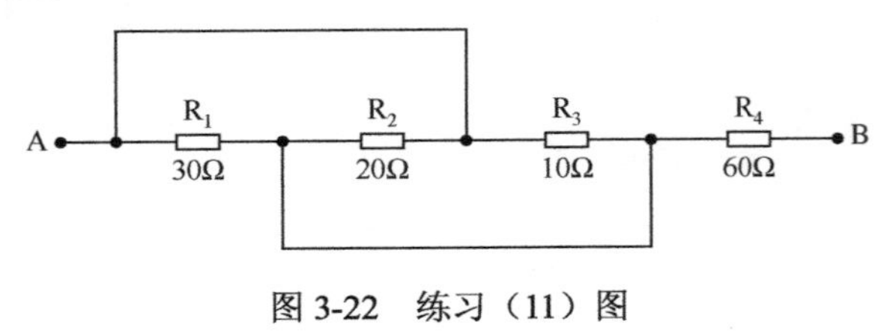

图 3-22　练习（11）图

任务 3　认识基尔霍夫定律

如图 3-23 所示是一个复杂直流电路，要求使用基尔霍夫定律来计算该电路各处的电流与各点的电压。

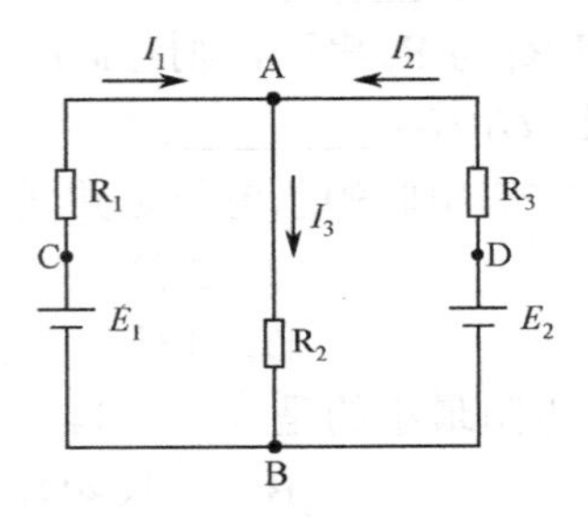

图 3-23　复杂直流电路

为完成本项任务，先观察一下如图 3-23 所示的电路。如图 3-23 所示的电路看起来很简单，电阻只有三只，但它们之间没有串、并联关系，不能简化为单一回路电路，所以是个复杂直流电路。分析这个复杂直流电路，要用到基尔霍夫定律。因此，为了完成本项任务的分析，需要理解复杂直流电路的几个概念，学习基尔霍夫定律，并学会利用基尔霍夫定律对复杂直流电路进行简单分析与计算的方法。

1．理解复杂直流电路的几个概念

如果一个电路不能用电阻的串、并联方法简化成无分支的单一回路电路，那么这个电路就叫作复杂直流电路。对复杂电路，有如下几个概念需要理解。

1）支路

由一个或几个元件串联组成的无分支电路称为支路，在图 3-23 中有三条支路：由 E_1、

R_1组成的支路，由R_2组成的支路，由E_2、R_3组成的支路。其中含有电源的支路叫作有源支路，不含电源的支路叫作无源支路。

2）节点

三条或三条以上支路的连接点称为节点。在图3-23中有两个节点A、B。

3）回路

电路中任意一个闭合路径称为回路。在图3-23中有三个回路BCAB、BDAB、BCADB。

4）网孔

电路中内部不含有任何支路的回路称为网孔。在图3-23中有两个网孔BCAB、BDAB。网孔一定是回路，但回路不一定是网孔。

2. 认识基尔霍夫电流定律

基尔霍夫定律是分析复杂直流电路的基本定律。基尔霍夫定律既适用于直流电路，也适用于后面学习的交流电路。

基尔霍夫电流定律又称为基尔霍夫第一定律，简称KCL，它指出：在任一瞬间，流入某一节点的电流之和等于流出该节点的电流之和，即：

$$\sum I_{入}=\sum I_{出}$$

在图3-23中，对于节点A有：

$$I_1+I_2=I_3$$

在分析未知电流时，可先假设支路电流的参考方向，列出节点电流方程，再根据计算值的正、负来确定未知电流的实际方向。

〖思考练习〗

在图3-24中，已知I_1=6A，I_3=3A，I_4=5A，各电流的假设方向如图所示，求I_2的大小及实际方向。

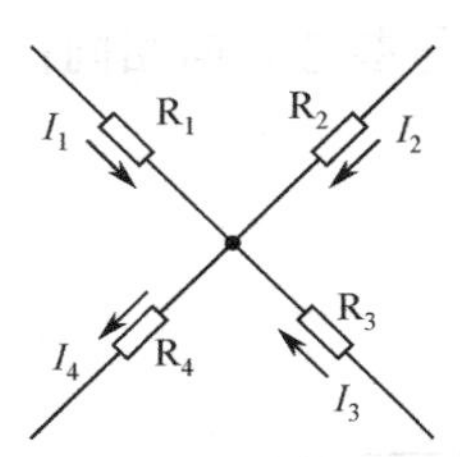

图3-24 练习题图

3. 认识基尔霍夫电压定律

基尔霍夫电压定律又称为基尔霍夫第二定律，简称KVL，它指出：在任一瞬间，沿电路中的任一回路绕行一周，各电阻上电压降的代数和等于电动势的代数和，即：

$$\sum IR=\sum E$$

式中各电压和电动势的正、负符号的确定方法如下。

（1）假设各支路电流的方向。

（2）选定回路的绕行方向是顺时针还是逆时针。

（3）若电阻中的电流方向与回路的绕行方向相同，则该电阻的电压降取正号；若与绕行方向相反，则取负号。

（4）若电动势的实际方向与绕行方向相同，则取正号；若与绕行方向相反，则取负号。

在图 3-23 中，对于左边网孔 BCAB，假设绕行方向为顺时针，则有：

$$I_1R_1+I_3R_2=E_1$$

〖思考练习〗

（1）在如图 3-23 所示的电路中，对于右边网孔 BDAB，假设绕行方向为逆时针，你能列出相应的 KVL 方程吗？

（2）在如图 3-23 所示的电路中，已知 E_1=18V，E_2=9V，R_2=4Ω，R_1=R_3=1Ω，试求各支路电流的大小及实际方向。

支路电流法

所谓支路电流法就是以各支路电流为未知量，应用基尔霍夫电流定律和电压定律列出方程组，然后求解，最后求得各支路电流。

用支路电流法分析电路的方法和步骤如下。

（1）假设电路中各支路电流的参考方向，对 n 个节点列出 $n-1$ 个独立的节点电流方程。

（2）按网孔选定回路的绕行方向，对 m 个网孔列出 m 个独立的回路电压方程。

（3）代入数据，求解方程组，得出各支路电流的大小，并确定各支路电流的实际方向。当计算结果为正时，实际方向与参考方向相同；当计算结果为负时，实际方向与参考方向相反。

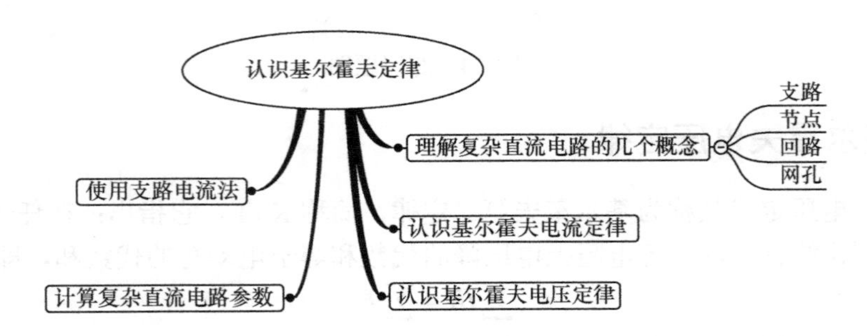

〖技术知识〗

（1）在一个电路中，回路数与网孔数是相同的。（是、否）

（2）支路是连接在两个节点之间的电路。（是、否）

（3）同一支路中各个元件中的电流大小和方向相同。（是、否）

（4）沿某闭合回路顺时针绕行一周，电压的代数和为“0”；沿该闭合回路逆时针绕行一周，电压的代数和还是为“0”。（是、否）

（5）在如图 3-25 所示的电路图中，支路、节点、网孔和回路各有多少？

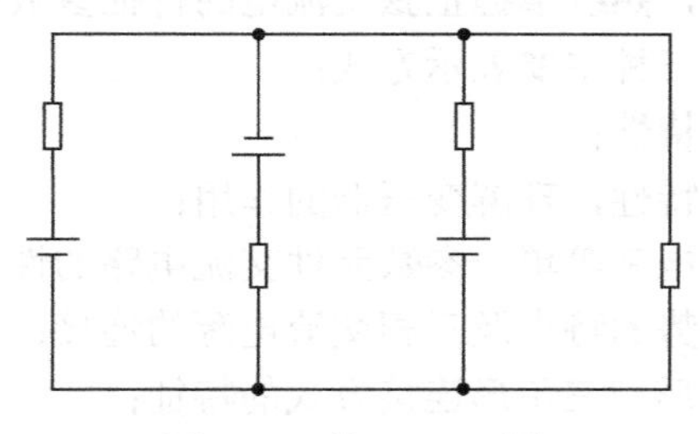

图 3-25　练习（5）图

（6）在如图 3-26 所示的电路图中，已知 E_1=10V，E_2=6V，R_1=2Ω，R_2=4Ω，R_3=2Ω，试求各支路电流的大小及实际方向。

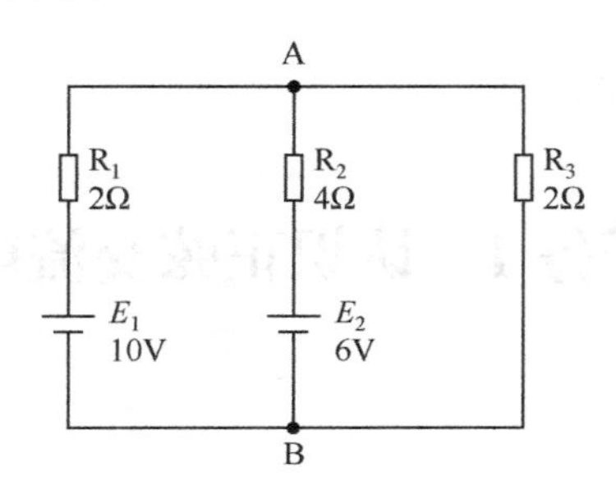

图 3-26　练习（6）图

项目 4

交流电路

本项目将学习正弦交流电、三相交流电的基础技术知识。

完成本项目的学习后，你应该能够：

（1）理解交流电的概念，熟练掌握正弦交流电的特征参数、符号和相关公式；

（2）学会正弦交流电的三种主要表示方式；

（3）了解电容的概念和特性；

（4）了解电感的概念和特性，理解变压器的作用；

（5）掌握电阻、电容和电感等单一参数元件交流电路的性质和特点；

（6）了解三相交流电动势的特点及三相交流电源的连接；

（7）理解三相负载的星形和三角形连接方式的特征；

（8）掌握三相负载星形连接的接线方法并能够测量各电压、电流；

（9）了解三相负载电流之间的关系及中性线的作用；

（10）会用示波器观察和分析交流电路。

建议本项目安排 6～8 学时。

任务 1　认识正弦交流电

使用信号发生器、示波器、万用表、1kΩ 电阻、0.1μF 电容及导线等元件，搭建出如图 4-1 所示的电路，观察并测量电阻、电容两端的正弦交流电压波形。

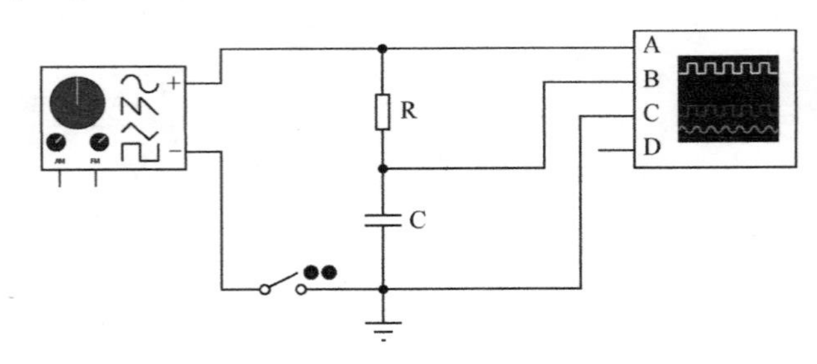

图 4-1　观测正弦交流电压波形

为完成本项任务，首先需要学习正弦交流电的基本知识，如正弦交流电的基本物理量及表示方式等，然后按照电路图搭建出测试电路，最后通过仪器观察测量正弦交流电的波形，读取正弦交流电有效值、周期等。

1．初识正弦交流电

在生产和生活中除了应用直流电之外，还广泛地应用着另一类电量，这类电量的大小和方向都随着时间做周期性变化。将大小和方向都随时间做周期性变化的电压或电流统称为交流电。其中最常见的是按正弦规律变化的正弦交流电，如图4-2所示为常见电压和电流波形图。

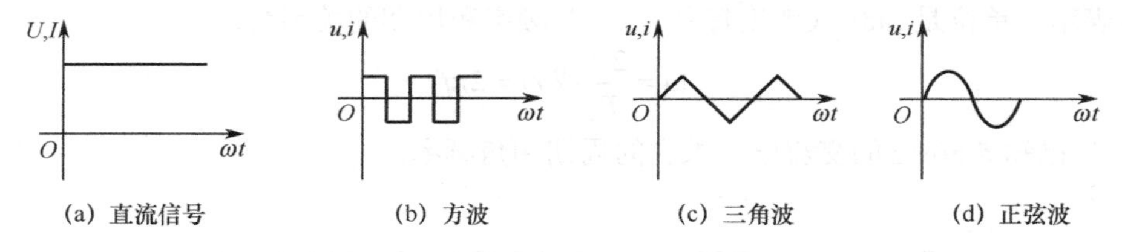

图4-2　常见电压和电流波形图

正弦交流电是一个等幅振荡、正反交替变化的周期性函数，其特征表现在变化的大小、快慢和先后几个方面，分别用正弦信号的幅值（最大值）、频率（角频率或周期）及初相位来表示，如图4-3所示。正弦信号在任一时刻的值称为瞬时值，正弦电压、电流的瞬时值表达式为：

$$u = U_{\rm m}\sin(\omega t + \varphi_u)$$
$$i = I_{\rm m}\sin(\omega t + \varphi_i)$$

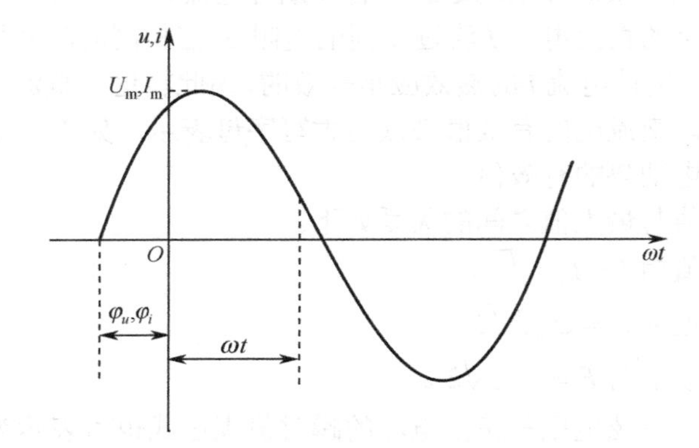

图4-3　正弦交流电示意图

式中，$U_{\rm m}$、$I_{\rm m}$ 称为幅值或最大值，它表示正弦信号在整个变化过程中能达到的最大值；ω

称为角频率，它表示单位时间正弦信号变化的弧度数；φ_u、φ_i称为初相位，简称初相。

2. 认识正弦交流电的基本物理量

若已知一个正弦信号的幅值、角频率和初相位，就能将这个正弦信号的瞬时值表达式确定下来，所以幅值、角频率和初相位称为正弦信号的三要素。

1）周期、频率、角频率

正弦交流电完成一次循环变化所用的时间叫作周期，用 T 表示，单位为 s（秒）。

正弦交流电每秒内变化的次数叫作频率，用 f 表示，单位是 Hz（赫兹）。频率表示正弦交流电在单位时间内做周期性循环变化的次数，即表征交流电交替变化的速率（快慢）。周期与频率之间的关系为：

$$T=\frac{1}{f} \text{ 或 } f=\frac{1}{T}$$

我国和大多数国家采用 50Hz 作为电力工业标准频率（简称工频），少数国家采用 60Hz。在电工中正弦信号变化快慢还常用角频率表示，它表示在一个周期内经历了 2π弧度。角频率用 ω 表示，单位是 rad/s（弧度每秒）。它与频率和周期的关系为：

$$\omega=\frac{2\pi}{T} \text{ 或 } \omega=2\pi f$$

『例』已知 f=50Hz 的交流电，求它的周期和角频率。

『解』

$$T=\frac{1}{f}=\frac{1}{50}=0.02\text{s}\text{；} \quad \omega=2\pi f=2\times3.14\times50=314 \text{（rad/s）}$$

2）瞬时值、幅值、有效值

正弦信号任意瞬间的值称为瞬时值，用小写字母表示，如电流 i、电压 u。正弦信号在一个周期内的最大瞬时值称为幅值（又叫峰值、最大值），用带有下标 m 的大写字母表示，如电流幅值 I_m、电压幅值 U_m。

除了用瞬时值和幅值来描述正弦信号的大小外，还可以用有效值来描述。

有效值是通过电流的热效应来规定的，若周期性电流 i 在一个周期内流过电阻 R 所产生的热量与另一个恒定的直流电流 I 流过相同的电阻 R 在相同的时间里产生的热量相等，即这个直流电流 I 和周期性电流 i 的热效应是等效的，因此将这个直流电流的数值定义为该周期性电流的有效值。交流电的有效值必须用大写字母表示，如 I、U、E 分别表示交流电流、交流电压、交流电动势的有效值。

经数学推导有效值与最大值之间的关系如下。

正弦电流的有效值为 $I=I_\text{m}/\sqrt{2}$。

正弦电压的有效值为 $U=U_\text{m}/\sqrt{2}$。

正弦电动势的有效值为 $E=E_\text{m}/\sqrt{2}$。

引入有效值以后，正弦电压和正弦电流的瞬时值表达式也可表示为：

$$u=U_\text{m}\sin(\omega t+\varphi_u)=\sqrt{2}U\sin(\omega t+\varphi_u)$$

$$i=I_\text{m}\sin(\omega t+\varphi_i)=\sqrt{2}I\sin(\omega t+\varphi_i)$$

注意：交流设备铭牌标注的电压、电流均为有效值；交流电压表和交流电流表的读数也为有效值。

3）相位、初相位、相位差

正弦信号瞬时值表达式中的（$\omega t+\varphi_u$）和（$\omega t+\varphi_i$）为电压和电流正弦量的相位角，简称相位。φ_u、φ_i 称为初相角，简称初相位，单位为 rad（弧度），初相位反映了正弦信号在计时起点（即 $t=0$）所处的状态。一般规定初相位在$-\pi \sim \pi$ 范围内，初相角在纵轴的左边时，为正角，取 $0 \leqslant \varphi \leqslant \pi$；初相角在纵轴的右边时，为负角，取$-\pi \leqslant \varphi \leqslant 0$。

『例』计算下列正弦量的周期、频率和初相角：①$5\sin(314t+30°)$；②$8\cos(\pi t+60°)$。

『解』

① 周期：$T=\dfrac{2\pi}{\omega}=\dfrac{2\pi}{314}=\dfrac{1}{50}=0.02\text{s}$；频率：$f=\dfrac{1}{T}=\dfrac{1}{0.02}=50\text{Hz}$；初相角：$\varphi$=30°。

② 周期：$T=\dfrac{2\pi}{\omega}=\dfrac{2\pi}{\pi}=2\text{s}$；频率：$f=\dfrac{1}{T}=\dfrac{1}{2}=0.5\text{Hz}$；初相角：$\varphi$=150°。

两个频率的正弦信号初相位之差称为它们之间的相位差，用 $\Delta\varphi$ 来表示。正弦电压与正弦电流的相位差为：

$$\Delta\varphi=(\omega t+\varphi_u)-(\omega t+\varphi_i)=\varphi_u-\varphi_i$$

当两个同频率正弦信号的计时起点做相同的改变时，它们的相位和初相也随之改变，但两者之间的相位差始终不变。这里只讨论同频率正弦信号的相位差。

若 $\Delta\varphi>0$，表示 $\varphi_u>\varphi_i$，表明电压的相位超前于电流的相位，或电流滞后于电压的相位。

若 $\Delta\varphi<0$，表示 $\varphi_u<\varphi_i$，表明电压的相位滞后于电流的相位，或电流超前于电压的相位。

若 $\Delta\varphi=0$，表示 $\varphi_u=\varphi_i$，表明电压与电流同相。

若 $\Delta\varphi=\pi$，表示 $\varphi_u=-\varphi_i$，表明电压与电流反相。

若 $\Delta\varphi=\pm\dfrac{\pi}{2}$，表示 $\varphi_u=\varphi_i\pm\dfrac{\pi}{2}$，表明电压与电流正交。

注意：

（1）两个同频率的正弦信号之间的相位差为常数，与计时的选择起点无关。

（2）不同频率的正弦信号比较无意义。

〖思考练习〗

（1）我国的单相电源采用 220V，小李家电风扇的启动电容损坏，小李就去市场买了一只 220V 的电容，准备更换。这样安全吗？为什么？

（2）交流电频率变快时，周期、角频率将如何变化？交流电的波形会发生什么变化？

（3）比较不同频率的正弦交流电的相位差有意义吗？为什么？

3．学习正弦交流电的表示法

正弦交流电可以用解析式、波形图、相量图等方法表示。

1）解析式表示法

正弦交流电的电压、电流的瞬时值表达式就是交流电的解析式，即：

$$u=U_{\mathrm{m}}\sin\left(\omega t+\varphi_u\right)$$

$$i = I_{\mathrm{m}} \sin(\omega t + \varphi_i)$$

特点：表达简单，有利于相关物理量的运算。

2）波形图表示法

用正弦曲线来表示正弦交流电的方法称为波形图表示法，如图 4-4 所示。

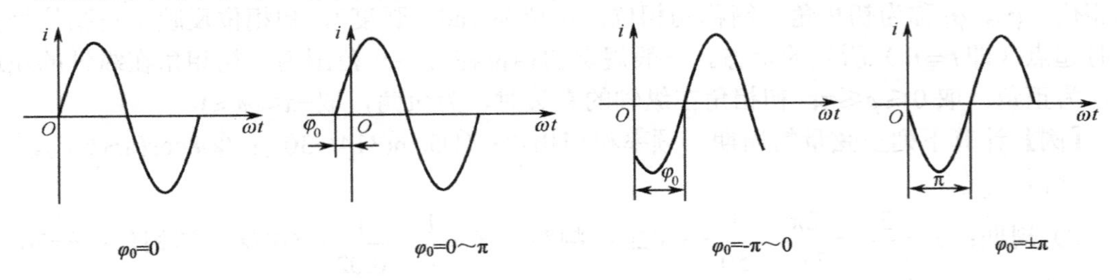

图 4-4　交流电的波形图表示法

特点：表达直观，有利于分析。

3）相量图表示法

用相量图表示正弦交流电的方法称为相量图表示法，如图 4-5 所示。图中，x 轴表示参考方向，即初相角为零，φ_0 表示正弦交流电的初相角，相量的长度表示该正弦交流电相量的最大值（最大值相量）或有效值（有效值相量）。

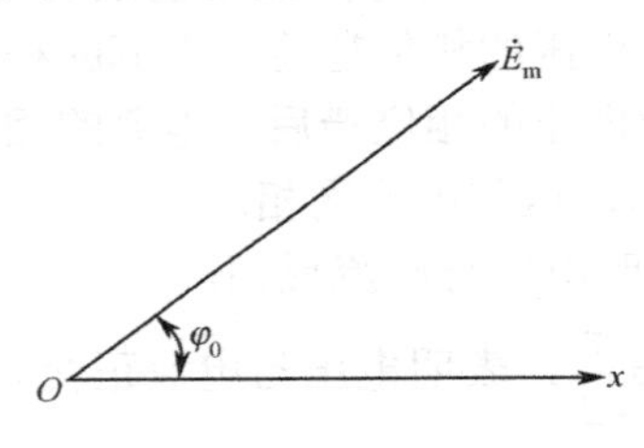

图 4-5　相量图表示法

特点：表达简洁、直观，有利于同频率相量的合成和分解，但不能表达角频率。

已知正弦交流电的三要素，即可画出其相量图；已知相量图就可求得交流电的最大值、有效值和初相角。

几个相量画在一起，或进行正弦信号的加、减运算时，正弦信号必须是同频率的。

〖思考练习〗

（1）我国生活用电为 220V 交流电，其最大值为多少？

（2）某正弦交流电压为 $u = 311\sin\left(100\pi t - \frac{\pi}{3}\right)\mathrm{V}$，试确定交流电压的三要素。

4．观测正弦交流电

按图 4-1 连线，观测环境如图 4-6 所示。

调节信号发生器，使其输出一定频率、适当幅度的正弦波，然后用示波器观察电阻、电容两端电压 u_{R} 和 u_{C}。用万用表测量信号发生器的输出电压 U 及电阻两端电压 U_{R} 和电容两端电压 U_{C}。将测量结果记录在表 4-1 中。

图 4-6　正弦交流电观测环境

表 4-1　测量数据

测量对象	有效值	最大值	波形图	相量图	相位关系	解析式
输入电压信号						
电阻两端电压						
电容两端电压						

（1）根据测量记录，计算相关电压的有效值，写出相应解析式，画出 u_R 和 u_C 的相量图，并比较它们的相位，然后填入表 4-1 中。

（2）在表 4-1 中，利用 u_R 和 u_C 的相量，画出 U 的相量，同时计算 u_R、u_C 的和，并将该值与测量值比较。

〖思考练习〗

（1）如何使用示波器显示正弦交流电的波形？

（2）如果要比较电阻的电流波形与电压波形的相位，应该怎样做？

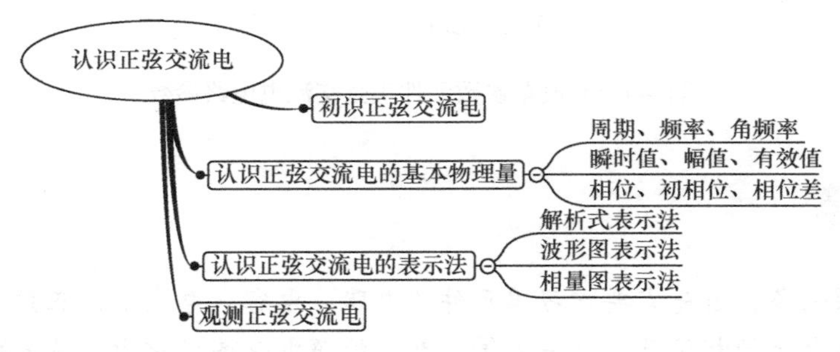

〖技术知识〗

（1）正弦交流电的三要素是________、________、________。

（2）什么是正弦交流电的有效值？它与最大值有什么关系？

任务 2　认识单一参数元件的正弦交流电路

任务描述

使用信号发生器、示波器、万用表、1kΩ 电阻、0.1μF 电容、30mH 电感及导线等元件，搭建出如图 4-7 所示的电路，观察并测量电阻、电容、电感两端的正弦交流电压波形和电路参数。

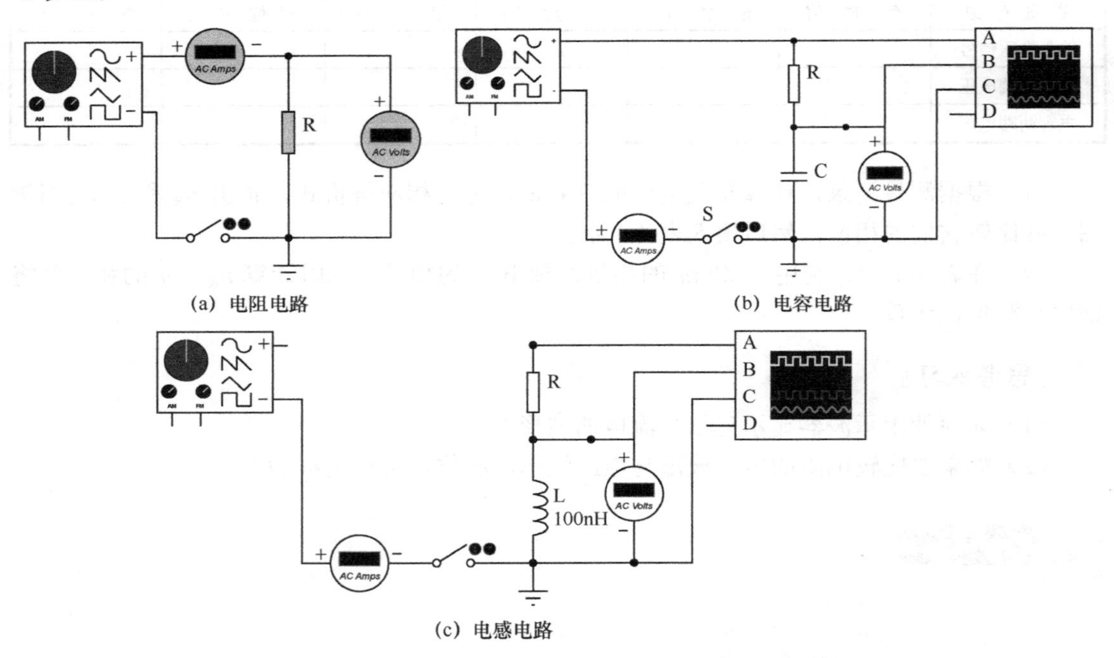

图 4-7　观测单参数元件正弦交流电电路参数

任务分析

为完成本项任务，首先需要学习单元件（电阻、电容、电感）的正弦交流电路的基本知识，如电压与电流的相位及数量关系等，然后按照电路图搭建出测试电路，最后通过仪器观察测量正弦交流信号的波形，读取正弦交流信号的相位、有效值、周期等。

任务实施

最简单的交流电路是由电阻、电容、电感单个电路元件组成的。当电路中的元件仅由

R、C、L 三个参数中的一个来表征时，称这种电路为单一参数元件的交流电路。复杂的交流电路可以认为是单一参数元件电路的组合。

1. 认识纯电阻正弦交流电路

只含有电阻元件的交流电路叫作纯电阻电路，由白炽灯、电烙铁、电阻等组成的交流电路都可看成是纯电阻电路。

1）电压与电流瞬时值关系

图 4-8（a）是一个电阻元件的交流电路，电流与电压的参考方向如图所示。根据欧姆定律，两者的瞬时值关系为 $i=\dfrac{u}{R}$ 或 $u=Ri$。

为分析方便，假设 $i=I_{\mathrm{m}}\sin(\omega t+\varphi_i)$，则电阻元件上的电压、电流瞬时值关系为：

$$u=Ri=RI_{\mathrm{m}}\sin(\omega t+\varphi_i)=U_{\mathrm{m}}\sin(\omega t+\varphi_u)$$

显然，$\varphi_u=\varphi_i$，即纯电阻电路的电压与电流同相位、同频率。电压与电流的波形如图 4-8（b）所示。

2）电压与电流有效值的关系

根据电阻元件上的正弦电压与电流的瞬时值表达式，可得到其有效值关系为：

$$U=RI$$

式中，R 称为阻抗值。

3）电压与电流相量的关系

根据电阻元件上的正弦电压与电流的瞬时值表达式，可得到其对应的相量为 $\dot{I}=I\angle\varphi_i$，$\dot{U}=U\angle\varphi_u$。由于电压与电流同相，相量图如图 4-8（c）所示，其向量关系为 $\dot{U}=R\dot{I}$，此式也叫作欧姆定律的相量形式。

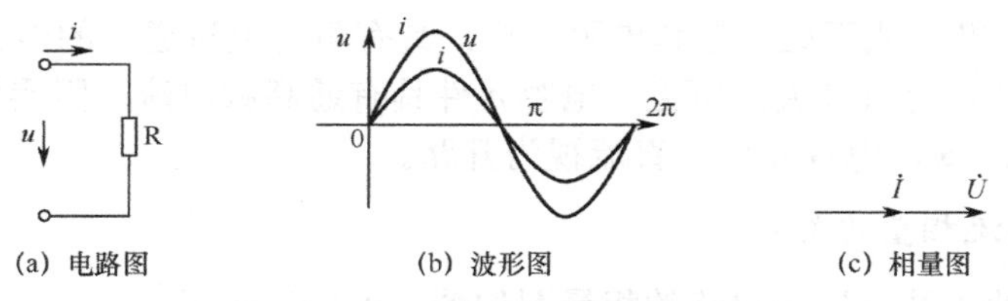

图 4-8　纯电阻元件的正弦交流电路

综上所述，在电阻元件的交流电路中，电流和电压是同相的；电压的幅值（或有效值）与电流的幅值（或有效值）的比值，就是电阻 R。

4）电路功率

电路任一时刻所吸收或释放的功率称为瞬时功率，用 p 表示。

在纯电阻电路中，假设电阻元件上的电压与电流参考方向关联并且 $\varphi_u=\varphi_i=0$，根据瞬时功率的定义可得：

$$p=ui=U_{\mathrm{m}}I_{\mathrm{m}}\sin^2\omega t=UI(1-\cos^2\omega t)$$

由上式可知 $p>0$，即电阻元件从电源吸收功率，说明电阻是耗能元件。

瞬时功率不是一个恒定值，对瞬时功率在一个周期内积分叫作平均功率，也叫作有功功率，它是指在电路中电阻部分所消耗的功率，用 P 表示：

$$P = UI = RI^2 = \frac{U^2}{R}$$

有功功率的单位为 W（瓦特，简称瓦）。灯泡上的 40W 是指有功功率。

〖思考练习〗

（1）写出纯电阻元件在正弦交流电路中的欧姆定律。

（2）使用示波器将电阻元件的电流波形与电压波形显示出来，并比较电阻元件的电流波形与电压波形的相位差。

2．认识纯电容正弦交流电路

只含有电容元件的交流电路叫作纯电容电路。

1）电压与电流瞬时值的关系

图 4-9（a）是一个电容元件的交流电路图，电压与电流的参考方向如图所示。

为分析方便，假设 $u = U_m \sin(\omega t + \varphi_u)$，则电容元件上的电压、电流瞬时值关系为：

$$i = \omega C U_m \sin(\omega t + \varphi_u + 90°) = I_m \sin(\omega t + \varphi_i)$$

显然，$\varphi_i = \varphi_u + 90°$，即电容元件上的电流超前电压 90°，或说电压滞后电流 90°。电容上的电压与电流是同频率的正弦量，电压与电流的波形如图 4-9（b）所示。

2）电压与电流有效值的关系

根据电容元件上的电压、电流瞬时值关系，可得到它们振幅之间的关系为：

$$X_C = \frac{U_m}{I_m} = \frac{U}{I} = \frac{1}{\omega C}$$

式中，X_C 具有电阻的量纲，称为容抗，单位为 Ω（欧姆）。

容抗 X_C 与 C 和 ω 成正比，它和电阻一样，具有阻碍电流通过的能力。频率越高，容抗越小；频率越低，容抗越大。可见，电容元件具有通高频电流、阻碍低频电流的作用。在直流电路中，$X_C = \infty$，电容元件对直流视为开路。

3）电压与电流相量的关系

电容元件上的正弦电压与电流的相量图如图 4-9（c）所示。

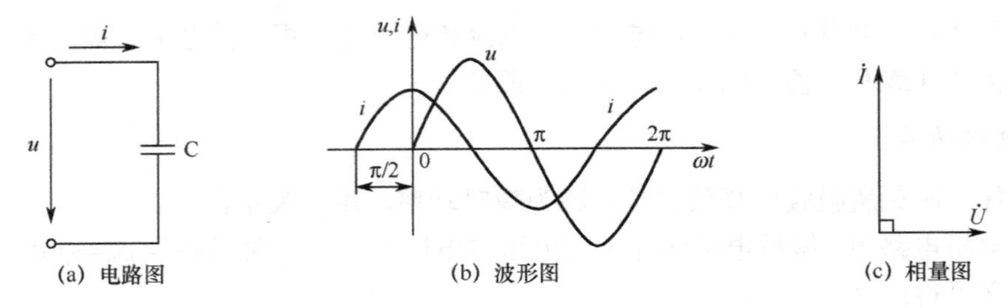

图 4-9 纯电容元件的正弦交流电路

在纯电容电路中，电压比电流滞后 90°；电压有效值等于电流有效值与容抗的乘积。

4）电路功率

电容元件的瞬时功率为：

$$p = ui = U_{\mathrm{m}} I_{\mathrm{m}} \sin \omega t \sin(\omega t + 90°) = UI \sin \omega t$$

由上式可知，电容元件的瞬时功率既可以为正，也可以为负。$p>0$，电容元件相当于负载，从电源吸收功率（充电），将电能转化为电场能存储起来；$p<0$，电容元件释放能量（放电），将电场能转化为电能。

电容元件的平均功率为：

$$P=0$$

由上式可知，电容元件在一个周期内的平均功率为 0，说明电容元件在一个周期内从电源吸收的能量等于释放的能量，因此电容元件本身不消耗能量，是储能元件。

由于存在着电源与电容元件之间的能量交换，所以储能元件的瞬时功率不为 0。通常用无功功率来衡量这种能量交换的速度。无功功率 Q 是指瞬时功率的最大值，即电压和电流有效值的乘积：

$$Q = UI = I^2 X_{\mathrm{C}} = \frac{U^2}{X_{\mathrm{C}}}$$

无功功率的单位为 Var（乏）。

〖思考练习〗

（1）写出电容元件在正弦交流电路中的欧姆定律。

（2）使用示波器将电容元件的电流波形与电压波形显示出来，并比较电容元件的电流波形与电压波形的相位差。

（3）无功功率是“无用”的功率吗？

3. 认识纯电感正弦交流电路

只含有电感元件的交流电路叫作纯电感电路。

1）电压与电流瞬时值的关系

图 4-10（a）是一个电感元件的交流电路图，电压与电流的参考方向如图所示。

为分析方便，假设 $i = I_{\mathrm{m}} \sin\left(\omega t + \varphi_i\right)$，则电感元件上的电压、电流瞬时值关系为：

$$u = \omega L I_{\mathrm{m}} \sin(\omega t + \varphi_i + 90°) = U_{\mathrm{m}} \sin(\omega t + \varphi_u)$$

显然，$\varphi_u=\varphi_i+90°$，即电感元件上的电压超前电流 90°，或说电流滞后电压 90°。电感上的电压与电流是同频率的正弦量，电压与电流的波形如图 4-10（b）所示。

2）电压与电流有效值的关系

根据电感元件上的电压、电流瞬时值关系，可得到它们振幅之间的关系为：

$$X_{\mathrm{L}} = \frac{U_{\mathrm{m}}}{I_{\mathrm{m}}} = \frac{U}{I} = \omega L$$

式中，X_{L} 具有电阻的量纲，称为感抗，单位为 Ω（欧姆）。

感抗 X_{L} 与 L 和 ω 成正比，对于一定的电感，当频率越高时，其所呈现的感抗越大，反之越小。换句话说，对于一定的电感，它对高频呈现的阻力大，对低频呈现的阻力小。在直流电路中，$X_L=0$，即电感对直流视为短路。

3）电压与电流相量的关系

电感元件上的正弦电压与电流的相量图如图 4-10（c）所示。

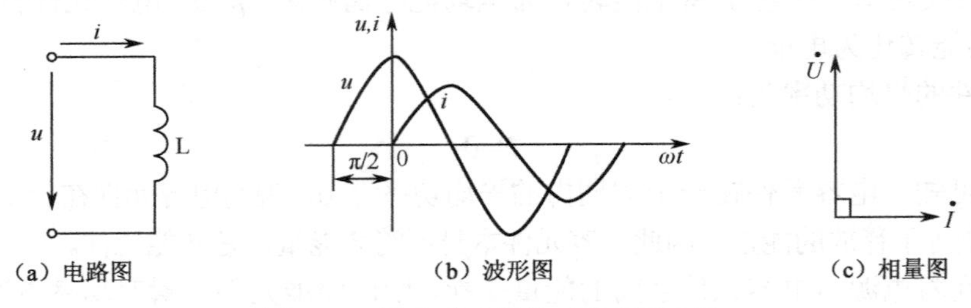

图 4-10　纯电感元件的正弦交流电路

在纯电感电路中，电压比电流超前 90°；电压有效值等于电流有效值与感抗的乘积。

4）电路功率

电感元件的瞬时功率为：

$$p = ui = UI\sin 2\omega t$$

由上式可知，电感元件的瞬时功率既可以为正，也可以为负。$p>0$，电感元件相当于负载，从电源吸收功率，并转化为磁能存储起来；$p<0$，电感元件又将存储的磁能释放出来，转换成电能。

电感元件的平均功率为：

$$P=0$$

平均功率为 0，说明电感元件在一个周期内消耗的能量为 0，即电感元件在一个周期内吸收的能量与释放的能量相等，因此电感元件本身不消耗能量，也是一个储能元件。无功功率为：

$$Q = UI = I^2 X_L = \frac{U^2}{X_L}$$

〖思考练习〗

（1）写出电感元件在正弦交流电路中的欧姆定律。

（2）使用示波器将电感元件的电流波形与电压波形显示出来，并比较电感元件的电流波形与电压波形的相位差。

（3）怎样计算电感元件的功率？

4．观测正弦交流电路的参数

按图 4-7 连线，观测环境如图 4-11 所示。

调节信号发生器，使其输出频率分别为 6Hz 和 60Hz 的正弦波，用示波器观察并记录电阻、电容、电感电路波形。将测量结果记录在表 4-2 中。

图 4-11　正弦交流电路参数观测环境

表 4-2　测量数据

项　　目	纯电阻电路		纯电容电路		纯电感电路	
	6Hz	60Hz	6Hz	60Hz	6Hz	60Hz
波形						
电压有效值（V）						
电流有效值（A）						
对电流的阻碍性（Ω）	$R=$	$R=$	$X_C=$	$X_C=$	$X_L=$	$X_L=$
电流与电压的相位关系						

〖思考练习〗

（1）观察电阻两端电压波形与通过电感或电容的电流有什么关系，说明为什么，并由此说明电感或电容两端电压和流过的电流之间的关系。

（2）信号发生器的频率变化时，各电路中的电流与电压间的相位会发生变化吗？对电流的阻碍性会发生变化吗？为什么？

（3）若输入信号为直流电，则 R、L、C 两端电压信号应是怎样的？为什么？

（4）在电感、电容电路中，电流、电压相位差只是接近 90°，而不是等于 90°，为什么？

1. 认识电容元件

1）什么是电容

由两块相互平行、靠得很近、彼此绝缘的金属板所组成的电容，叫作平板电容，是一种最简单的电容，如图 4-12 所示。这对金属板叫作电容的两个极板。

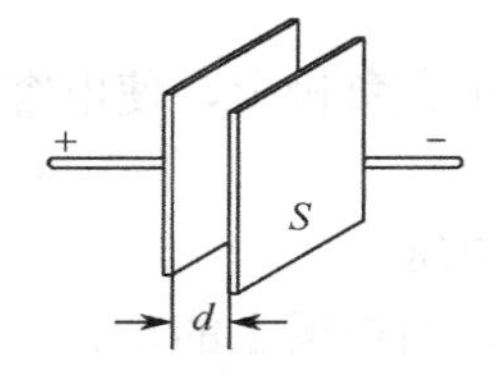

图 4-12　平板电容

当在两极板上加上电压后，极板上分别积聚着等量的正负电荷，在两个极板之间产生电场。积聚的电荷越多，所形成的电场就越强，电容所存储的电场能也就越大。所以说，电容是一种能够存储电荷的电路元件。

2）电容的种类

电容按其电容量是否可变，可分为固定电容和可变电容，可变电容还包括半可变电容，它们在电路中的符号参见表 4-3。

表 4-3　电容的电路符号

名　称	电　容	电 解 电 容	可 变 电 容
电路符号		+（有极性） （无极性）	

固定电容的电容量是固定不变的，它的性能和用途与两极板间的介质有关。一般常用的介质有云母、陶瓷、金属氧化膜、纸介质、铝电解质等。

电解电容是有正、负极之分的，使用时不可将极性接反或接到交流电路中，否则会将电解电容击穿。

电容量在一定范围内可调的电容叫可变电容。半可变电容又叫微调电容。常用的电容如图 4-13 所示。

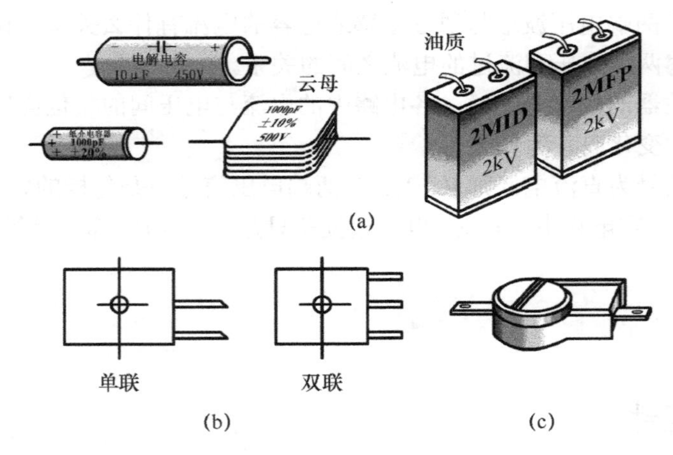

图 4-13　常见的电容

3）电容的充、放电

电容是存储和容纳电荷的装置，也是存储电场能量的装置。电容每个极板上存储的电荷的量叫电容的电量。

将电容两极板分别接到电源的正、负极上，使电容两极板分别带上等量异号电荷，这个过程叫电容的充电过程。

电容充电后，极板间有电场和电压。

用一根导线将电容两极板相连，两极板上的正、负电荷中和，电容失去电量，这个过程称为电容的放电过程。

4）电容量 C

当平板电容极板上所带的电量 Q 增加或减少时，两极板间的电压 U 也随之增加或减少，但 Q 与 U 的比值是一个恒量。因此，将电容所带电量与两极板间电压之比，称为电容的电容量：

$$C=\frac{Q}{U}$$

电容量反映了电容存储电荷能力的大小，它只与电容本身的性质，如结构、形状、介质有关，与电容所带的电量及电容两极板间的电压无关。

电容的单位有 F（法拉）、μF（微法）、pF（皮法），它们之间的关系为：

$$1\text{F}=10^{6}\mu\text{F}=10^{12}\text{pF}$$

5）平板电 5 容的电容量

如图 4-12 所示的平行板电容的电容量 C，跟介电常数 ε 成正比，跟两极板正对的面积 S 成正比，跟极板间的距离成 d 反比，即：

$$C=\frac{\varepsilon S}{d}$$

式中，介电常数 ε 由介质的性质决定，单位 F/m（法拉/米）。真空介电常数为 $\varepsilon_0\approx8.86\times10^{-12}$F/m。

某种介质的介电常数 ε 与真空介电常数 ε_0 之比，叫作该介质的相对介电常数，用 ε_r 表示，即：

$$\varepsilon_r=\varepsilon/\varepsilon_0$$

表 4-4 给出了几种常用介质的相对介电常数。

表 4-4　几种常用介质的相对介电常数

介 质 名 称	相对介电常数	介 质 名 称	相对介电常数
石英	4.2	聚苯乙烯	2.2
空气	1.0	三氧化二铝	8.5
硬橡胶	3.5	无线电瓷	6～6.5
酒精	35	超高频瓷	7～8.5
纯水	80	五氧化二钽	11.6
云母	7.0		

〖思考练习〗

（1）两个相距很近的平行金属板中间夹上一层绝缘物质，就组成一个最简单的电容，叫作________。实际上，任何两个________________又________________的导体，都可以看成一个电容。

（2）电容________________与电容________________的比值，叫作电容的电容量。表达式 C=________，单位________，简称________，符号________。常用较小单位 1μF=________F，1pF=________F。

（3）常用电容从构造上看，可分为________________和________________两类。常用的固定电容有________________和________________。

2. 认识电感元件

电感是用漆包线、纱包线或塑皮线等在绝缘骨架或磁芯、铁芯上绕制成的一组串联的同轴线匝，它在电路中用L表示。

电感是一种存储磁场能量的元件，能够产生电感作用的元件称为电感器。

1）电感的结构组成

电感一般由骨架、绕组、铁芯或磁芯、屏蔽罩等组成。常见的电感如图4-14所示。

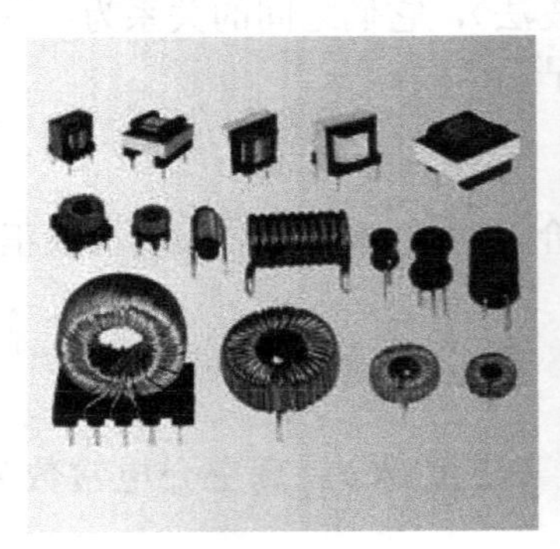
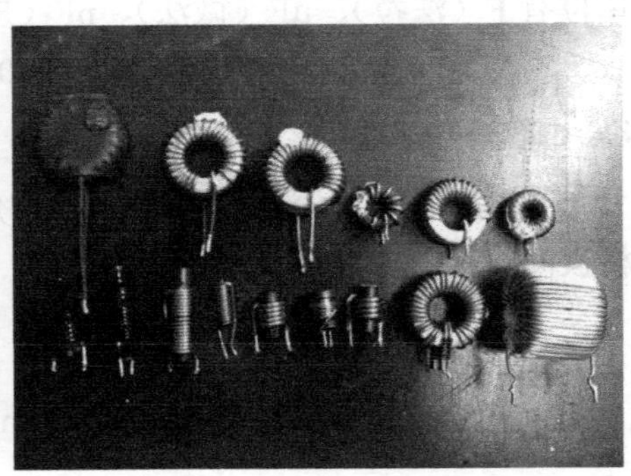

图4-14 常见的电感

骨架：绕制线圈的支架。
绕组：具有规定功能的一组线圈，是电感的基本组成部分。
铁芯或磁芯：用于增强电磁感应。
屏蔽罩：避免电感在工作时产生的磁场影响其他元件和电路的正常工作。

2）电感在电路中的作用

① 存储磁能的元件。

② 具有阻交流通直流、通低频阻高频的特性，可以在交流电路中做阻流、降压、耦合和负载用。

③ 与电容配合，可以用于选频、滤波、调谐、退耦等电路中。

3）电感量 L

电感量是表示电感元件自感应能力的一种物理量。

在没有非线性导磁物质存在的条件下，一个载流线圈的磁通量与线圈中的电流成正比，其比例常数称为自感系数，简称为电感，即：

$$L=\frac{\varphi}{I}$$

式中，L 为电感，单位H（亨利）；φ为磁通量，单位Wb（韦伯）；I 为电流，单位A（安培）。

电感量常用单位还有mH（毫亨）、μH（微亨）。

电感的大小只与线圈的结构、形状有关，与通过线圈的电流大小无关，即 L 为常量。

〖思考练习〗

（1）电感量 L 也称________，是用来表示电感元件自感应能力的物理量。用________来表示。单位 H（亨利），实际用得较多的单位为 mH（毫亨）和 μH（微亨），其换算关系是：1H=________mH=________μH。

（2）同电容一样，空心电感（也叫作线性电感）的电感量大小也取决于自身结构，与线圈的__________、__________和有无铁芯有关，与线圈__________及电流的大小无关。

3．认识变压器

变压器是利用电磁感应的原理，两组或两组以上绕组彼此间感应电压、电流，来达到升压或降压的功能。它是变换电压、电流和阻抗的器件。

1）变压器的分类

变压器的分类如表 4-5 所示。

表 4-5　变压器的分类

按用途分	电力变压器、专用电源变压器、调压变压器、测量变压器、隔离变压器
按结构分	双绕组变压器、三绕组变压器、多绕组变压器和自耦变压器
按相数分	单相变压器、三相变压器和多相变压器

2）变压器的构造

变压器由铁芯和绕组构成。

铁芯是变压器的磁路通道，是用磁导率较高且相互绝缘的硅钢片制成的，以便减少涡流和磁滞损耗。按其构造形式可分为心式和壳式两种，如图 4-15（a）、（b）所示。

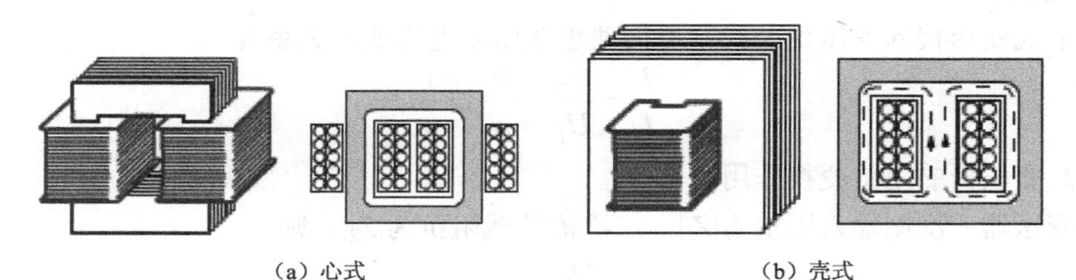

（a）心式　　（b）壳式

图 4-15　心式和壳式变压器

绕组是变压器的电路部分，是用漆包线、沙包线或丝包线绕成。其中和电源相连的绕组叫作一次绕组，与负载相连的绕组叫作二次绕组。

3）变压器的额定值

变压器的额定值如表 4-6 所示。

表 4-6　变压器的额定值

额定容量	变压器二次绕组输出的最大视在功率。其大小为二次额定电流的乘积，一般以千伏安表示
一次绕组额定电压	接到变压器一次绕组上的最大正常工作电压
二次绕组额定电压	当变压器的一次绕组接上额定电压时，二次绕组接上额定负载时的输出电压

4）变压器的工作原理

变压器是按电磁感应原理工作的，一次绕组接在交流电源上，在铁芯中产生交变磁通，

从而在一次、二次绕组上产生感应电动势，如图 4-16 所示。

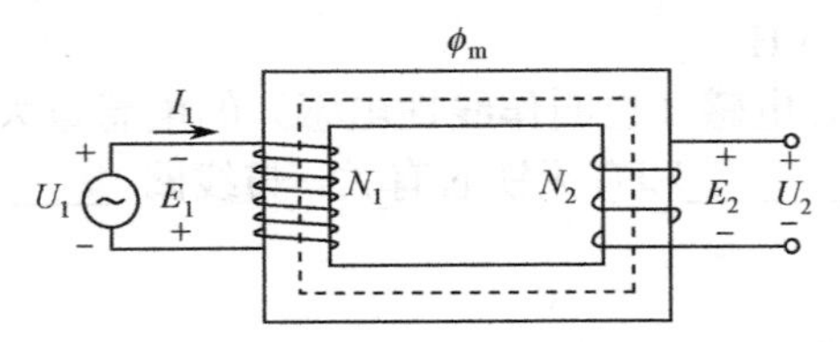

图 4-16 变压器空载运行原理图

（1）变压器的空载运行和变压比。

如图 4-16 所示，设一次绕组匝数为 N_1，端电压为 U_1；二次绕组匝数为 N_2，端电压为 U_2。则一次、二次绕组电压之比等于匝数比，即：

$$\frac{U_1}{U_2}=\frac{N_1}{N_2}=n$$

n 叫作变压器的变压比或变化。

注意：上式在推导过程中，忽略了变压器一次、二次绕组的内阻，所以上式为理想变压器的电压变换关系。

（2）变压器的负载运行和变流比。

在图 4-16 的二次绕组一侧加上负载$|Z_2|$，流过负载的电流为 I_2，分析理想变压器一次、二次绕组的电流关系。

将变压器视为理想变压器，其内部不消耗功率，输入变压器的功率全部消耗在负载上，即 $U_1I_1=U_2I_2$。

将上式变形代入变压比公式，可得理想变压器电流变换关系为：

$$\frac{I_1}{I_2}=\frac{U_2}{U_1}=\frac{N_2}{N_1}=\frac{1}{n}$$

（3）变压器的阻抗变换作用。

设变压器一次侧输入阻抗为$|Z_1|$，二次侧负载阻抗为$|Z_2|$，则

$$\frac{|Z_1|}{|Z_2|}=n^2$$

可见，二次侧接上负载$|Z_2|$时，相当于电源接上阻抗为 $n^2|Z_2|$的负载。变压器的这种阻抗变换特性，在电子线路中常用来实现阻抗匹配和使信号源内阻相等，从而使负载上获得最大功率。

5）变压器的使用注意事项

① 分清一次绕组、二次绕组，按额定电压正确安装，防止损坏绝缘或过载。

② 防止变压器绕组短路，烧毁变压器。

③ 工作温度不能过高，电力变压器要有良好的绝缘。

〖思考练习〗

（1）若减少变压器一次绕组匝数（二次绕组匝数不变），二次绕组的电压将如何变化？

（2）变压器有哪些主要部件，其功能是什么？

学习总结

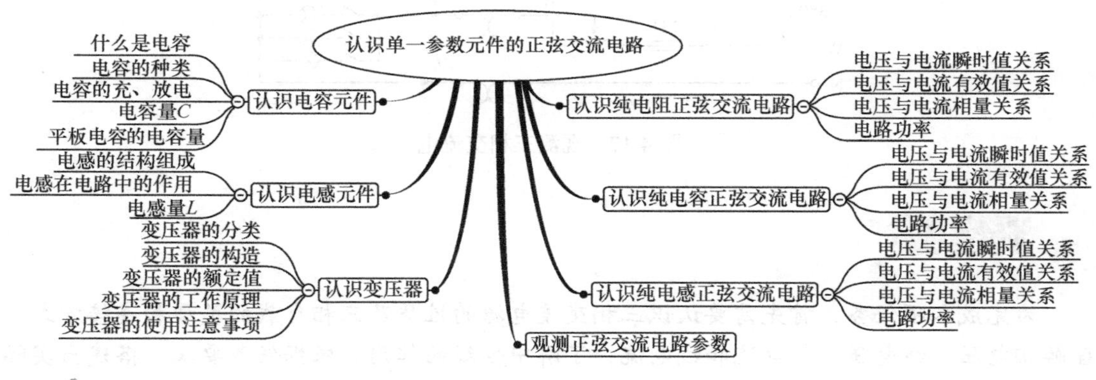

检测评价

〖技术知识〗

（1）通常交流仪表测量的交流电流、电压值是（　　）。

A．平均值　　B．有效值　　C．最大值　　D．瞬时值

（2）某一灯泡上写着额定电压 220V，这是指电压的（　　）。

A．最大值　　B．瞬时值　　C．有效值　　D．平均值

（3）正弦电路中的电容元件（　　）。

A．频率越高，容抗越大　　B．频率越高，容抗越小

C．容抗与频率无关

（4）在纯电容电路中，当增大电源频率，其他条件不变时，电路中的电流将（　　）。

A．增大　　B．减小　　C．不变　　D．不能确定

（5）周期 T=1s、频率 f=1Hz 的正弦波是（　　）。

A．$4\cos 314t$　　B．$6\sin(5t+17°)$　　C．$4\cos 2\pi t$

任务 3　认识三相交流电

任务描述

利用三相电源、三相负载（36V、40W 灯泡及灯座）、万用表、钳形电流表、三相开关及导线等元件，搭建出如图 4-17 所示的电路，测量各相电流、中线电流及各相电压、各线电压。

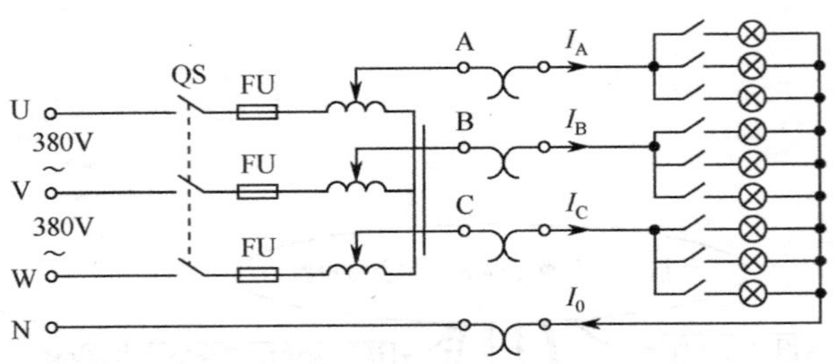

图 4-17　观测三相交流电

任务分析

为完成本项任务，首先需要认识三相交流电源的性质及三相负载的类型和连接方式，理解相电压、线电压、相电流和线电流，了解中性线的作用。根据任务要求，搭建出实际电路，通过仪器观察测量相电压、线电压、相电流和线电流等。

任务实施

1. 初识三相交流电

1）三相交流电

正弦交流电按电源中交变电动势的个数分为单相交流电和三相交流电。只有一个交变电动势的正弦交流电叫作单相正弦交流电；有三个交变电动势的正弦交流电叫作三相正弦交流电。

三相正弦交流电中常见的是对称三相交流电。对称三相交流电是三个频率、幅值相等，彼此相位相差 120°的一组交流电，简称三相交流电，是应用最为广泛的一种交流电。它得到广泛应用的原因是其具有下列的优点：

（1）产生三相交流电的发电机比同尺寸的单相交流发电机输出的功率大；

（2）三相交流电的发电机比单相交流发电机运行更平稳，维护工作量少；

（3）输送的功率相同时，三相输电线比单相输电线节约材料。

2）对称三相交流电的产生

三相交流电源是由三相正弦交流发电机产生的。图 4-18 是三相交流发电机示意图。三相交流发电机中有三个独立、在空间位置上相差 120°、匝数和材质等都相同的绕组，电动机工作时，每个绕组产生一相交流电；三个绕组就产生三个频率、幅值相等，彼此相位相差 120°的一组三相对称交流电。

用 U、V、W 分别表示三相交流发电机的三个绕组，三个绕组的始端为 U_1、V_1、W_1，末端为 U_2、V_2、W_2，并且规定电动势的正方向从绕组的末端指向始端，当电枢以角速度 ω 逆时针旋转时，U 相的初相为 0°，V 相的初相为−120°，W 相的初相为 120°，则在图示位置时，e_U、e_V 为负，e_W 为正。根据单相交流电的表达式 $e = E_m \sin(\omega t + \varphi)$，三个对称交流电动势的瞬时表达式为：

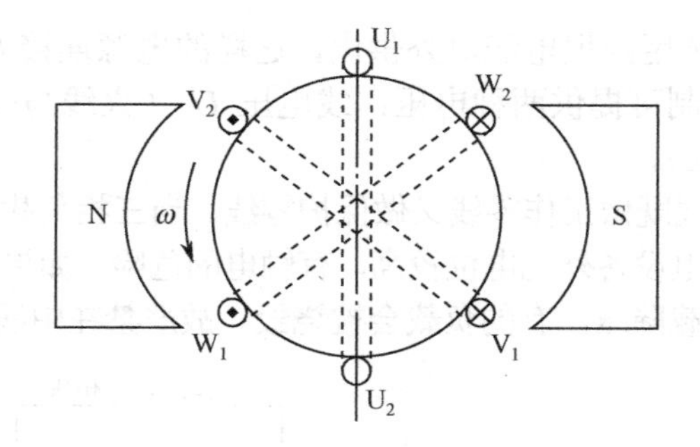

图 4-18　三相交流发电机示意图

$$e_U = E_m \sin \omega t$$
$$e_V = E_m \sin(\omega t - 120°)$$
$$e_W = E_m \sin(\omega t + 120°)$$

各相交流电达到最大值的先后次序叫作相序。三相交流电按 U-V-W 的顺序先后达到最大值，把相序 U-V-W 称为正序，而把 W-V-U 称为逆序。习惯上采用黄、绿、红三种颜色分别表示 U、V、W 三相。与之对应的波形图和向量图如图 4-19 和图 4-20 所示。

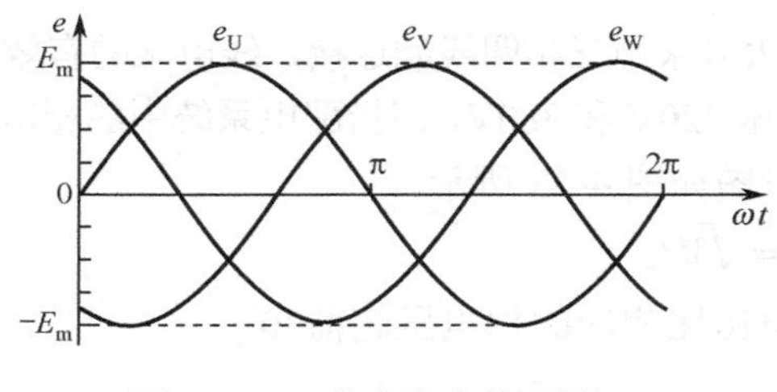

图 4-19　三相交流电波形图

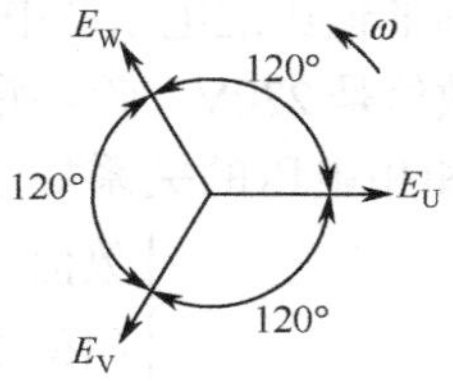

图 4-20　三相交流电相量图

2．认识三相交流电源的星形（Y形）连接

1）三相交流电源的Y形连接

三相交流电源的各种Y形连接见表 4-7。

表 4-7　三相交流电源的各种Y形连接

Y形三相三线制	三相电源用三根相线供电，只提供 U_L。适用性窄，负载不能做接零保护
Y形三相四线制	三相电源用中线和三根相线供电，提供 U_L 和 U_P，中线也做保护线 PE。三相负载严重不平衡时做接零保护的用电设备外壳电位较高，有导致触电的危险
Y形三相五线制	三相电源用中线和三根相线供电，提供 U_L 和 U_P，有专用保护线 PE，安全且适用性广

2）三相三线制

将三相发电机的三个绕组的末端 U_2、V_2、W_2 连接在一起并接地成为中性点 O（或叫零点），从三相绕组的首端 U_1、V_1、W_1 各引出一根供电线（叫端线或相线、火线）对外供电，这样三相电源用三根供电线对外提供线电压 U_L，这种连接方式叫Y形三相三线制，如图 4-21 所示。

3）三相四线制

在三相三线制的基础上，又从电源中性点 O 引出一根电源线（这根电源线叫中线，也叫地线、零线）。三相电源用四根电线对外供电，这样的电源连接方式称为三相四线制，如图 4-22 所示。三相四线制可提供两种电压：线电压 U_L（火线与火线间的电压）和相电压 U_P（火线与零线间的电压）。

在 TN-C 系统中，中线既做工作零线又做保护零线。当三相负载严重不平衡时，中线电流较大，接中线保护可使用电设备外壳电位较高，有触电的危险。如果中线因故断开，则高阻抗的负载升压，低阻抗的负载降压，有的负载会被烧毁。故严禁在中线上装开关和熔断器。

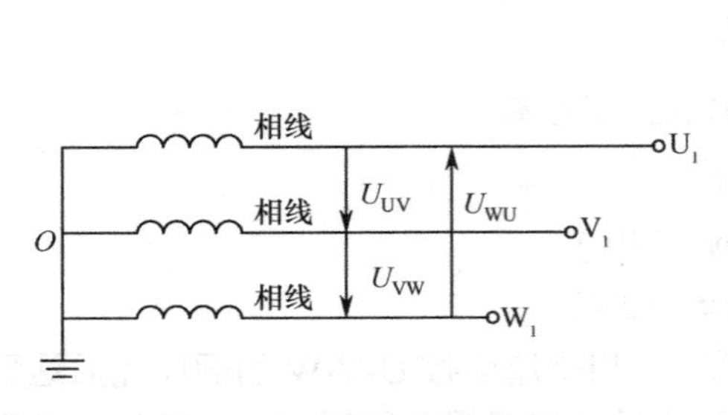

图 4-21　电源三相三线制

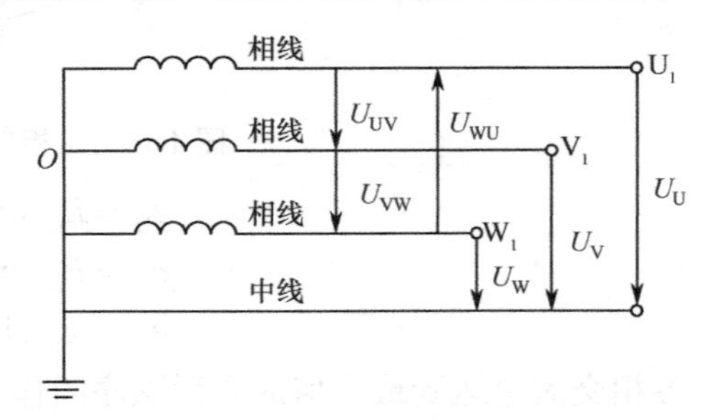

图 4-22　电源三相四线制

4）低压配电系统

我国目前的低压配电系统中，电源大多采用三相四线制连接，线电压的有效值是 380V，相电压的有效值是 220V。平常所说的电压 220V 和 380V，即指配电系统中的相电压和线电压。

线电压和相电压的关系如下，相量图如图 4-23 所示。

$$\begin{cases}\text{数值上：} U_L = \sqrt{3}U_P \\ \text{相位上：线电压比相应的相电压超前}30^\circ\end{cases}$$

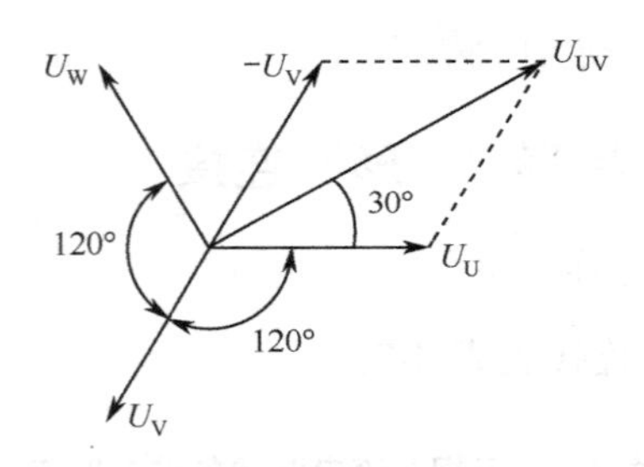

图 4-23　线电压和相电压相量图

〖思考练习〗

（1）在三相四线制中，线电压 $U_{线}$ 与相电压 $U_{相}$ 之间的关系为__________。

（2）三相对称交流电，相间相位差为__________。

（3）三相四线制供电系统可输送两种电压，即__________和__________。

3．认识三相交流负载

1）负载的星形连接

三相负载的星形连接如图 4-24 所示。该接法有三根火线和一根零线，叫作三相四线制电路，在这种电路中三相电源也必须是星形连接，所以又叫作Y-Y接法的三相电路。显然不管负载是否对称（相等），电路中的线电压 U_L 都等于负载相电压 U_{YP} 的 $\sqrt{3}$ 倍，即：

$$U_L=U_{YP}$$

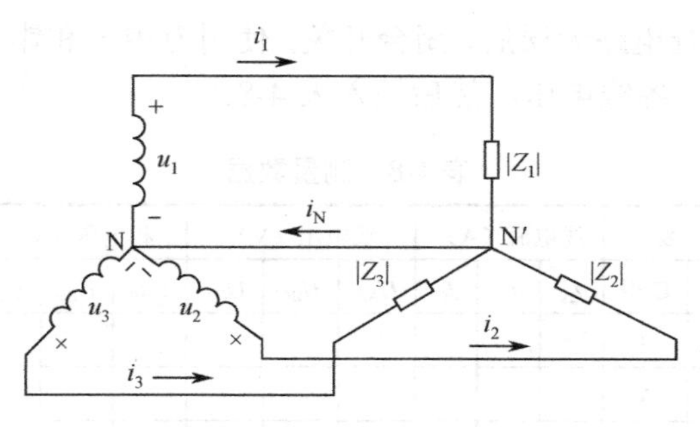

图 4-24　三相负载的丫形连接

负载的相电流 I_{YP} 等于线电流 I_{YL}，即：

$$I_{YL}=I_{YP}$$

当三相负载对称时，即各相负载完全相同，相电流和线电流也一定对称（称为丫-丫形对称三相电路）。即各相电流（或各线电流）振幅相等、频率相同、相位彼此相差 120°，并且中线电流为 0。所以，中线可以去掉，即形成三相三线制电路，也就是说，对于对称负载来说，不必关心电源的接法，只需关心负载的接法。

2）负载的三角形连接

负载做三角形接时只能形成三相三线制电路，如图 4-25 所示。

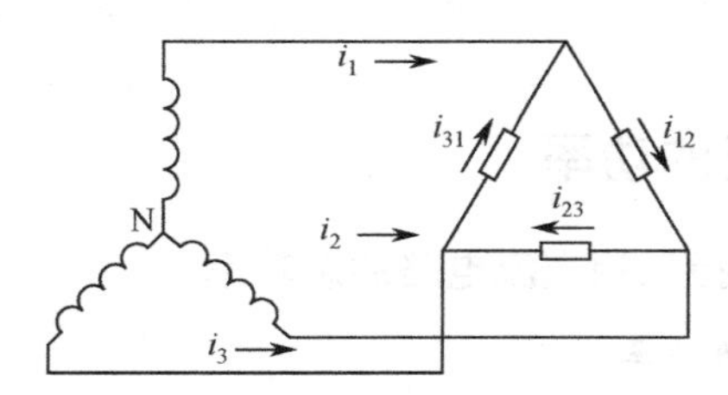

图 4-25　三相负载的三角形连接

显然不管负载是否对称（相等），电路中负载相电压 $U_{\triangle P}$ 都等于线电压 $U_{\triangle L}$，即：

$$U_{\triangle L}=U_{\triangle P}$$

当三相负载对称时，即各相负载完全相同，相电流和线电流也一定对称。负载的相电流为：

$$I_{\triangle P}=\frac{U_{\triangle P}}{|Z|}$$

线电流 $I_{\triangle L}$ 等于相电流 $I_{\triangle P}$ 的 $\sqrt{3}$ 倍，即：

$$I_{\triangle L}=\sqrt{3}I_{\triangle P}$$

〖思考练习〗

（1）在三相四线制电路中，中性线的作用是什么？为什么中性线上不允许安装熔断器？

（2）三相照明电路的负载为什么尽量平均分配到三相电源上？

4．观测三相交流电

按图4-17连线。检查电路无误后，闭合开关，使用万用表和钳形电流表测出各相电流、中性线电流及各相电压、各线电压，然后填入表4-8。

表4-8　测量数据

测量数据（负载情况）	开灯盏数			线电流（A）			线电压（V）			相电压（V）			中线电流 I_0（A）	中点电压 U_{N0}（V）
	A相	B相	C相	I_A	I_B	I_C	U_{AB}	U_{BC}	U_{CA}	U_{A0}	U_{B0}	U_{C0}		
Y_0接平衡负载	3	3	3											
Y接平衡负载	3	3	3											
Y_0接不平衡负载	1	2	3											
Y接不平衡负载	1	2	3											

〖**思考练习**〗

（1）用实验数据验证对称三相负载星形连接时，线电压与相电压的关系。

（2）从表4-8的“平衡负载”栏的数据中，能得出几个结论？

（3）从表4-8的“不平衡负载”栏的数据中，能得出几个结论？

（4）照明电路为什么均采用三相四线制？

认识对称三相交流电路的功率

三相交流电路的功率是指三相交流电路的总功率。

1）三相交流电路的有功功率

三相交流电路的有功功率等于各相负载的有功功率之和。

$$P = P_U + P_V + P_W = U_U I_U \cos\varphi_U + U_V I_V \cos\varphi_V + U_W I_W \cos\varphi_W = 3U_P I_P \cos\varphi_P$$

当负载为星形连接时：

$$U_P = \frac{U_L}{\sqrt{3}},\ I_P = I_L,\ P = \sqrt{3} U_L I_L \cos\varphi_P$$

当负载为三角形连接时：

$$U_P = U_L,\ I_P = \frac{I_L}{\sqrt{3}},\ P = \sqrt{3} U_L I_L \cos\varphi_P$$

或

$$P = P_U + P_V + P_W = 3I_P^2 R_P$$

2）三相交流电路的无功功率

三相交流电源或三相负载的无功功率为各相无功功率之和，即：

$$Q = Q_U + Q_V + Q_W = \sqrt{3} U_L I_L \sin\varphi_P = 3I_P^2 X_P$$

3）三相交流电路的视在功率

三相交流电路的视在功率为：

$$S=\sqrt{(\sqrt{3}U_{L}I_{L}\cos\varphi_{P})^{2}+(\sqrt{3}U_{L}I_{L}\sin\varphi_{P})^{2}}=\sqrt{3}U_{L}I_{L}$$

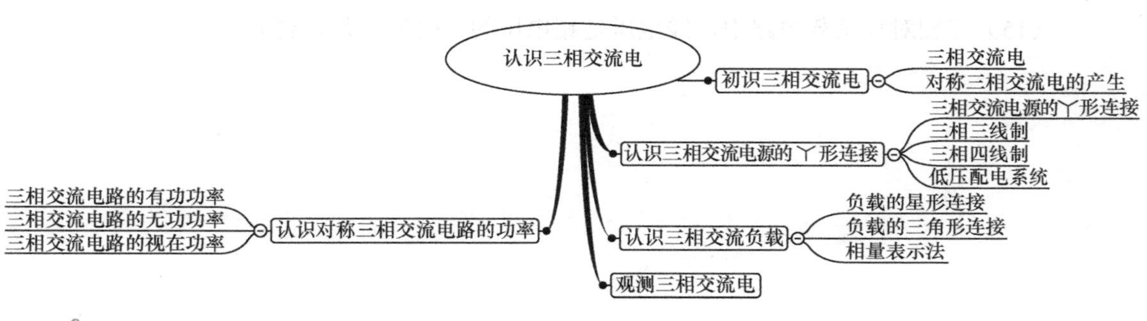

〖技术知识〗

（1）三相对称负载做星形连接时，相电压 U_{P} 和线电压 U_{L} 的关系为________，相电流和线电流的关系为________，中线电流为________。

（2）工厂中，一般动力电源电压为________，照明电源电压为________，安全电压为低于________的电压。

（3）在对称三相四线制电源中，线电压分别超前相应的相电压________度。

（4）三相对称负载三角形连接时，U_{P}=________U_{L}，I_{P}=________I_{L}。

（5）为了减少触电危险，熔断器和开关要求接在________中，规定________ V 以下为安全电压。

（6）在负载不变的情况下，星形连接比三角形连接时的总功率（　　）。

A．相同　　B．小　　C．大　　D．不一定

（7）一般情况下，安全电压值规定为值（　　）。

A．≤12V　　B．≤36V　　C．≤50V

（8）三相电路中，对称三相负载三角形连接的线电流是星形连接的（　　）倍。

A．$\sqrt{3}$　　B．3　　C．1/3　　D．$1/\sqrt{3}$

（9）关于安全用电，下列说法错误的是（　　）。

A．触电按其伤害程度可分为电击和电伤两种

B．为了减少触电危险，我国规定 36V 为安全电压

C．电气设备的金属外壳接地，称为保护接地

D．熔断器在电路短路时，可以自动切断电源，必须接到零线上

（10）三相交流电路负载对称Y形连接，相电流 I_P 与线电流 I_L 的关系为（　　）。

A．$I_L>I_P$　　B．$I_L=I_P$　　C．$I_L<I_P$　　D．依具体电路定

（11）三相负载做Y形连接时，中线电流一定为0。（是、否）

（12）在三相交流电路中，三相负载消耗的总功率等于各相负载消耗的功率之和。（是、否）

（13）三相对称负载电路中，各线电流的初相位相同。（是、否）

（14）三相交流电路中，负载的线电压一定大于相电压。（是、否）

（15）三相对称负载电路中，线电压是相电压的 $\sqrt{3}$ 倍。（是、否）

项目 5

常用半导体器件

本项目将学习二极管和三极管等常用半导体的结构、工作原理及质量检测方法。

完成本项目的学习后，你应该能够：

（1）了解半导体的基本知识；

（2）掌握 PN 结的单向导电性；

（3）描述二极管、三极管的结构和符号；

（4）理解半导体二极管的伏安特性和主要参数；

（5）掌握二极管的单向导电性；

（6）了解几种常用的特殊二极管的应用；

（7）会使用万用表检测二极管、三极管的极性和质量；

（8）了解三极管的放大作用；

（9）了解场效应管的符号、分类和特点；

（10）了解集成电路的基本知识。

建议本项目安排 6～8 学时。

任务 1　认识半导体二极管

有套元件，包括 1 个 3V 直流电源，以及二极管、电阻、灯、开关等。要求从中挑选出合适的元件，搭建出二极管单向导电性实验电路，如图 5-1 所示，体验二极管的单向导电性。

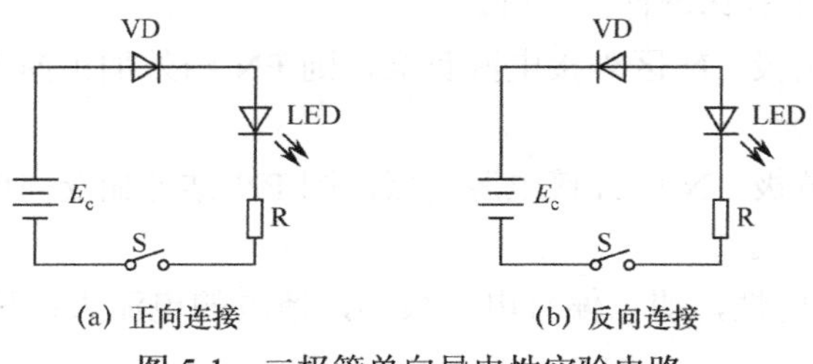

图 5-1　二极管单向导电性实验电路

为完成本项任务，首先需要认识给出的元件，掌握其特性、检测方法；并根据任务要求，挑选参数合适的元件，搭建出实际电路。最后通过实验演示结果，体会其单向导电的性质。

在前面章节中已经学习过电阻、直流稳压电源、万用表的相关知识，这里重点学习二极管的检测方法，以及二极管的单向导电特性。

1．了解半导体的基础知识

1）半导体的基本概念

自然界中的物质按电流流过的难易程度分类，可分为导体、半导体和绝缘体。半导体是导电能力在导体和绝缘体之间的物质，如硅、锗、砷化镓、磷化铟、氮化镓、碳化硅等。纯净的、不含杂质的半导体称为本征半导体，其特点是导电能力极弱，而且随温度变化导电能力有明显变化。杂质半导体则是人为地在本征半导体中掺入微量其他元素所形成的半导体，改善了半导体的导电特性。

杂质半导体分为两类：P 型半导体和 N 型半导体。

2）P 型半导体和 N 型半导体

P 型半导体，又称空穴型半导体，是在本征半导体硅或锗的晶体中掺入微量三价元素硼（或镓、铟等）而制成的。掺入微量元素后半导体内部空穴的数量大幅度增加，从而使导电能力大大提高。

N 型半导体，又称电子型半导体，是在本征半导体硅或锗的晶体中掺入微量五价元素磷（或砷、锑等）而制成的。掺入微量元素后半导体内部自由电子的数量大幅度增加，从而使导电能力大大提高。

3）PN 结及其单向导电性

在一块完整的本征半导体硅或锗上，采用特殊工艺，使一边形成 P 型半导体，另一边形成 N 型半导体，这样，在 P 型半导体与 N 型半导体的交界面就形成了一个特殊的接触面——PN 结。PN 结是组成各种半导体器件的基础。

将 P 区外接电源正极，N 区外接电源负极，则 PN 结外加正向电压，称为正向偏置，简称正偏，如图 5-2 所示。

将 P 区外接电源负极，N 区外接电源正极，则 PN 结外加反向电压，称为反向偏置，简称反偏，如图 5-3 所示。

PN 结具有单向导电性，即正偏时电阻很小，通过的电流大；反偏时电阻很大，通过的电流小。

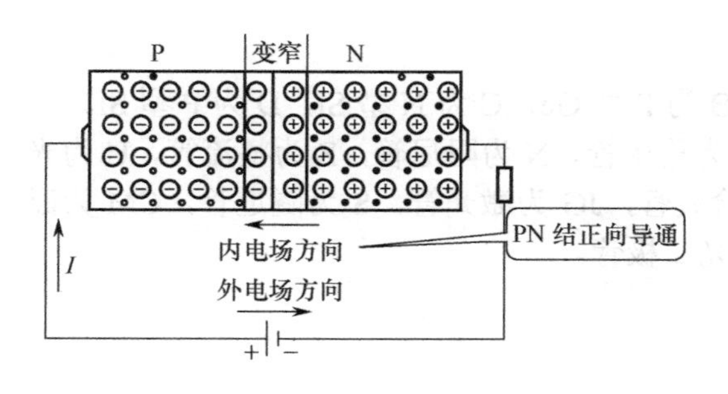

图 5-2 PN 结外加正向电压

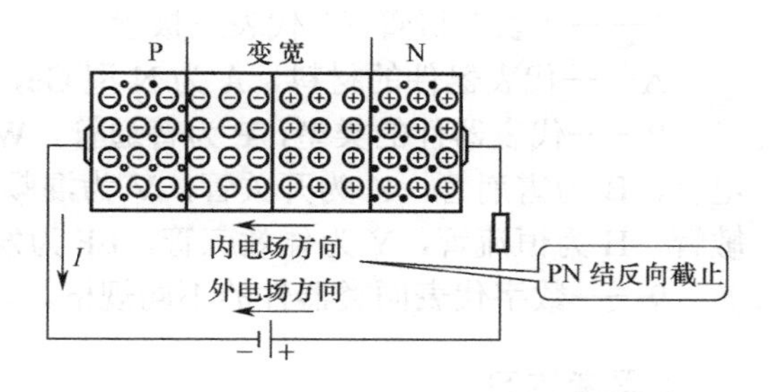

图 5-3 PN 结外加反向电压

〖思考练习〗

（1）导电能力在导体和绝缘体之间的物质称为________。

（2）在 P 型半导体中，主要依靠________导电；在 N 型半导体中，主要依靠________导电。

（3）PN 结具有________特性。

（4）PN 结的 P 区接电源正极，N 区接电源负极，称为________接法。

（5）PN 结正向偏置时，电阻________；PN 结反向偏置时，电阻________。

2. 认识二极管

1）结构与电路符号

在 PN 结两端分别引出一个电极，外加管壳和引线即构成晶体二极管，又称为半导体二极管。二极管结构如图 5-4 所示。二极管是由 PN 结构成的，所以二极管也具有单向导电性。

P 型半导体一端的电极称为阳极（正极），N 型半导体一端的电极称为阴极（负极）。电路符号如图 5-5 所示。

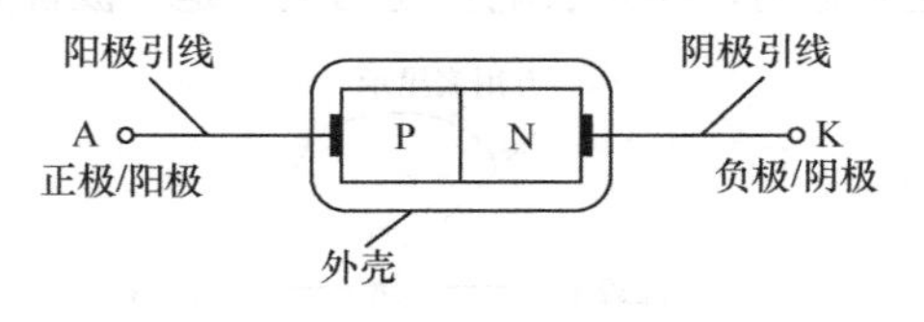

图 5-4 二极管的结构

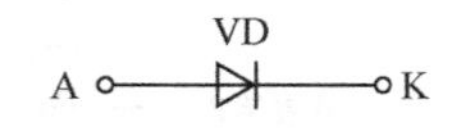

图 5-5 二极管的电路符号

2）命名方法

国内二极管的命名方法如图 5-6 所示。

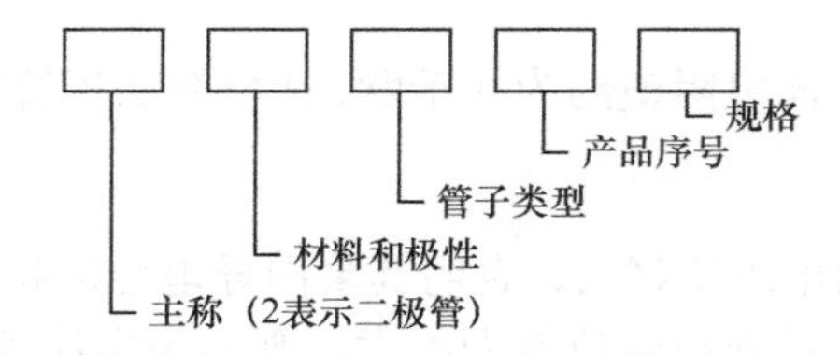

图 5-6 国内二极管的命名方法

『例』2AP9 二极管的含义如下。

2——代表二极管（3 代表三极管）。

A——代表器件的材料，A 为 N 型 Ge，B 为 P 型 Ge，C 为 N 型 Si，D 为 P 型 Si。

P——代表器件的类型，P 为普通管，W 为稳压管，N 为阻尼管，Z 为整流管，U 为光电管，B 为雪崩管，K 为开关管，V 为混频检波管，JG 为激光管，S 为隧道管，CM 为磁敏管，H 为恒流管，Y 为体效应管，EF 为发光二极管。

9——数字代表同类器件的不同规格。

〖思考练习〗

（1）二极管具有________特性。

（2）二极管中，P 型半导体一端为二极管的________极，N 型半导体一端为________极。

（3）半导体二极管 2CZ56 是由________半导体材料制成的。

3. 检测二极管

1）判别正、负极

（1）从外观上判别。

① 观察外壳上的符号标记。通常在二极管的外壳上标有二极管的符号，带有三角形箭头的一端为正极，另一端是负极。

② 观察外壳上的色点或色环。在点接触二极管的外壳上，通常标有极性色点（白色或红色）。一般标有色点的一端即为正极。还有的二极管上标有色环，带色环的一端则为负极。

（2）用万用表检测。

如图 5-7 所示，将万用表置于 R×100 或 R×1k 挡，调零后用表笔分别正接、反接于二极管的两个引脚，这样可分别测得大、小两个电阻值。其中较大的是二极管的反向电阻值，较小的是二极管的正向电阻值。故在测得正向电阻值时，与黑表笔相连的电极是二极管的正极。

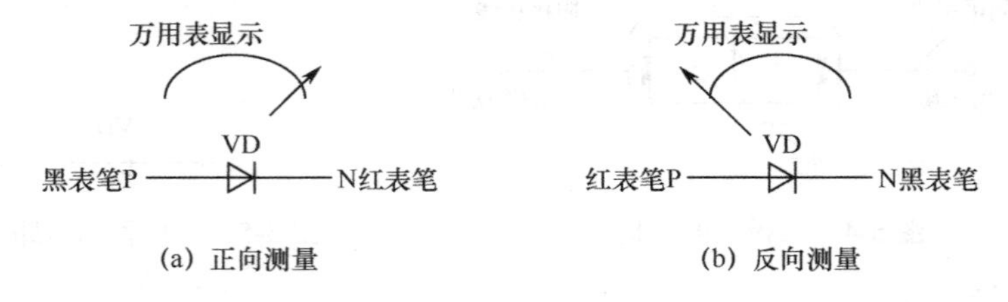

图 5-7　用万用表检测二极管

2）判定材料

一般硅材料二极管的正向电阻值约为几千欧，锗材料二极管的正向电阻值约为几百欧。

3）判定质量好坏

正向电阻值越小，反向电阻值越大，表明其单向导电性能越好，二极管的质量就越好。

如果一个二极管的正、反向电阻值差别不大，则必为劣质管。

如果正、反向电阻值都是无穷大或者都是 0，则表明二极管内部已开路或者已被击穿短路。

〖思考练习〗

（1）分别用 R×100 挡和 R×1k 挡测得的二极管的正向电阻值相等吗？为什么？

（2）能用 R×10k 挡测量二极管的正向电阻值吗？为什么？

4．认识二极管的伏安特性

二极管的伏安特性是反映二极管两端的电压和流过它的电流之间的关系曲线，如图 5-8 所示。

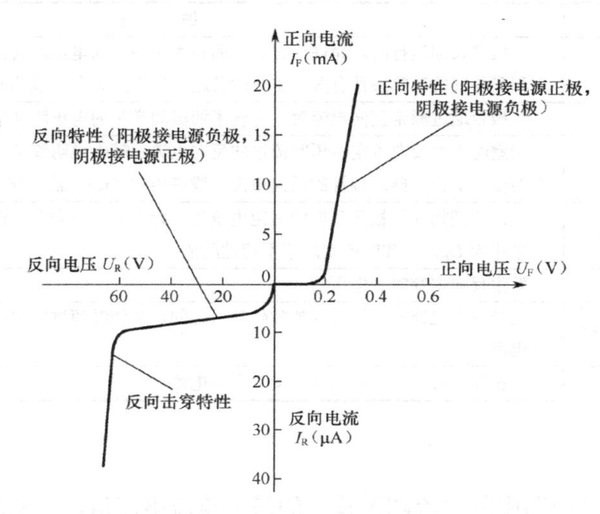

图 5-8　二极管伏安特性曲线

1）正向特性

正向伏安特性曲线是指纵轴右侧部分，它有两个主要特点。

① 外加电压较小时，正向电流几乎为 0，这个区域称为“截止区”或“死区”，电压称为门限电压（开启电压）U_{ON}，锗管的死区电压约为 0.1V，硅管的死区电压约为 0.5V。

② 当正向电压超过死区电压时，曲线近似于线性，这个区域称为导通区。导通后，二极管两端的正向电压称为正向压降（管压降）U_{VD}。一般锗管正向压降为 0.2～0.3V，硅管正向压降为 0.6～0.7V。

2）反向特性

反向伏安特性曲线是指纵轴左侧部分，它也有两个主要特点。

① 在一定的反向电压范围内，电流约为 0 的区域称为反向截止区，此时流过的电流称为反向饱和电流或反向漏电流 I_R。实际应用时，反向饱和电流应越小越好。

② 当反向电压增加到一定数值时，反向电流急剧增加的区域称为反向击穿区，此时对应的电压称为反向击穿电压 U_{BR}。实际应用时，不允许反向电压超过击穿电压，否则损坏二极管。

〖思考练习〗

（1）硅二极管的死区电压约________，锗二极管的死区电压约________。

（2）二极管导通后，硅管正向压降为________，锗管正向压降为________。

（3）二极管加正向电压时一定导通？

（4）二极管加反向电压时一定击穿？

5．了解二极管的主要参数

二极管的主要参数如表 5-1 所示。

表 5-1　二极管的主要参数

参数	名　称	说　明
I_F	最大整流电流	二极管长期运行时，允许通过管子的最大正向平均电流，其大小与二极管内 PN 结的结面积和外部的散热条件有关。工作时若超过该值，将会因过热而烧坏二极管
U_F	正向工作电压	二极管通过额定正向电流时，在管子两极间产生的电压降（平均值）
I_R	反向漏电流	指室温下加反向规定电压时流过的反向电流，越小说明管子的单向导电性越好，其大小受温度影响大。硅二极管的反向电流一般在纳安（nA）级；锗二极管在微安（μA）级
U_R	最高反向工作电压	允许长期加在两极间反向的恒定电压值。为保证管子安全工作，通常取反向击穿电压的一半作为 U_R，工作时的实际值不超过此值
U_B	反向击穿电压	发生反向击穿时的电压值
I_{FSM}	不重复正向浪涌电流	它是由于电路异常情况（如故障）引起的，是结温超过额定结温的不重复性最大正向过载电流
I_{OM}	最大正向电流	二极管正常工作时，通过的最大正向电流

〖思考练习〗

二极管工作时，若电路中的电流超过管子的最大整流电流值，电路将会出现什么情况？

6．体验二极管的单向导电性

按照如图 5-1 所示连接电路。图 5-1（a）中二极管正极外接电源的正极，二极管负极外接电源负极，是正偏接法，电路中 LED 发光。图 5-1（b）中二极管正极外接电源的负极，二极管负极外接电源正极，是反偏接法，电路中 LED 不发光。由此可见，二极管具有单向导电性。

〖思考练习〗

电路如图 5-9（a）所示，输入信号 u_1 和 u_2 的波形如图 5-9（b）所示。忽略二极管的压降，画出输出电压 u_o 的波形。

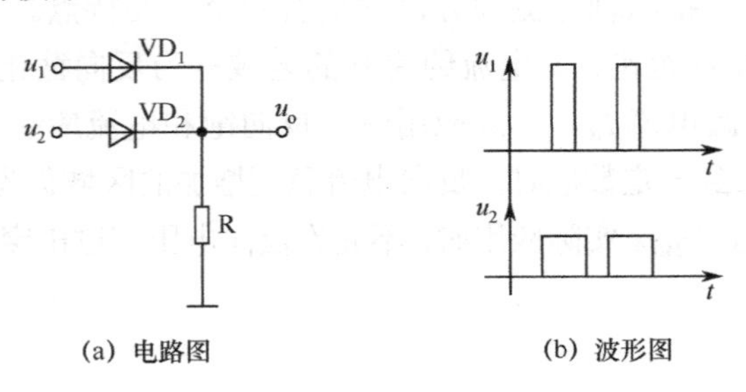

（a）电路图　　（b）波形图

图 5-9　练习题图

常用二极管及应用

1）整流二极管

这类二极管的第二个字母一般为 Z，代表整流管，可实现不同功率的整流，其外观如图 5-10 所示。

2）开关二极管

这类二极管的第二个字母一般为 K，代表开关管，用于电子计算机、开关电路和脉冲控制中，其外观如图 5-11 所示。

图 5-10　整流二极管

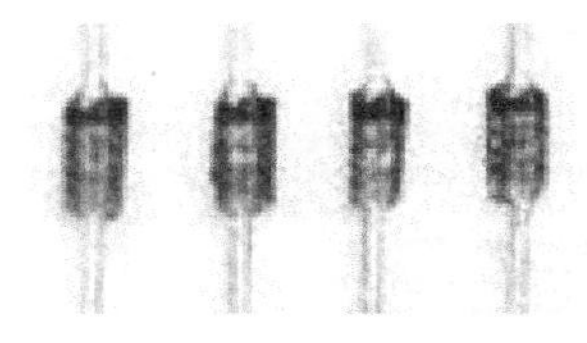

图 5-11　开关二极管

3）稳压二极管

这类二极管的第二个字母一般为 W，代表稳压管，它是利用二极管的反向击穿特性制成的，其外观如图 5-12 所示。在反向击穿区，反向电流的变化很大，管子两端电压变化很小，这就是稳压二极管的稳压特性。

4）发光二极管

发光二极管（LED）具有清晰度高、亮度高、电压低（1.5～3V）、反应快、可靠性高、体积小、寿命长等特点，常用于信号指示、数字和字符显示，其外观如图 5-13 所示。

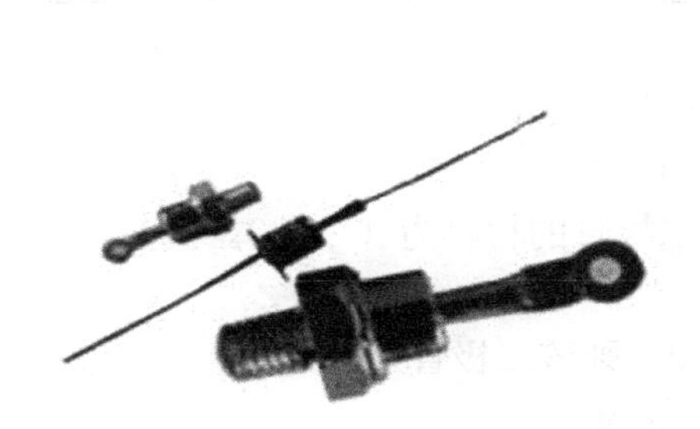

图 5-12　稳压二极管

图 5-13　发光二极管

〖思考练习〗

稳压二极管与普通二极管相比，主要差异是什么？

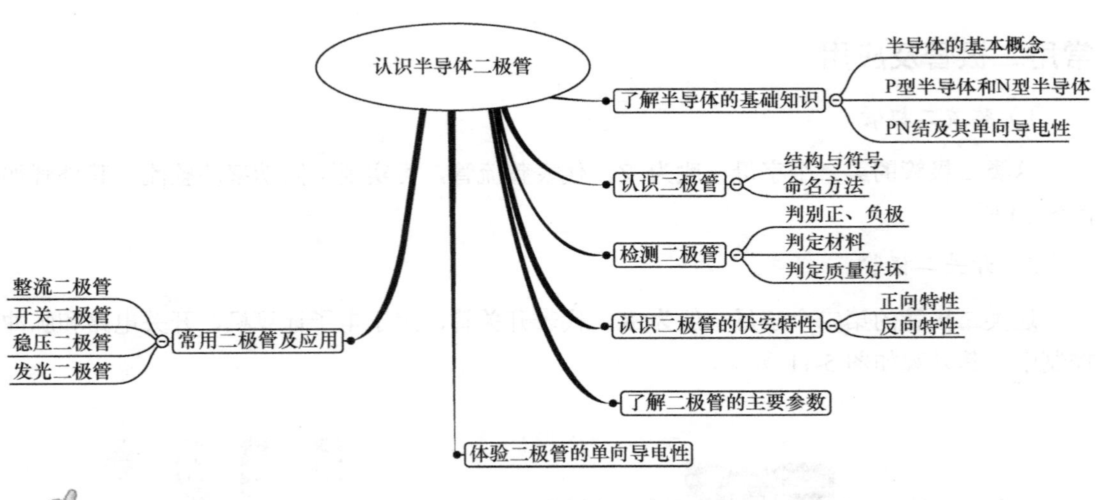

〖技术知识〗

（1）纯净的、不含杂质的半导体称为________，它的导电能力很________。在纯净的半导体中掺入少量的________价元素，可形成P型半导体，又称__________型半导体。

（2）二极管的伏安特性可理解为________导通，________截止。

（3）PN结的反向接法是：P区接电源的________极，N区接电源的________极。

（4）从外观上看，有色环的一端为二极管的________极。

（5）将二极管的正向电阻和反向电阻比较，相差越________，导电性越________。

（6）最常用的半导体材料有________和________。

（7）二极管的伏安特性指________和________的关系，当正向电压超过________后，二极管导通。

（8）如果正、反向电阻都很大，则该二极管（　　）。

A．已被击穿　　B．内部断路　　C．正常

（9）若测得二极管正向电阻为300Ω，则该二极管的材料为（　　）。

A．硅　　B．锗

（10）如果二极管正、反向电阻都很小或为0，则该二极管（　　）。

A．已被击穿　　B．内部断路　　C．正常

（11）用万用表测量小功率二极管时，应把欧姆挡拨到（　　）。

A．R×1挡　　B．R×10k挡　　C．R×100或R×1k挡

（12）二极管的导通条件是（　　）。

A．$U_D>0$　　B．$U_D>$死区电压

C．$U_{\mathrm{D}}<$死区电压　　　　　　　　D．$U_{\mathrm{D}}>$击穿电压

（13）把电动势为 1.5V 的干电池以正向接法直接接到硅二极管的两端，则（　　）。

A．电流为 0　　　　　　　　B．电流基本正常

C．击穿　　　　　　　　　　D．已被烧坏

（14）二极管反偏时，以下说法正确的是（　　）。

A．在达到反向击穿电压之前通过电流很小，称为反向饱和电流

B．在达到死区电压之前，反向电流很小

C．二极管反偏一定截止，电流很小，与外加反偏电压大小无关

（15）当温度升高时，二极管的反向饱和电流将（　　）。

A．增大　　　　B．不变　　　　C．减小

（16）关于晶体二极管的叙述正确的是（　　）。

A．普通二极管反向击穿后，很大的反向电流使 PN 结温度迅速升高而烧坏

B．普通二极管发生热击穿，不发生电击穿

C．硅稳压二极管只发生电击穿，不发生热击穿，所以要串接电阻降压

D．以上说法都不对

（17）什么是半导体？什么是本征半导体？

（18）什么是 PN 结？它具有什么特性？

〖实践操作〗

按图 5-14 连接电路，哪些灯泡发光，为什么？

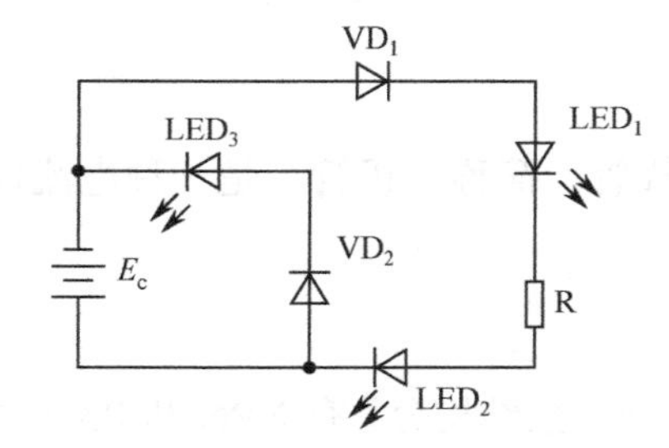

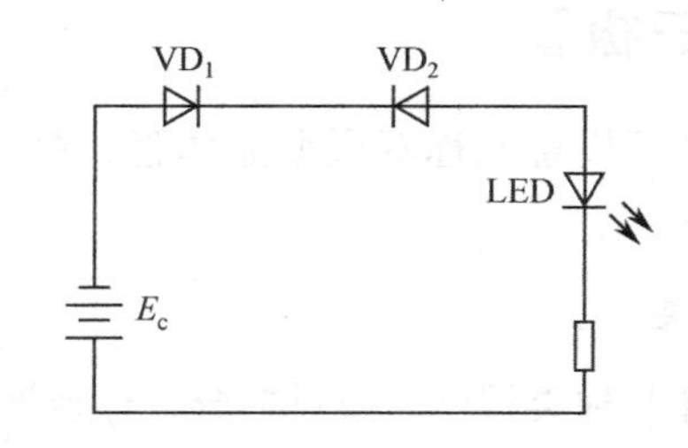

图 5-14　实践操作习题图

任务 2　认识半导体三极管

有套元件，包括 1 个 3V 直流电源，以及三极管、电阻、电容等。要求从中挑选出合适的元件，搭建出如图 5-15 所示的电路，并用万用表测量输入、输出的电流和电压，体验三极管的放大作用。

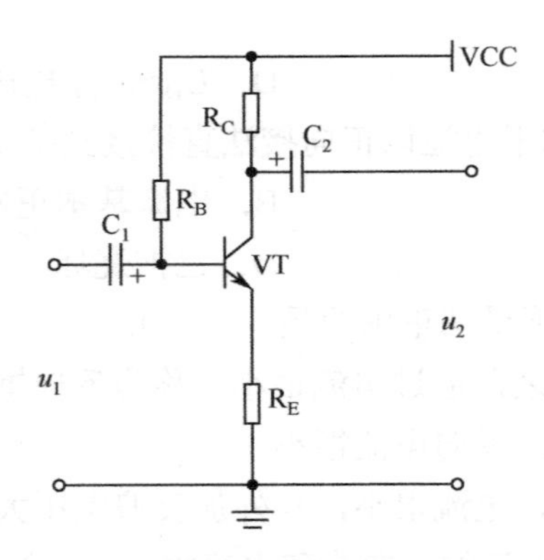

图 5-15　三极管放大特性实验电路

为完成本项任务，首先需要认识给出的元件，掌握其特性、检测方法；根据任务要求，挑选参数合适的元件，搭建出实际电路。最后通过测量电流、电压值，反映出三极管的作用。

在前面章节中已经学习过电阻、电容、直流电源、万用表的相关知识，这里重点学习三极管的结构、分类，以及三极管的检测方法。

1．认识三极管

半导体三极管也称双极型晶体管、晶体三极管，简称三极管，是一种电流控制电流的半导体器件。

1）分类

三极管的种类很多，按材料分，有硅管和锗管；按结构分，有 NPN 和 PNP；按作用分，有放大管和开关管；按功率分，有小功率管、中功率管和大功率管；按频率分，有低频管和高频管；另外，按封装材料来分，有玻璃封装、金属封装和硅酮塑料封装。

常见的三极管外形如图 5-16 所示。

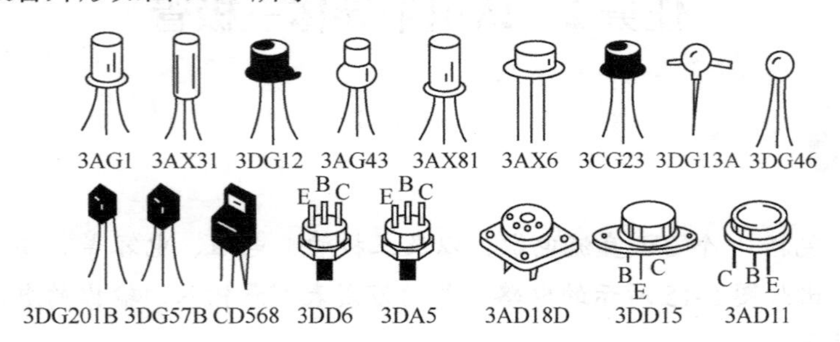

图 5-16　常见的三极管外形

2）结构与电路符号

三极管内部划分有三个区，即集电区、基区和发射区；对应引出集电极C、基极B和发射极E；有两个PN结，集电区和基区之间的PN结为集电结，基区和发射区之间的PN结为发射结。

如图5-17所示，图中箭头表示电流的方向。

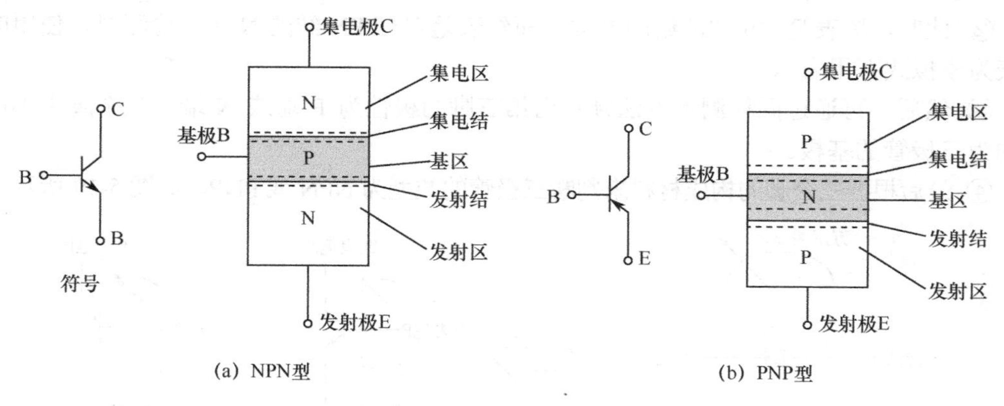

图5-17　三极管的结构、电路符号

特别注意：三极管并不是两个PN结的简单组合，不能用两个二极管代替一个三极管，也不能将集电极和发射极互换使用。

3）命名方法

国内三极管的命名方法如图5-18所示。

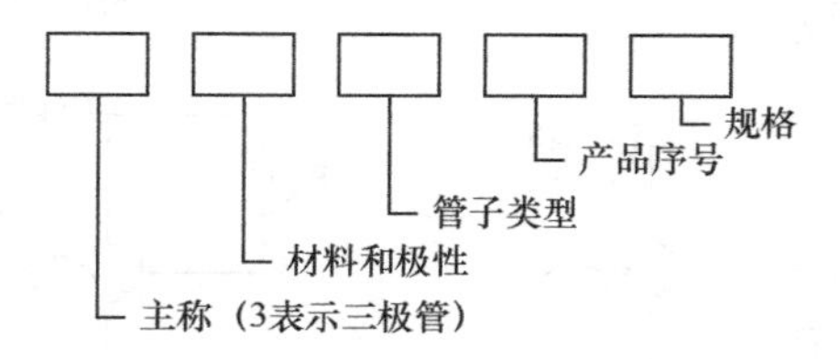

图5-18　国内三极管的命名方法

『例』3DG6三极管的含义如下。

3——代表三极管。

D——代表器件的材料，A为锗PNP，B为锗NPN，C为硅PNP，D为硅NPN，E为化合物材料。

G——代表器件的类型，G为高频小功率，A为高频大功率，X为低频小功率，D为低频大功率，K为开关管。

6——用数字代表同类器件的不同规格。

〖思考练习〗

（1）半导体三极管是一种________控制器件。

（2）三极管按结构分为________和________，对应的符号为________和________。

2．检测三极管

1）判别基极和管型

① 选择万用表 R×1k 挡，测任意两脚的电阻值；若非常大，则交换表笔或更换某一脚，直至有较小测量阻值为止。

② 此时，黑表笔对应 PN 结的 P 端，而红表笔对应 PN 结的 N 端（检测时，使用的万用表为模拟式万用表）。

③ 然后，再通过同样测量方法判断出第三脚的极性为 P 端或 N 端，三个脚中不同极性的为三极管的基极。

④ 最后根据三个脚的构成材料来判断三极管的类型为 NPN 或 PNP，如图 5-19 所示。

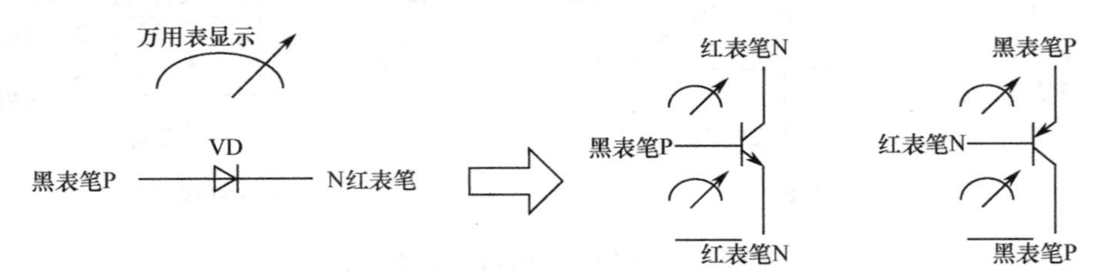

图 5-19　判别三极管的基极、管型

2）判别集电极和发射极

由于三极管符号中箭头方向表示电流方向，故测量时 NPN 型三极管 C 极电位高于 E 极电位（黑表笔接 C，红表笔接 E），PNP 型三极管 E 极电位高于 C 极电位（黑表笔接 E，红表笔接 C），如图 5-20 所示。

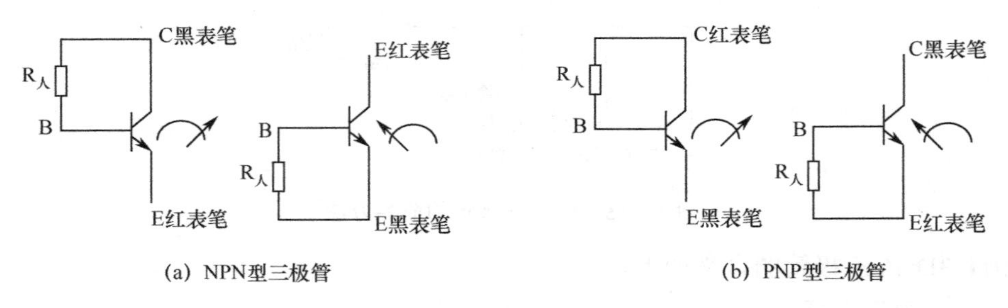

(a) NPN型三极管　　(b) PNP型三极管

图 5-20　判别三极管集电极和发射极

① 对于 NPN 型三极管，用手指同时捏住黑表笔搭接的一个引脚与基极，红表笔接剩下的引脚，如果表针向右偏转，则可初步判断黑表笔接的是集电极，红表笔接的是发射极。

② 交换红、黑表笔，手指搭接在黑表笔所接的引脚和基极之间，重新进行测试，表针基本不偏转（或偏转很小），则引脚判断正确。

③ PNP 型三极管判别引脚的方法类似，主要区别是手指搭接在红表笔与基极上。

3）判别材料

使用 R×100 挡或 R×1k 挡测量 B、E 间的电阻值 R_{BE}，阻值在几十千欧的是硅管，小于几千欧的是锗管。

〖思考练习〗

用万用表检测 9011、9012、9015、8550 型号的三极管分别是哪种类型的？

3．体验三极管的放大作用

按图 5-21 连接电路，并测量 I_B、I_C 和 U_{BE}、U_{CE} 的值，记录到表 5-2 中。

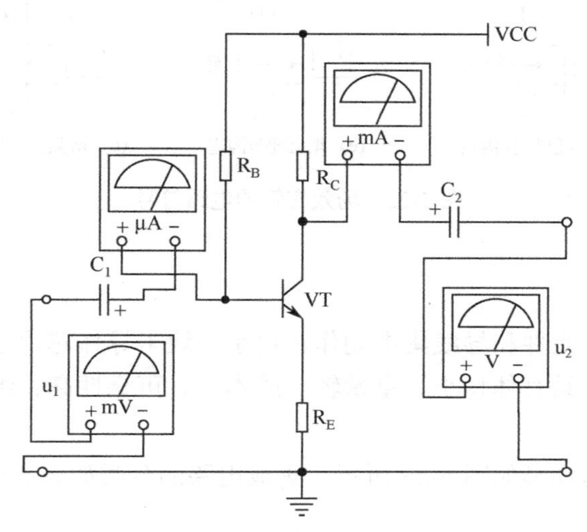

图 5-21　三极管放大电路

表 5-2　三极管放大电路实验记录

输　入	测 量 值	输　出	测 量 值
I_B		I_C	
U_{BE}		U_{CE}	

〖思考练习〗

由表 5-2 中数据可见，三极管具有__________作用，是一种电流控制电流的半导体器件。

1．认识场效应管

场效应晶体管又称为单极型晶体管，简称场效应管。它属于电压控制型半导体器件。具有输入电阻高、噪声小、功耗低、动态范围大、易于集成、没有二次击穿现象、安全工作区域宽等优点。

按结构和工作原理，场效应管分结型、绝缘栅型（MOS）两大类；按沟道材料结型和绝缘栅型分 N 沟道和 P 沟道两种；按导电方式分耗尽型与增强型。

场效应管有三个电极，分别为栅极（G）、源极（S）和漏极（D），如图 5-22 所示。

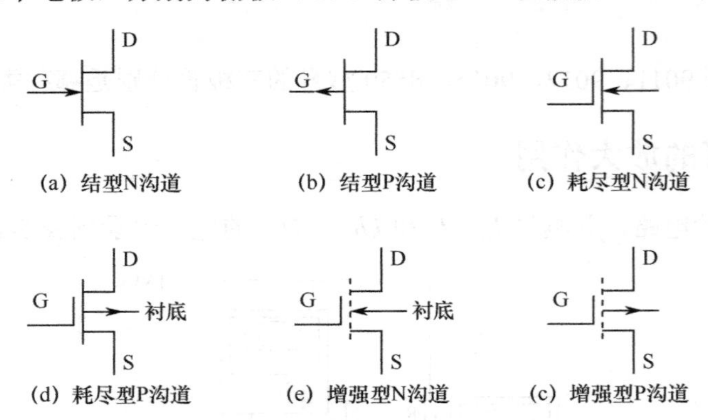

图 5-22　场效应管的电路符号

2. 认识集成电路

集成电路是将电子元件和导线集中制作在很小一块半导体芯片上，再将整个电路封装起来，成为一个整体。具有体积小、重量轻、成本低、可靠性高、组装和调试工作简化等优点。

常用的集成电路的外形如图 5-23 所示，集成电路的分类如表 5-3 所示。

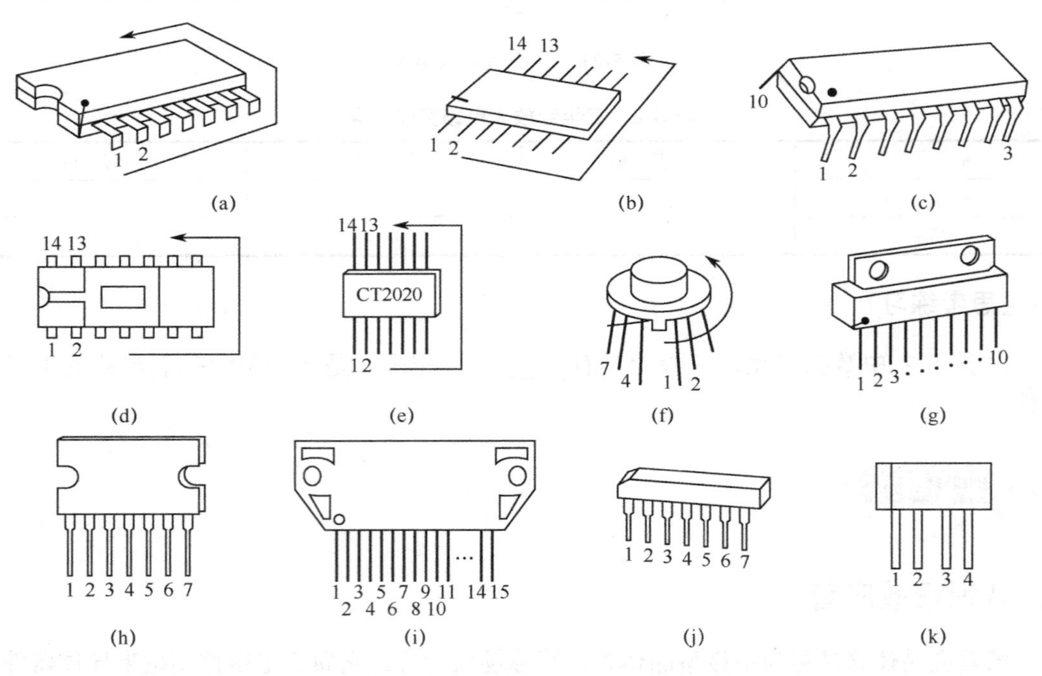

图 5-23　常用集成电路的外形

其中引脚的排列一般是从外壳顶部往下看，按逆时针方向数，往往有凹槽、管键、色标或色点标记。凹槽右端第一个引脚为集成电路的第一脚，管键右端为第一脚，色标或色点对着的为第一脚。

表 5-3　常用集成电路分类

分类依据	类　别	说　明
集成度	小规模集成电路	元件数在一百只以下，用 SSI 表示
	中规模集成电路	元件数在一百到一千之间，用 MSI 表示
	大规模集成电路	元件数在一千到数万之间，用 LSI 表示
	超大规模集成电路	元件数在十万以上，用 ULSI 表示
处理信号	模拟集成电路	可放大或连续变化的电流和电压信号
	数字集成电路	可放大或处理数字信号
制造工艺	半导体集成电路、薄膜集成电路、厚膜集成电路等	

国内集成电路命名方法如图 5-24 所示。

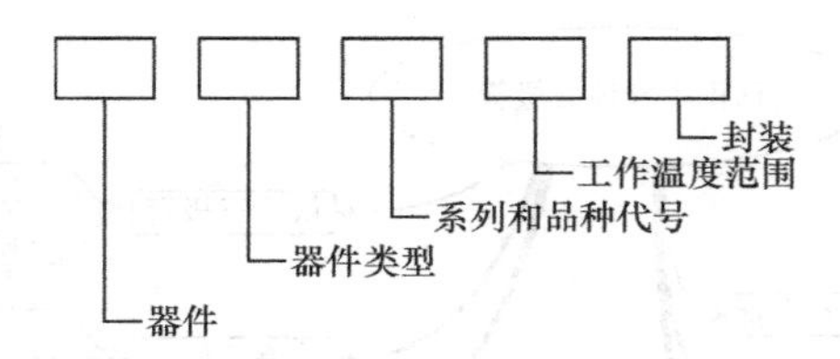

图 5-24　国内集成电路命名方法

『例』CM006CF 集成电路的含义如下。

C——中国制造。

M——代表器件的类型，M 为存储器，T 为 TTL，H 为 HTL，E 为 ECL，C 为 CMOS，F 为线性放大器，W 为稳压器，J 为接口电路。

006——代表器件系列和品种代号。

C——代表器件工作温度范围，C 为 0～70℃，E 为−40～85℃，R 为−55～85℃，M 为−55～125℃。

F——代表器件封装，F 为全密封扁平，W 为陶瓷扁平，B 为塑料扁平，D 为陶瓷直插，P 为塑料直插，K 为金属菱形，T 为金属圆形。

3. 国外三极管命名方法举例

1）美国三极管型号命名方法

JAN2N3251A 表示 PNP 硅高频小功率开关三极管，JAN—军级、2—三极管、N—EIA 注册标志、3251—EIA 登记顺序号、A—2N3251A 挡。

2）日本三极管型号命名方法

2SD898B 表示 NPN 低频小功率三极管，2—三极管、S—表示已在日本电子工业协会 JEIA 注册登记的半导体分立器件、D—NPN 型低频管、898—登记的顺序号、B—表示是原型号产品的改进产品。

3）国际三极管型号命名方法

BDX51 表示 NPN 硅低频大功率三极管，AF239S 表示 PNP 锗高频小功率三极管。

〖思考练习〗

（1）识别如图 5-25 所示的集成电路的引脚。

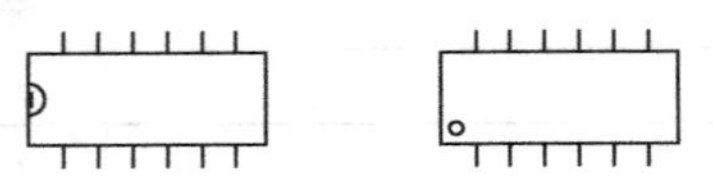

图 5-25　练习（1）图

（2）三极管 2SD553Y 代表什么意义？

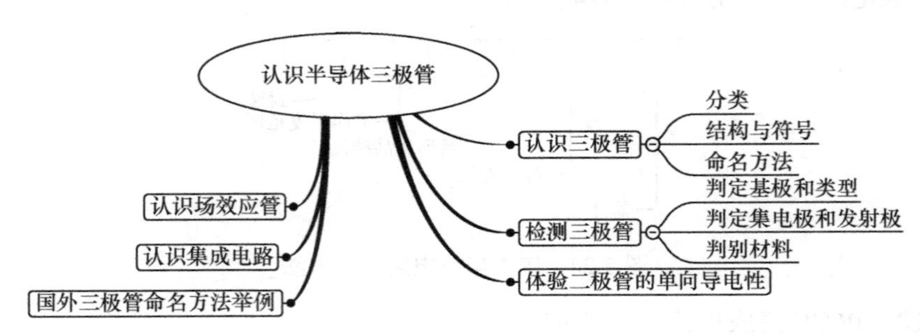

〖技术知识〗

（1）半导体三极管是一种__________控制器件。
（2）场效应管是一种__________控制器件。
（3）检测三极管选用__________挡。
（4）能否用两个二极管代替一个三极管？断了一个脚的三极管能否作为二极管？

〖实践操作〗

给出若干三极管，用万用表检测，按型号判断其好坏、管型、材料和引脚排列，并将结果填入表 5-4。

表 5-4　三极管检测记录表

型　号	好　坏	管　型	引脚排列	材　料
9011				
9012				
9015				
9018				
8550				

项目 6

整流、滤波及稳压电路

本项目将学习由整流二极管、电容、三端集成稳压器等元件组成的稳压电路。

完成本项目学习后，你应该能够：

（1）描述半波整流电路的工作原理，估算输出电压；

（2）描述桥式整流电路的工作原理，估算输出电压；

（3）描述电容滤波、电感滤波、复合滤波电路的特点；

（4）简述稳压电路的结构及其稳压过程；

（5）会阅读稳压电路原理图，并根据电路原理图搭建电路。

建议本项目安排 12～14 学时。

任务　搭建直流稳压电路

有套元件，包括变压器、桥式整流、电容、三端集成稳压器等。要求从中挑选出合适的元件，搭建出如图 6-1 所示的直流稳压电路。要求这个电路具有 5V 直流电压输出能力。

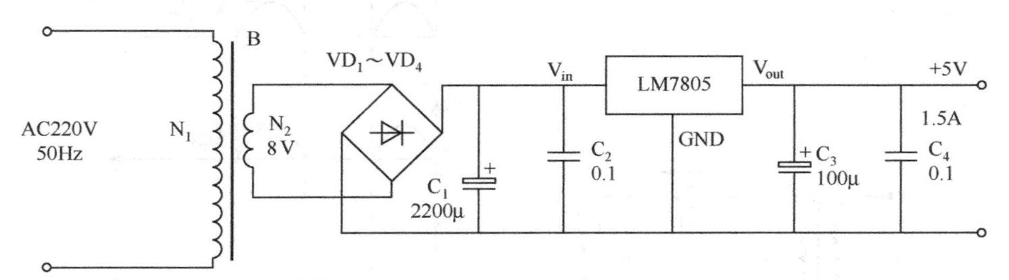

图 6-1　LM7805 直流稳压电路

为完成本项任务，首先需要认识用到的元件（包括整流二极管、桥式整流堆、电容、三端稳压器等），学习其工作原理与检测方法；然后学习整流、滤波、稳压电路的工作原理，

并根据任务要求，挑选参数合适的元件，搭建出实际电路。最后通过仪器测量电路有关参数，使之符合给定的性能要求。

任务实施

1. 初识直流稳压电源

直流稳压电源是一种将 220V 交流电转换成稳压输出的直流电压的装置，它需要变压、整流、滤波、稳压四个环节才能完成，如图 6-2 所示。

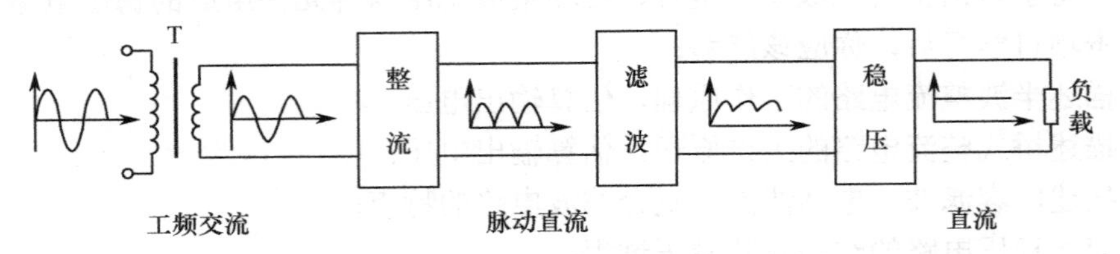

图 6-2　直流稳压电源的组成

下面分别学习整流、滤波、稳压电路的工作原理。

2. 认识半波整流电路

在电源变压器 T 二次侧两端串接一个整流二极管 VD 和一个负载电阻 R_L。T 用来变换整流电路所需要的交流电（升压或降压），VD 是利用其单向导电性来将交流电变成具有脉动成分的直流电，如图 6-3 所示。

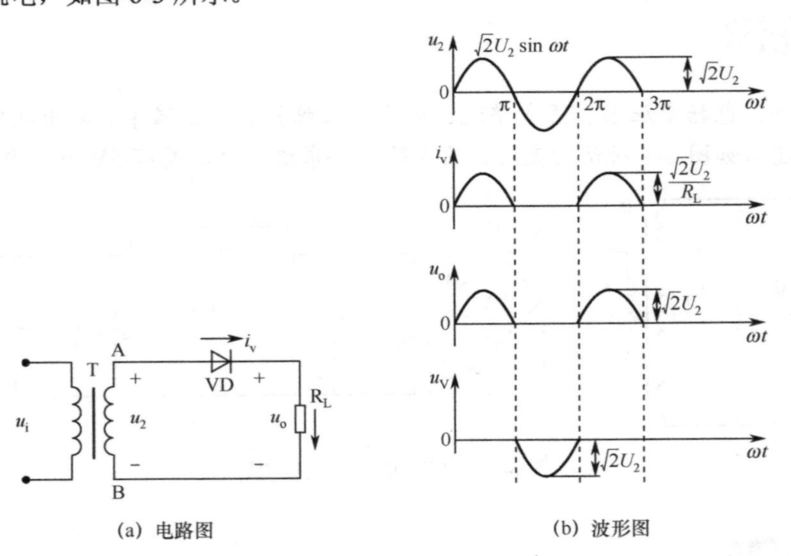

(a) 电路图　　(b) 波形图

图 6-3　半波整流电路

1）工作原理

当交流电压为正半周时，VD 正偏导通，电流流过 R_L；当交流电压为负半周时，VD

反偏截止，R_L没有电流流过，所以R_L上的电压只有交流电压半个周期的波形。当交流电压U_2进入下一个周期的正半周时，整流电路重复上述过程。

输出的脉动直流电压波形只有输入交流电压波形的一半，称为半波整流电路。

2）电路参数计算

按照上述分析，输出电压在一个工作周期内只有正半周导电，在负载上得到的是半个正弦波。

计算得到输出电压的平均值为：

$$U_o = U_L = \frac{\sqrt{2}}{\pi}U_2 \approx 0.45U_2$$

通过VD的平均电流I_D与流过R_L的电流I_L相等，其值为：

$$I_D = I_L = \frac{U_L}{R_L} \approx 0.45\frac{U_2}{R_L}$$

半波整流选用整流二极管时，必须满足以下条件。

最大整流电流：$I_{Dm} \geqslant I_D$。

最高反向工作电压：$U_{RM} \geqslant \sqrt{2}U_2$。

通过以上分析可知，半波整流电路结构简单，输出直流电压波动大，效率低。

〖思考练习〗

（1）如图6-3所示电路中，如果将二极管接反，则电路如何工作？

（2）按照如图6-3所示电路搭建出实际电路。通电后，用万用表测量电压U_2与U_o，然后根据半波整流电路公式计算U_o，验证测出的电压U_o与计算出的电压U_o是否相同。

3．认识桥式整流电路

桥式整流电路使用4个连接成电桥形式的整流二极管，如图6-4所示。

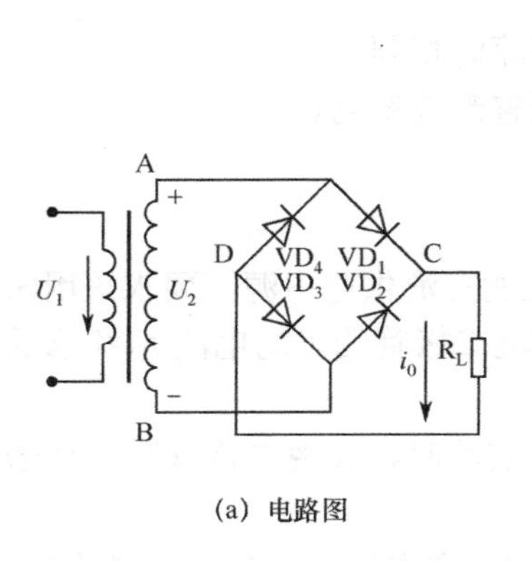

(a) 电路图

(b) 波形图

图6-4　桥式整流电路

在实际应用中，4 个整流二极管制作成一体，称为全桥整流堆，其结构如图 6-5 所示。

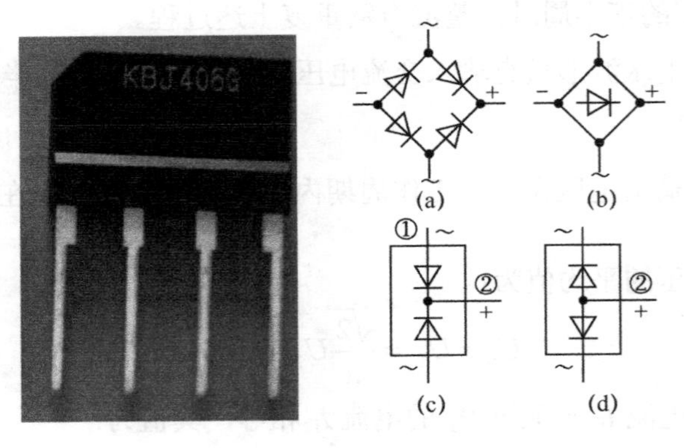

图 6-5　全桥整流堆

1）工作原理

经电源变压器变换成电源所需的交流电压 U_2 后，在 U_2 的正半周（0～π）时，VD_1、VD_3 正偏导通，VD_2、VD_4 反偏截止，电流由电源变压器二次侧上端 A 点经 VD_1、R_L、VD_3 回到二次侧下端 B 点，在负载 R_L 上得到一个半波整流电压；在 U_2 的负半周（π～2π）时，VD_1、VD_3 反偏截止，VD_2、VD_4 正偏导通，电流由电源变压器二次侧下端 B 点经 VD_2、R_L、VD_4 回到二次侧上端 A 点，在负载 R_L 上得到另一个半波整流电压。

这样在负载 R_L 上得到一个全波整流的电压波形，即比半波整流电路的效率提高了一倍。

2）电路参数计算

计算得到输出电压的平均值为：

$$U_o = U_L \approx 0.9U_2$$

负载电流的平均值 I_L 为：

$$I_L = \frac{U_L}{R_L} \approx 0.9\frac{U_2}{R_L}$$

由于整流电路中的两对二极管轮流导通，所以通过每只二极管的平均电流为负载电流的一半，即：

$$I_D = \frac{1}{2}I_L \approx 0.45\frac{U_2}{R_L}$$

桥式整流选用整流二极管的原则与半波整流时相同。

桥式整流电路输出信号脉动成分小，电源整流效率高。

〖思考练习〗

（1）某电路需要一个 2A 电流， 90V 电压的直流供电电源，要求采用桥式整流电路。试求变压器二次侧电压有效值 U_2，流过每只整流二极管的平均电流 I_D 和承受的最高反向电压 U_{RM}。

（2）某纯电阻负载桥式整流电路通电进行实验时，发现二极管马上被击穿，试分析击穿的原因。

（3）按照如图 6-3 所示电路搭建出实际电路。通电后，用万用表测量电压 U_2 与 U_o，然后根据桥式整流电路公式计算 U_o，验证测出的电压 U_o 与计算出的电压 U_o 是否相同。

4．认识滤波电路

整流电路是将交流电转换成直流电，但转换后得到的是具有脉动成分的直流电，这种不纯净的直流电中含有较多的交流成分，应该尽量滤去，而保留其直流成分，这就是滤波。完成滤波作用的电路称为滤波电路。滤波电路一般是由电容、电感、电阻等按照一定的要求连接组成。

1）电容滤波电路

电容滤波的原理是利用电容的充、放电作用，使输出电压趋于平滑（“通交隔直”）。

电容滤波要求电容量大，因此一般采用电解电容，在接线时要注意电解电容的正、负极。

如图 6-6 所示，当 U_2 为正半周且幅值大于电容 C 两端电压 U_C 时，VD_1、VD_3 正偏导通，VD_2、VD_4 反偏截止，电流一路流经负载电阻 R_L，另一路对 C 充电；当 $U_2<U_C$ 时，VD_1、VD_3 反偏截止，电容通过 R_L 放电，U_C 按指数规律缓慢下降。

当 U_2 为负半周且幅值变化到恰好大于 U_C 时，VD_2、VD_4 因加正向电压而导通，U_2 再次对 C 充电，U_C 上升到 U_2 的峰值后又开始下降；下降到一定数值时，VD_2、VD_4 变为截止，C 对 R_L 放电，U_C 按指数规律下降；放电到一定数值时，VD_1、VD_3 变为导通。每一个周期后将重复上述过程。

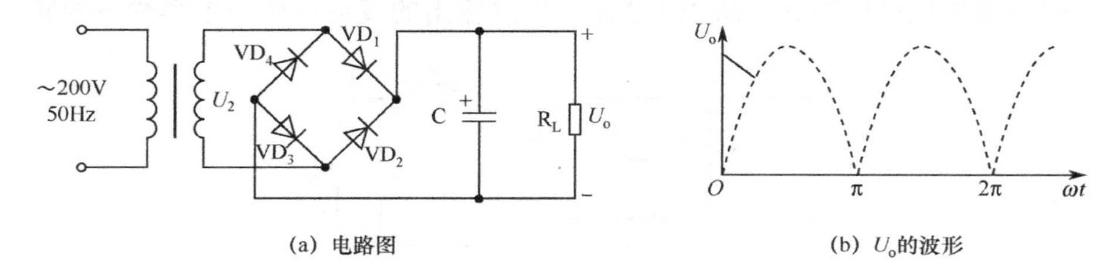

图 6-6　桥式整流电容滤波电路及稳态时的波形分析

R_L、C 为放电时间常数。因为 R_L 较大，放电时间常数远大于充电时间常数，因此滤波效果取决于放电时间常数。C、R_L 越大，滤波后输出电压越平滑，并且其平均值越大，如图 6-7 所示。

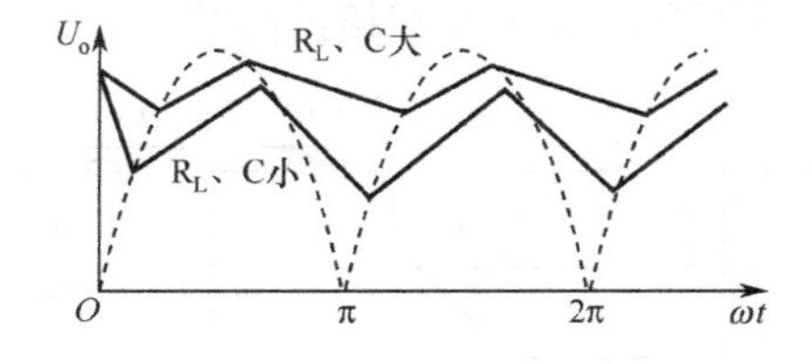

图 6-7　R_L、C 不同时 U_o 的波形

桥式整流电容滤波后，输出电压的平均值为 $U_o=1.2U_2$。

空载时，输出电压的平均值为 $U_o=1.4U_2$。

2）电感滤波电路

电容滤波电路的输出内阻较大，当 R_L 变化时，端电压也随之变化；另外，导电时冲击整流二极管电流较大，对其寿命有影响。在此情况下应采用电感滤波。

电感滤波的原理是利用电感线圈的电阻很小，而对交流阻抗很大的特点来实现滤波（“通直隔交”）的，如图 6-8 所示。

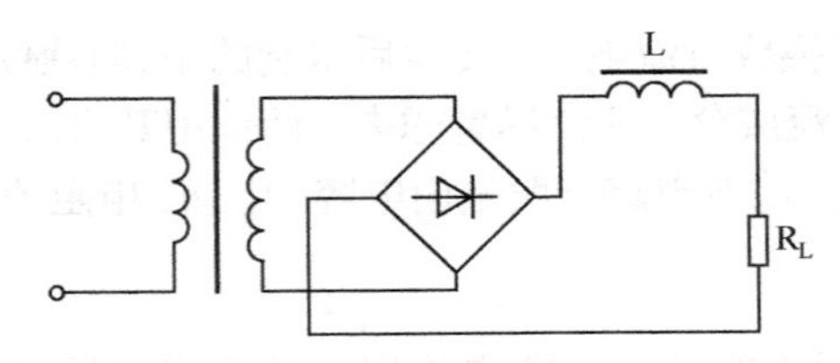

图 6-8　电感滤波电路

电感滤波要求电感线圈的电感量要足够大，所以一般需要采用铁芯线圈。

电感滤波电路的缺点：通常滤波系数只做到几十以下，要继续增大滤波系数会使电感体积、重量过大，价格过高，同时使直流电阻、压降及损耗增大，效率降低。

3）LC 滤波电路

LC 滤波电路由电感及电容组成，如图 6-9 所示。电感 L 的作用是限制交流电流成分，电容 C 的电容量很大，容抗比负载电阻小得多，形成一个并联的低阻抗，使大部分交流电流成分流过电容 C，而电容 C 两端的交流压降很小。由于电感线圈直流电阻小，在滤波电感上产生的直流电压可以不计，所以 LC 滤波电路输出的直流电压与电容滤波相同。

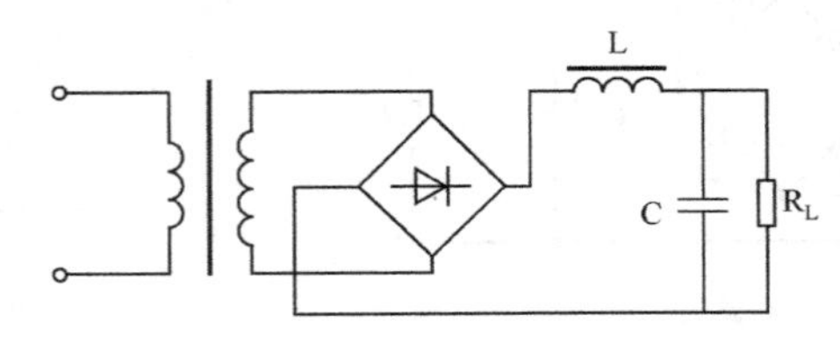

图 6-9　LC 滤波电路

4）π 形 LC 滤波电路

如图 6-10 所示为两节 π 形 LC 滤波电路。这种滤波电路能获得较大的滤波系数、较好的经济性和较高的效率。对于采用负反馈的稳压系统来说，滤波电路的节数越多，滤波电路所造成的相对系统稳定性越不利，故一般不超过两节。

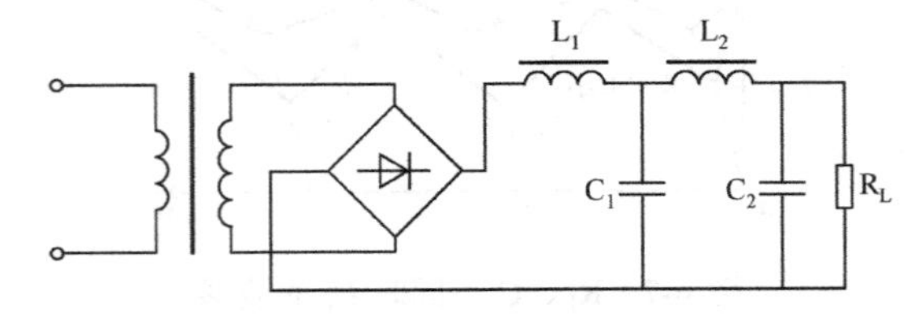

图 6-10　π 形 LC 滤波电路

〖思考练习〗

（1）某桥式整流电容滤波电路中，已知输出电压 U_o=12V，R_L=10Ω，电源频率为 50Hz。试计算：①变压器二次侧电压的有效值 U_2；②滤波电容的容量与耐压值。

（2）按照如图 6-6 所示电路搭建出实际电路。通电后，用示波器测出 U_2 与 U_o 的波形图并分析滤波电容在电路中的作用。

（3）电感滤波有何特点？电感滤波与电容滤波有何区别？

（4）某电子设备需要一台 12V、1A 的直流电源，试计算变压器二次侧电压的有效值 U_2。

（5）π 形 LC 滤波电路有哪些优、缺点？

5. 认识稳压电路

整流滤波电路的作用是把交流电转变为平滑的直流电，但是电网电压或负载电流发生波动时，整流滤波输出电压就会跟着变化，因此要加入稳压电路，以确保输出电压稳定。

稳压电路的作用：当电网电压发生波动或者负载发生变化时，输出电压不受影响。

一般的稳压电路是由稳压二极管或三端稳压器组成的。

1）稳压二极管及其工作原理

稳压管也是一种晶体二极管，它是利用 PN 结的击穿区具有稳定电压特性来工作的。把这种类型的二极管称为稳压管，以区别用在整流、滤波和其他单向导电场合的二极管。

稳压二极管在电路中常用“ZD”或“VD”加数字表示，如 ZD_2 表示编号为 2 的稳压二极管。稳压二极管的外形及电路符号如图 6-11 所示。

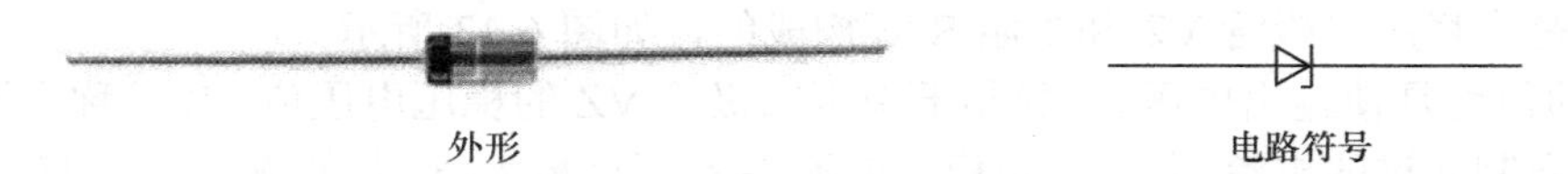

图 6-11 稳压二极管的外形及电路符号

稳压二极管的特点是击穿后，其两端的电压基本保持不变。这样，当把稳压二极管接入电路以后，若电源电压发生波动，或其他原因造成电路中电压变动时，负载两端的电压将基本保持不变。

如图 6-12 所示，当反向电压 U_Z 较小时，其反向电流 I_Z 很小；但当反向电压增加到 A 点时，反向电流 I_Z 开始增加，进入反向击穿区；此时反向电压若有微小增加，就会引起反向电流急剧增大，而电压几乎不变，以达到稳压的目的。

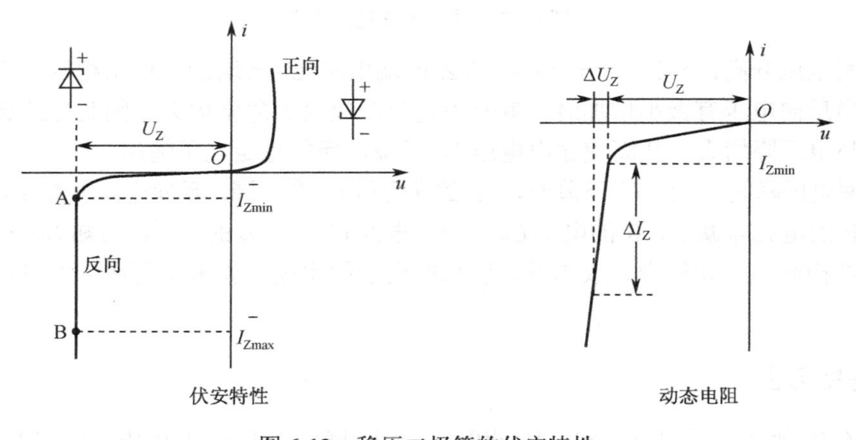

图 6-12 稳压二极管的伏安特性

2）稳压二极管性能参数

稳压二极管主要参数及说明如表 6-1 所示。常用稳压二极管的型号及稳压值如表 6-2 所示。

表 6-1 稳压二极管主要参数及说明

参数	说明
稳定电压 U_Z	稳压二极管通过额定电流时两端产生的反向击穿电压值
稳定电流 I_Z	稳压二极管产生稳定电压时通过该管的电流值
动态电阻 R_Z	稳压二极管两端电压变化与电流变化的比值 该值随工作电流的不同而改变，一般是工作电流越大，动态电阻则越小
额定功耗 P_Z	由芯片允许温升决定，其数值为稳定电压 U_Z 和允许最大电流 I_{zm} 的乘积
反向漏电流 I_R	指稳压二极管在规定的反向电压下产生的漏电流

表 6-2 常用稳压二极管的型号及稳压值

型　号	1N4728	1N4729	1N4730	1N4732	1N4733	1N4734
稳 压 值	3.3V	3.6 V	3.9 V	4.7 V	5.1 V	5.6 V
型　号	1N4735	1N4744	1N4750	1N4751	1N4761	
稳 压 值	6.2 V	15 V	27 V	30 V	75 V	

3）硅二极管稳压电路

电路是由稳压二极管 VZ 和电阻 R 等构成的，如图 6-13 所示。

VZ 的作用是使输出电压 U_o 受制于稳压二极管 VZ 的稳压电压值。R 又称为限流电阻，其作用是限制通过的电流，使 VZ 的稳定电流 I_Z 不超过最大值，并使输出电压 U_o 趋向稳定。

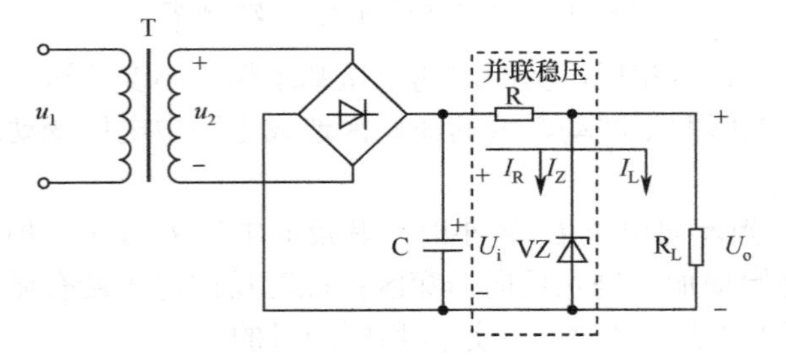

图 6-13 硅二极管稳压电路

当电网电压升高，导致 U_L 升高时，VZ 的端电压 U_Z 会增加，根据稳压二极管反向击穿特性，当反向电压有微小增加时，就会引起反向电流的急剧增大，因此导致通过限流电阻的电流与电压降增大，从而使输出电压 U_L 下降，保持稳定电压输出。

当电网电压降低，导致 U_L 下降时，VZ 的端电压 U_Z 会下降，反向电流 I_Z 减少，导致通过限流电阻 R 的电流 I_R 减少，R 的电压 U_R 下降，根据 $U_o=U_i-U_R$ 的关系，可知 U_o 下降受限制。

电路结构简单、元件少、成本低，但只能用于稳定电压要求不高而且不可调、稳定度差的场合。

〖思考练习〗

如图 6-14 所示，当 R=1.2kΩ，U_i=40V，R_L=1.8kΩ，VZ 为 2CW19，U_o=12V 时，试分

析当电网电压下降而负载不变时的稳压过程，并求出 I_R、I_Z 及流过 R_L 的电流。

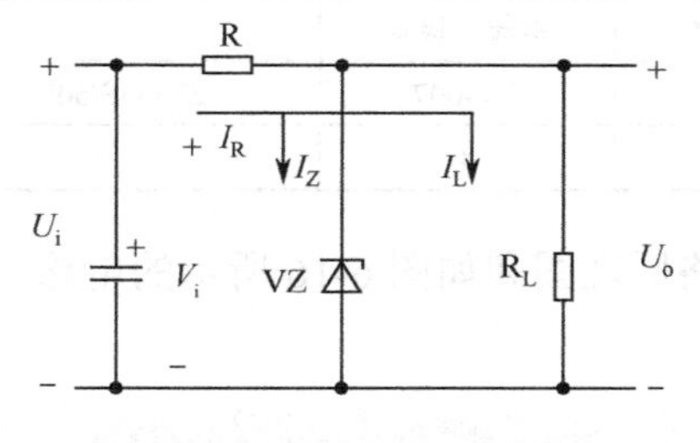

图 6-14　思考练习题图

6. 搭测稳压电源电路

1）认识三端集成稳压器

集成稳压器是将调整、放大、基准、取样等功能制作在一个集成电路里，该集成稳压器有三个引出端，即电源输入端、负载输出端和公共接地端，所以又称为三端集成稳压器。

常用的三端集成稳压器有 W78XX 和 W79XX 两个系列，W78XX 系列为正电压输出，W79XX 系列为负电压输出，XX 表示稳压器输出电压值。如 W7805 表示输出+5V 电压，W7905 表示输出−5V 电压，其外形与电路符号如图 6-15 所示。

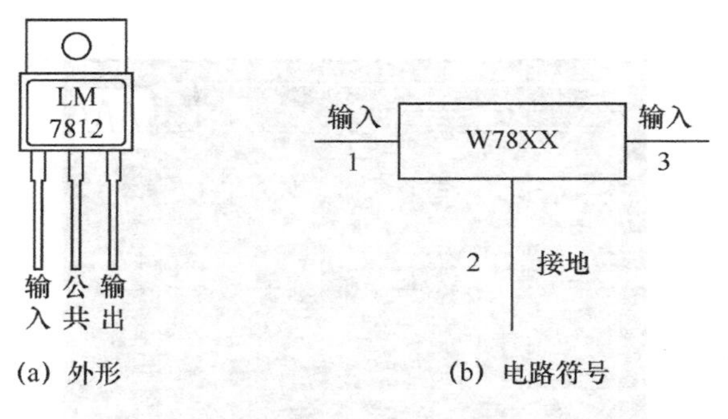

(a) 外形　　(b) 电路符号

图 6-15　三端集成稳压器外形及电路符号

2）认识电路原理

使用三端集成稳压器搭建的直流稳压电路如图 6-1 所示。

220V 的交流电压经过变压器降压后，得到 8V 的交流电压，经桥式整流后变为脉动直流电压，再经滤波电容 C_1、C_2 滤波后输入三端集成稳压器，经集成稳压的内部电路处理后，在输出端输出的就是所需要的 5V 直流电压，再经 C_3、C_4 滤波，进一步减小电流的脉动纹波，就可以供给负载使用了。

提示：因为大容量电解电容有一定的分布电感，易引起自激振荡，形成高频干扰，所以三端集成稳压器的输入、输出端常并入瓷介质小容量电容用来抵消电感效应，抑制高频干扰。

3）搭建电路

本电路选取的元件如表 6-3 所示。

表 6-3 元件清单表

元　件	三端集成稳压器	整流二极管	电容	变压器
标 称 值	LM7805	1N4007	2200μF/50V，100μF/50V，0.1μF	8V
数　量	1	4	4	1

参考如图 6-1 所示的电路原理图和如图 6-16 所示的电路实物图，使用万能板或 PCB 焊接电路。

图 6-16　电路实物图

4）测量输出电压和波形

用万用表和示波器测量焊好的电路板，检测有没有符合电路的参数要求，测试波形图如图 6-17 所示。

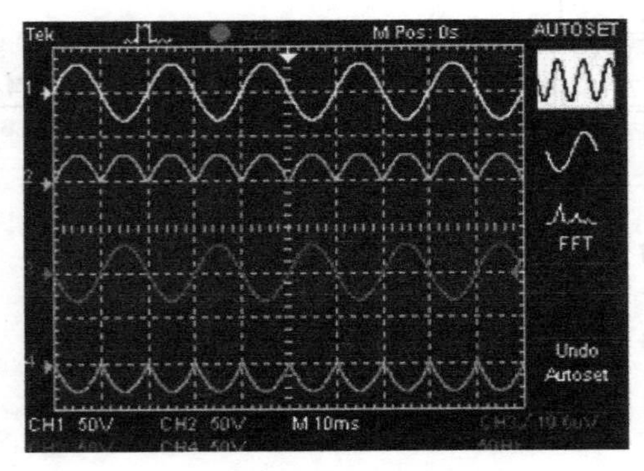

（a）桥式整流后的波形

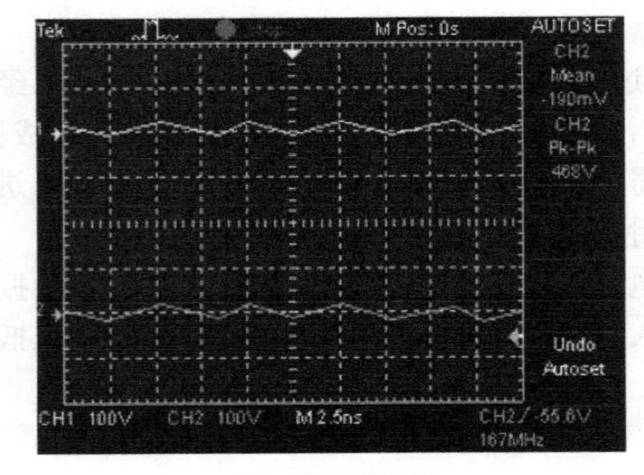

（b）滤波后的电压

图 6-17　测试波形图

认识三端可调式集成稳压器

三端可调式集成稳压器输出电压可调、稳压精度高、输出纹波小。只需外接两只不同的电阻即可获得各种输出电压。它分为三端可调正电压集成稳压器和三端可调负电压集成稳压器。

三端可调式集成稳压器引脚排列图如图 6-18 所示。除输入、输出端外，另一端称为调整端。

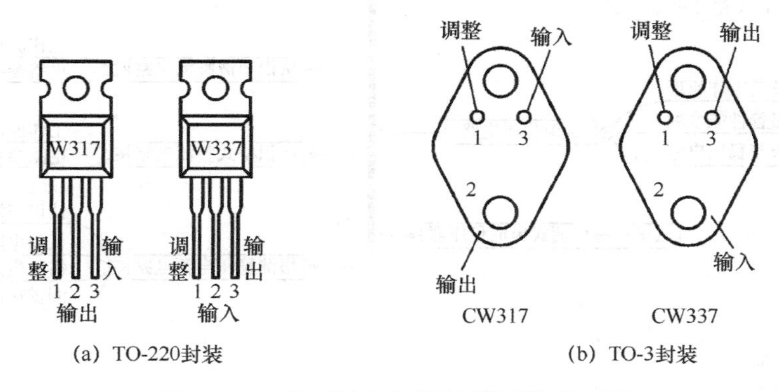

图 6-18　三端可调式集成稳压器引脚排列图

三端可调式集成稳压器基本应用电路如图 6-19 所示。

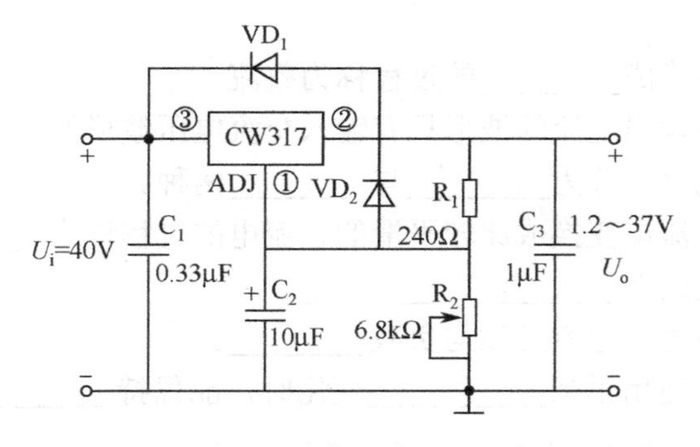

图 6-19　三端可调式集成稳压器基本应用电路

在该电路中，固定电阻 R_1 接在集成稳压器 CW317 输出端与调整端之间，可调电阻 R_2 串接于集成稳压器的调整端与接地之间，电路通过调节 R_2 的阻值使输出电压 U_o 在 1.2～37V 之间变化，电容 C_3 接在调整端与地之间，其作用是减小 R_2 两端脉动电压，在 R_2 较大时，效果比较明显，所以 C_3 一般取值为 10μF。电容 C_2 的取值为 1μF，其作用是防止输出端负载呈感性时有可能出现的阻尼振荡。滤波电容 C_1 的作用是抵消电路电感效应和滤除从输入端窜入的干扰信号，取值为 0.33μF。

〖思考练习〗

三端可调式集成稳压器 W317 系列输出________电压、W337 系列输出________电压。

学习总结

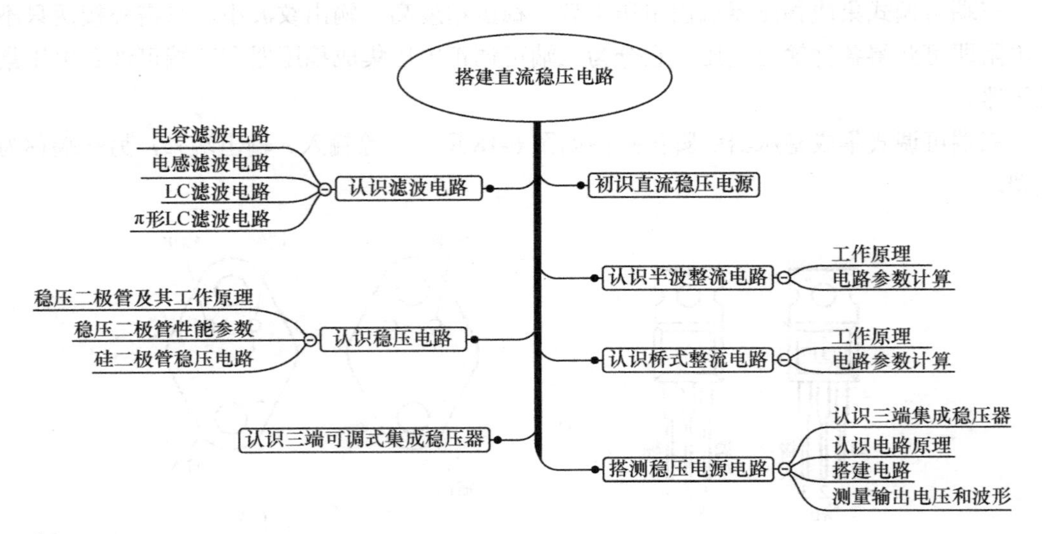

检测评价

〖技术知识〗

（1）将________变换成________的过程称为整流。

（2）________是指输出电流的波形只有输入交流电压波形的一半。

（3）常见的整流电路可分为________与________两种。

（4）把________直流电变换成比较平滑的直流电的过程称为________。

（5）常用的滤波电路有________、________。

（6）采用电容滤波时，电容必须与负载________。

（7）直流稳压电源适用于当__________变化时，能保持__________电压基本稳定的直流电源。

（8）在稳压二极管稳压电路中，稳压二极管必须与负载电阻________。

（9）三端固定式集成稳压器三个端分别是________端、________端和________端。

（10）三端固定式集成稳压器 W7805 是指输出电压为__________伏，W7906 是指输出电压为__________伏。

（11）半波整流电路中，如果电源变压器二次侧电压为 10V，则负载电压平均值是（　　）V。

A．10　　B．4.5　　C．9　　D．5

（12）在整流电路中起到整流作用的元件是（　　）。

A．电容　　B．电阻　　C．二极管　　D．三极管

（13）在电源变压器二次侧电压相同的情况下，桥式整流电路输出的电压只有半波整流电路的（　　）倍。

A．2　　B．0.45　　C．0.5　　D．3

（14）在桥式整流电路中，如果电源变压器二次侧电压为 10V，则负载电压为（　　）V。

A．4.5　　B．9　　C．8　　D．10

（15）稳压二极管工作在（　　）偏置状态。

A．正　　B．反　　C．正和反　　D．导通

（16）在如图 6-6 所示的桥式整流电容滤波电路中，U_2=20V，R_L=40Ω，C =1000 μF。

① 正常工作时输出 U_o 是多少伏？

② 如果电路中有一个二极管出现开路、接反，电路分别处于何种状态？是否会给电路带来什么危害？

项目 7

放大电路和集成运放

本项目将学习由三极管组成的放大电路，以及由集成运放组成的放大电路。

完成本项目的学习后，你应该能够：

（1）描述三极管的电流分配关系、放大原理及主要参数的含义；

（2）描述三极管的输入/输出特性，以及三极管的 3 种工作状态；

（3）描述集成运放的基本概念，以及 3 种输入方式、主要性能；

（4）会阅读半导体手册，选用、检测三极管及集成运放元件；

（5）描述单管放大电路的电路组成，分析其放大原理；

（6）描述静态工作点的基本含义，会使用万用表测量静态工作点；

（7）会阅读放大电路的电路原理图，并根据电路原理图搭建电路；

（8）会使用仪器测量放大电路的电位、波形、放大倍数等参数。

建议本项目安排 16～18 学时。

任务 1　搭建三极管单管放大电路

有套元件，包括 1 个 6V 直流电源，以及三极管、电阻、电位器、电容等。要求从中挑选出合适的元件，搭建出如图 7-1 所示的放大电路。这个电路具有电压放大能力，可以将微弱的电信号放大。

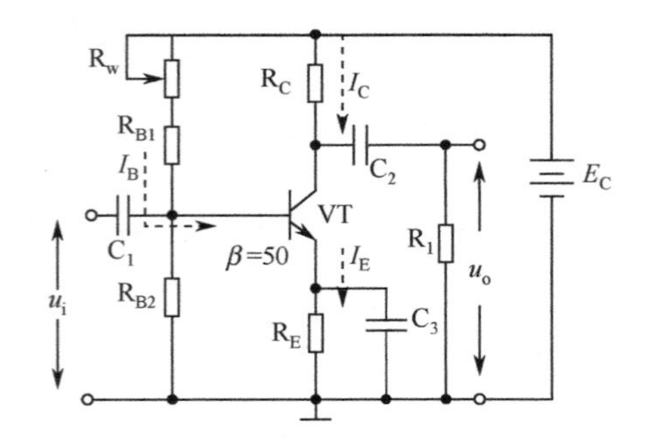

图 7-1　分压式偏置放大电路

前面已经学习了电阻、电位器、电容、三极管的相关知识和检测方法，还学习了常用电子仪器的基本使用方法。这里重点学习三极管放大电路的工作原理，然后根据任务要求，挑选参数合适的元件，搭建出实际电路。最后通过仪器测量放大电路的关键参数和波形，使之符合给定的性能要求。

1. 认识三极管的放大作用

1）三极管各极电流分配关系

如图 7-2 所示。无论是 NPN 型三极管组成的放大器，还是 PNP 型三极管组成的放大器，发射极电流都等于集电极电流与基极电流之和，即：

$$I_E = I_C + I_B$$

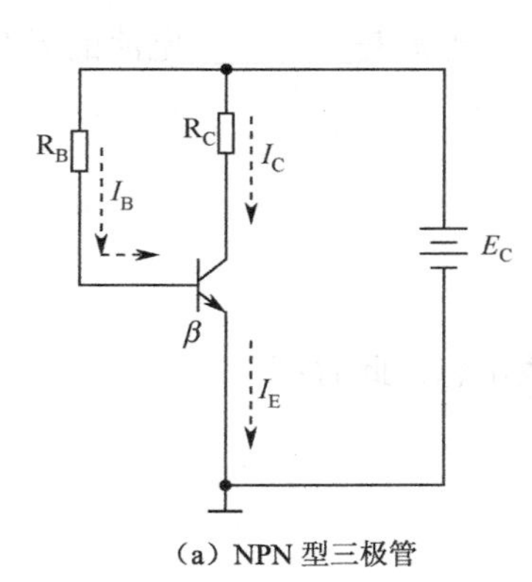

（a）NPN 型三极管

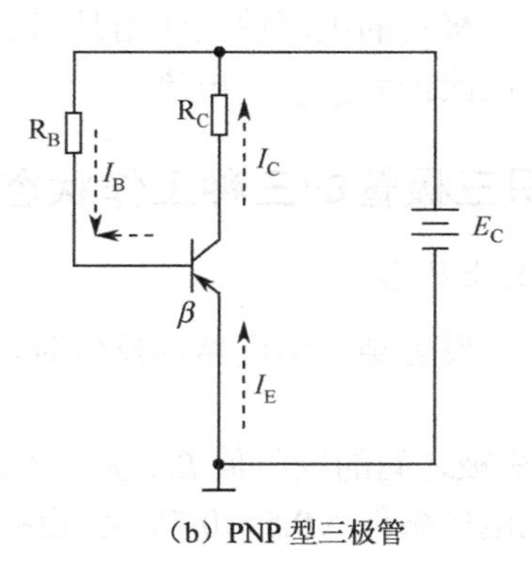

（b）PNP 型三极管

图 7-2　三极管的电流分配

由于基极电流 I_B 很小，因而

$$I_E \approx I_C$$

2）三极管的电流放大作用

实验表明：

$$\overline{\beta} = \frac{I_C}{I_B}$$

式中，$\overline{\beta}$ 称为共发射极直流电流放大系数。

将基极 B 与发射极 E 看作信号输入端，集电极 C 和发射极 E 看作信号输出端，输出电流与输入电流之比就是共发射极直流电流放大系数。

$$\beta = \frac{\Delta I_C}{\Delta I_B}$$

式中，β 称为共发射极交流电流放大系数。它是输出电流的变化量 ΔI_C 与输入电流的变化量 ΔI_B 之比。

〖思考练习〗

（1）用万用表测得放大电路中某三极管两个电极的电流值如图 7-3 所示。

① 判断是 PNP 管还是 NPN 管？

② 求另一个电极的电流大小，在图上标出实际方向。

③ 在图上标出管子的 E、B、C 极。

④ 估算管子的 β 值。

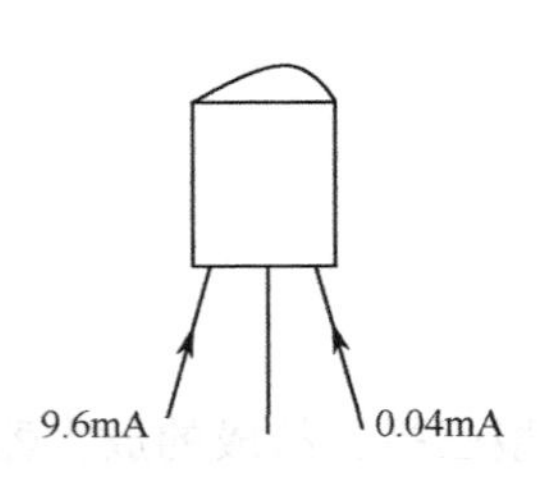

图 7-3　练习（1）图

（2）三极管的电流放大作用是指三极管的________电流是________电流的 β 倍，即利用______电流控制______电流。

2. 认识三极管的三种工作状态

1）截止状态

三极管发射结、集电结都反偏时，三极管处于截止态，此时：

$$I_B=0，I_C\approx 0$$

C、E 极之间的电阻值 R_{CE} 无穷大。

截止电压条件（0.5～0.7V 为死区电压）如下。

① NPN 型硅管：$U_{BE}=U_B-U_E<0.5\sim0.7V$，$U_{CE}\approx E_C$。

② PNP 型硅管：$U_{EB}=U_E-U_B<0.5\sim0.7V$，$U_{EC}\approx E_C$。

2）放大状态

当三极管发射结正偏、集电结反偏时，三极管处于放大态。此时，三极管的基极电流 I_B 控制 I_C 和 I_E 的变化，$I_C\approx\beta I_B$。

当 I_B 增大很小时，控制 I_C 成倍增大。如果此时在基极加上一个小信号电流，将引起集电极大的信号电流输出。

C、E 极之间的电阻 R_{CE} 与 I_B 成反比。

3）饱和状态

当三极管发射结、集电结均正偏时，三极管处于饱和态。

当三极管的基极电流 I_B 增大到一定程度时，I_C 也不会增大，超出了放大区，进入饱和区。I_B不再控制集电结电流I_C和发射极电流I_E。三极管没有放大作用，I_C最大。

饱和时集电极和发射极之间的电阻值R_{CE}最小，C、E 极之间电压很小，相当于通路。

4）三种状态的总结（见表 7-1）。

表 7-1　NPN 硅管三种状态的特点总结

工作状态		截止	放大	饱和
条件		I_B=0（U_{BE}<0.5V）	$0<I_B<I_C/\beta$	
工作特点	结状态	两个结均反偏	发射结正偏，集电结反偏	两个结均正偏
	集电极电流	$I_C\approx 0$	$I_C\approx\beta I_B$	$I_C\approx E_C/R_C$
	C、E 极之间的管压降	$U_{CE}\approx E_C$	$U_{CE}=E_C-I_C R_C$	$U_{CE}\approx$0.3V
	C、E 极之间的等效电阻	R_{CE}很大，相当于开关断开	可变	很小，约为几百欧，相当于开关闭合

5）电流、电压测量方法

NPN 型硅三极管电流I_B、I_C测量如图 7-4（a）所示，电压U_{BE}、U_{CE}的测量如图 7-4（b）所示。

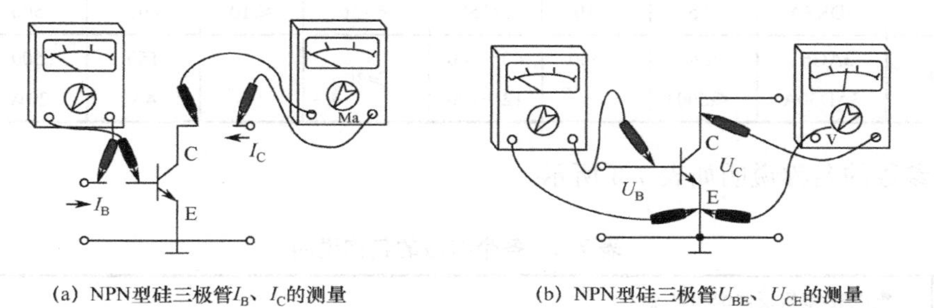

(a) NPN型硅三极管I_B、I_C的测量　　(b) NPN型硅三极管U_{BE}、U_{CE}的测量

图 7-4　三极管的静态电流、电压的测量

PNP 型三极管测量时只需将万用表的红、黑表笔对调即可。

〖思考练习〗

（1）三极管工作在放大区，要求（　　）。

A．发射结正偏，集电结正偏　　B．发射结正偏，集电结反偏

C．发射结反偏，集电结正偏　　D．发射结反偏，集电结反偏

（2）在放大电路中，场效应管应工作在漏极特性的（　　）区域。

A．可变线性区　B．截止区　C．饱和区　D．击穿区

（3）某 NPN 型三极管三极电位分别为V_C=3.3V、V_E=3V、V_B=3.7V，则该管工作在（　　）。

A．饱和区　B．截止区　C．放大区　D．击穿区

（4）如图 7-5 所示的三极管各处于什么工作状态？

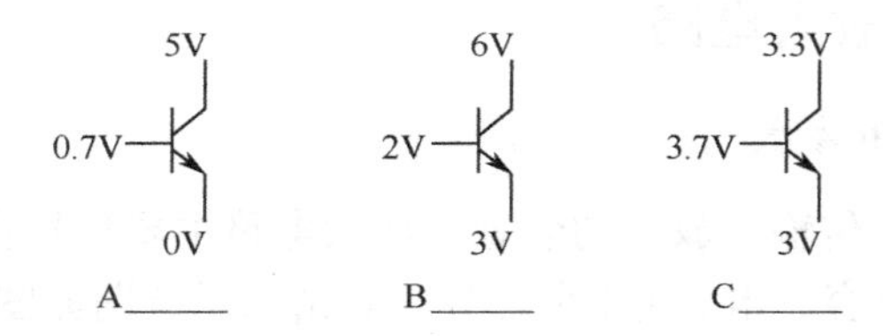

图 7-5　练习（4）图

3. 认识三极管器件参数

三极管的类型很多，可以从器件手册上查找到所需要的型号、主要参数、器件外形等。表 7-2 为几种典型三极管的主要参数。

表 7-2 几种典型三极管的主要参数

类型	型号	直流参数			高频参数		极限参数		
		I_{CBO}（μA）	I_{CEO}（μA）	h_{FE}	f_T（MHz）	C_{ob}（pF）	I_{CM}（mA）	P_{CM}（mW）	$U_{(BR)CEO}$（V）
低频小功率管	3AX51A	≤12	≤500	10～150			100	100	12
	3BX81A	≤30	≤1000	40～270			200	200	10
高频小功率管	3AG54A	≤5	≤300	30～200	≥30	≤5	30	100	15
	3DG120A	≤0.01	≤0.01	≥30	≥150	≤6	700	500	
开关管	3DK22B		≤0.5	25～180	≥100			150	≥20
	3DK3A	≤5	≤10	≥150	≥150	≤10	600	500	≥10
中大功率管	3AG61	≤70	≤500	40～300	≥30		150	500	≥20
	3AD30A	≤500		12～100			4A	20W	12

各个参数的名称说明如表 7-3 所示。

表 7-3 各个参数的名称说明

参数	名称说明
I_{CBO}	集电极-基极反向饱和电流
I_{CEO}	集电极-发射极反向饱和电流（也称为穿透电流）
h_{FE}	交流电流放大倍数（通常也写成 β）
f_{T}	共发射极特征频率
I_{CM}	集电极最大允许电流
P_{CM}	集电极最大允许耗散功率
$U_{(BR)CEO}$	集电极-发射极反向击穿电压

〖思考练习〗

（1）3AX51A 是（锗，硅）管；3DG120A 是（锗，硅）管；以上两管中，高频管是________，低频管是________。

（2）P_{CM} 称为________，f_T称为________，I_{CEO} 称为________。

4. 认识分压式偏置放大电路

1）放大电路的概念和参数

放大电路是实现信号传输、放大的装置。放大电路主要包括直流电源、放大器件、偏置电路和耦合元件（如电容、电感）4 个部分，其结构示意图如图 7-6 所示。

描述放大电路状态的参数有电压、放大倍数、通频带等，其定义、计算式与单位见

表 7-4 和图 7-7。

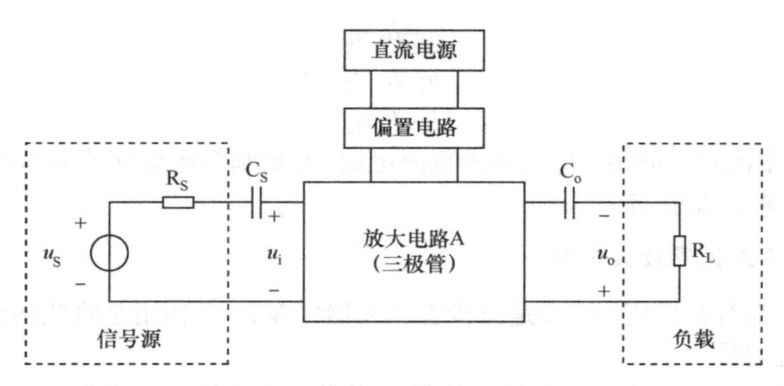

图 7-6　放大电路结构示意图

表 7-4　放大电路的参数

名　　称	公　　式	单　　位	意　　义
电压放大倍数	$A_u=\frac{输出电压}{输入电压}=\frac{u_o}{u_i}$	无单位	描述放大器放大能力的一项技术指标
电压增益	$G_U=20\lg A_u$	分贝（dB）	工程中常用对数形式来表示电压放大倍数
通频带	$f_{bw}=f_H-f_L$	赫兹（Hz）	f_L 是下限截止频率，f_H 是上限截止频率。通频带是描述放大器的频率指标

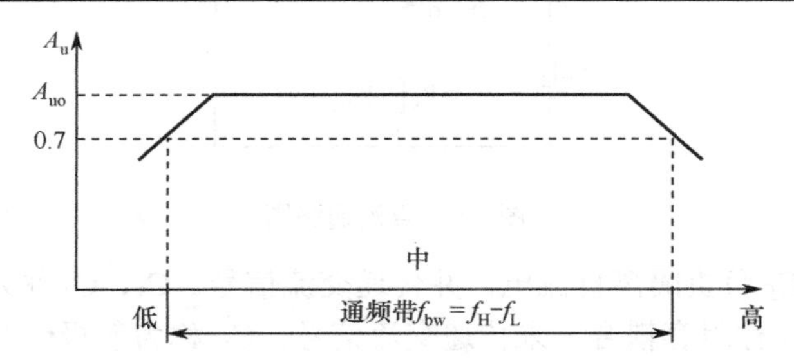

图 7-7　放大电路的频率指标

2）放大电路的结构与工作原理

分压式偏置放大电路如图 7-8 所示。

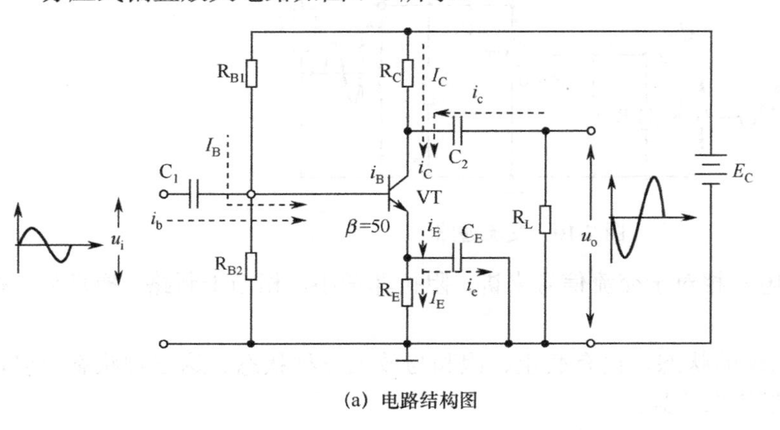

（a）电路结构图

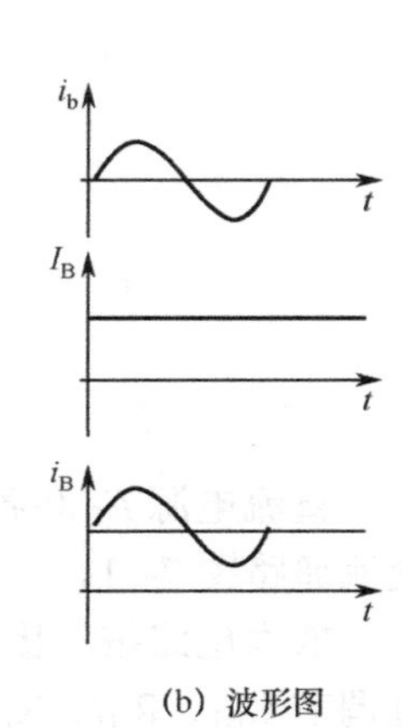

（b）波形图

图 7-8　分压式偏置放大电路

各电流关系满足：

$$i_B=I_B+i_b$$
$$i_C=I_C+i_c$$
$$i_E=I_E+i_e$$

式中，i_B 是基极电流总瞬时值，I_B 是基极直流电流，i_b 是基极电流交流分量瞬时值。下标 C、E 分别表示集电极、发射极。

3）识读分压式偏置放大电路

电路各元件都有其作用，核心是三极管放大器件 VT，其作用是将微弱的电流信号转换为比较大的电流信号。

为了实现放大，必须给放大器提供能量。提供电能的常用装置是稳压直流电源，或电池 E_C。基极电阻 R_{B1}、R_{B2} 和集电极电阻 R_C 使 VT 各极获得合适的电流或者电压，使之处于放大状态。R_{B1}、R_{B2}、R_C 也称为放大电路的偏置电阻。

电容相对于直流信号来讲，容抗非常大，相当于断路。直流通路如图 7-9 所示。

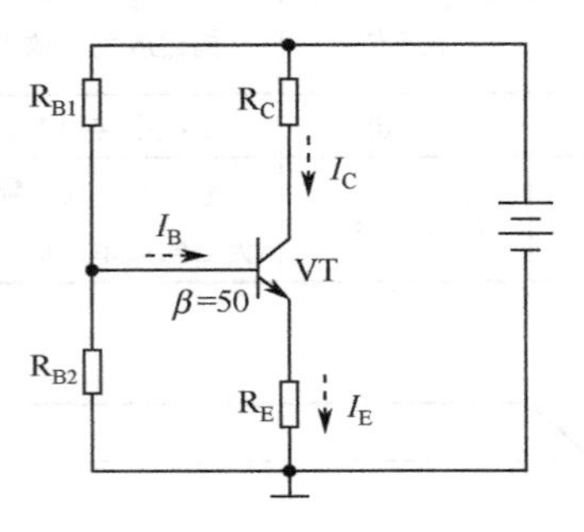

图 7-9　直流通路图

电容 C_1、C_2、C_E 负责隔离直流电，并传递交流信号。C_1、C_2 称为耦合电容，通过电阻电容耦合方式（简称阻容耦合）来传递交流信号；C_E 称为射极旁路电容。交流通路如图 7-10 所示。

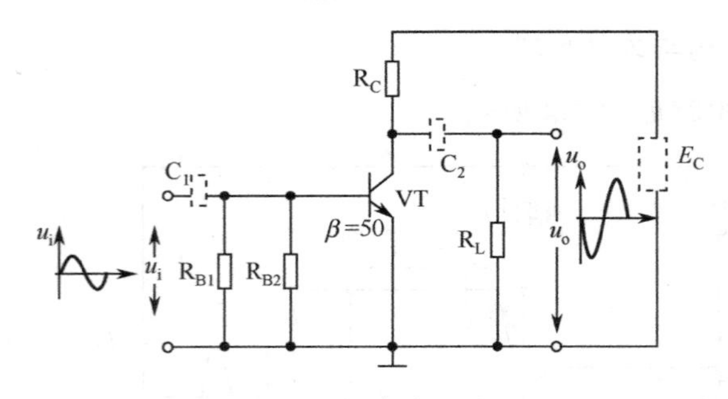

图 7-10　交流通路

直流电源 E_C 和各个电容相对于交流信号来讲，阻抗非常小，相当于断路。整理后，得交流通路图 7-11。

放大电路按三极管出现的状态，也有截止、饱和与放大三种状态。这三种状态可以通过调节 R_{B1}、R_{B1}、R_E 的阻值来达到。

另外，起耦合作用的元件与方式除了电容外，还有变压器耦合式和直接耦合式。

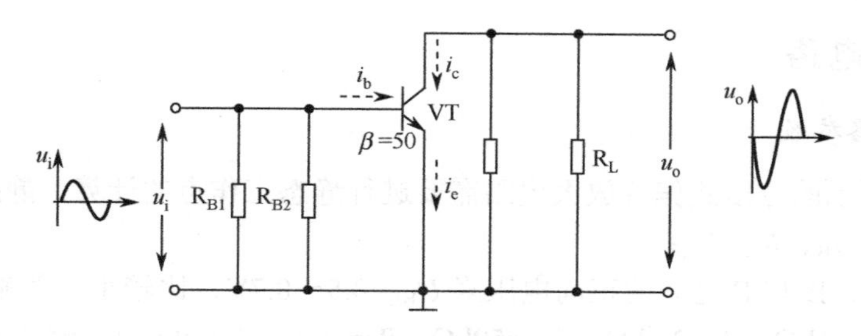

图 7-11　整理后的交流通路

放大电路的实质是输入较小的能量去控制较大能量转换的一种能量装换装置，即以小控大。放大的前提是信号在传递和放大的过程中不失真。

4）放大电路的三种基本形式

在实际的放大电路中有共发射极连接（如图 7-12（a）所示），还有共基极连接（如图 7-12（b）所示），以及共集电极连接（如图 7-12（c）所示）。

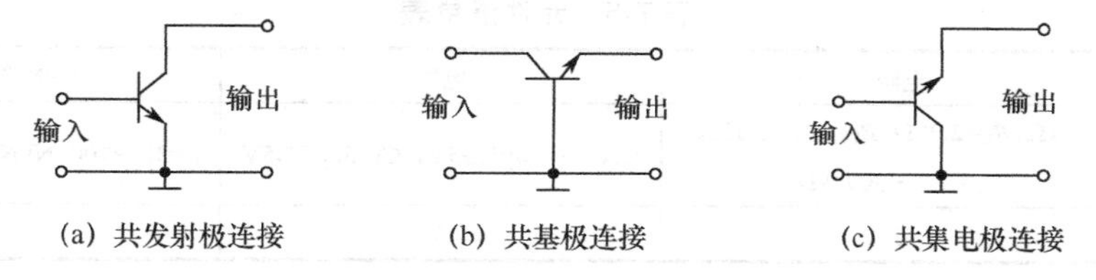

图 7-12　放大电路的三种形式

〖思考练习〗

（1）放大电路是实现信号传输、______的装置。放大电路主要包括直流电源、______、偏置电路和耦合元件四个部分，核心是________。

（2）R_{B1}、R_{B2}、R_C 也称为偏置电路的________，C_1、C_2 称为________电容。起耦合作用的元件与方式除了电容外，还有________耦合式和直接耦合式。

（3）放大电路有三种形式，共________极、共基极、共集电极。

（4）已知输入电压 u_i 是 10mV，输出电压 u_o 是 1.5V，问电压放大倍数 A_u 是多少？

（5）已知电压放大倍数 A_u 是 50，输出电压 u_o 是 2.5V，问输入电压 u_i 是多少？

（6）已知电压放大倍数 A_u 是 100，问电压增益 G_u 是多少？

（7）试试能否画出如图 7-13 所示的直流通路。

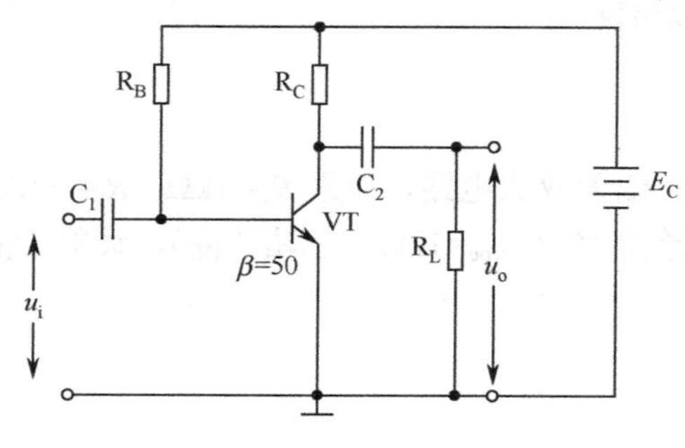

图 7-13　练习（7）图

5．搭建放大电路

1）估算电路参数

如图 7-1 所示的分压式偏置放大电路需要进行静态工作点的计算。静态工作点的技术参数包括：U_{BE}、I_B、I_C、U_{CE}。

放大状态时，B 与 E 之间的正向电压降 U_{BE}=0.5～0.7V，比较小，忽略不计。

选择电阻 R_E=1kΩ，R_C=2.2kΩ，R_{B1}=50kΩ，R_w=（0～50）kΩ，R_{B2}=5.1kΩ，选择 β=30～100 的 NPN 型硅三极管 8050。

估算结果，U_B≈3.05V，U_E=2.75V，I_E=2.75mA，I_B≈55μA，A_u=100。

初步估计晶体管可以在放大状态下工作。如果有偏差，可以调节 R_W 的阻值进行微调。

2）搭建电路

本电路选取的元件如表 7-5 所示。

表 7-5　元件清单表

元　件	电阻	电容	NPN 型三极管
标 称 值	R_E=1kΩ，R_C=2.2kΩ，R_{B1}、R_{B2}=5.1kΩ，R_w=（0～50）kΩ	C_1、C_2=10μF/35V，C_3=50μF/35V	β=30～100，NPN 型硅三极管 8050
数　量	5	3	1

根据图 7-1，参考图 7-14 插放元件，注意三极管、电容的极性。参考图 7-15 在 PCB 上焊接。

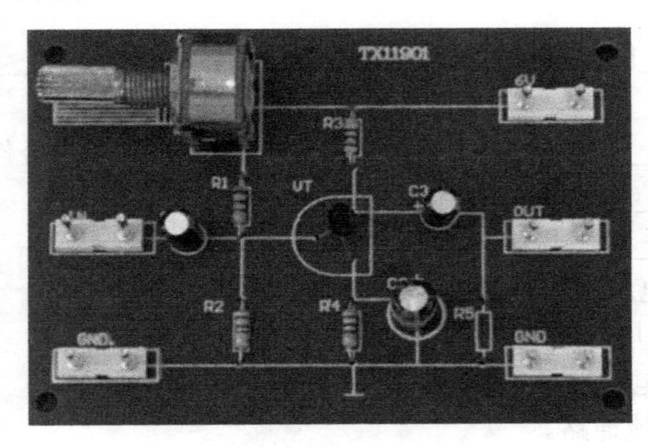

图 7-14　电路板

图 7-15　PCB 图

〖思考练习〗

如图 7-1 所示的分压式偏置放大电路，如果 R_E=1kΩ，R_C=2.0kΩ，R_{B1}=10kΩ，R_w=1kΩ，R_{B2}=5.1kΩ，E_C=10V（选择 β=100，r_{be}=1kΩ，忽略 U_{BE}），计算 U_B、U_E、I_C、I_B、U_{CE} 和 A_u 的值。

6．测调放大电路

按照如图 7-16 所示连接电路板和稳压电源。

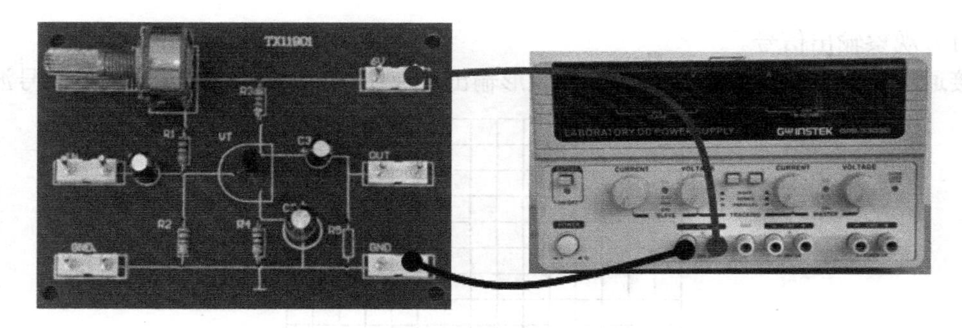

图 7-16　稳压电源与放大电路的连接

1）静态调试、测量

测量电路的直流电流和直流电压，把测量的数据填入表 7-6。

表 7-6　测量结果

测 量 项 目	U_B	U_E	I_E	U_{BE}	U_C	U_{CE}	U_{RC}	I_C
实 测 值								
根据测量值计算	$I_E=\frac{U_E}{R_E}=$______				$I_C=\frac{U_{RC}}{R_C}=$______			
判断晶体管状态	截止（是、否），放大（是、否），饱和（是、否）							

一般当 R_E=1kΩ 时，0<U_{BE}<0.7V，根据计算，U_E 应该接近 2V，如果出现偏差，可以调节 R_w。

2）动态调试、测量

按照图 7-17 和表 7-7 的说明，连接电路板和测量仪器。

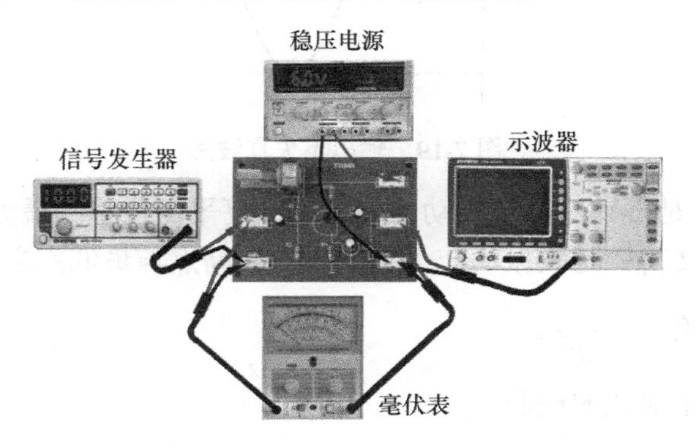

图 7-17　测量连线图

表 7-7　连线位置说明

仪　　器	稳压电源	信号发生器	示波器	毫伏表
连 接 位 置	$+E_C$～GND	输入端	输出端	输入端、输出端
参数选择或作用	+6V	1kHz，幅度一定（如 10mV），以输出波形不失真为准	以观察到输出端有输出信号波形为准	检测输入、输出端的信号有效值 u_i 和 u_o

（1）观察输出信号。

接通所有仪器电源，输出端有信号波形输出，在图 7-18 中描画输入、输出信号波形。

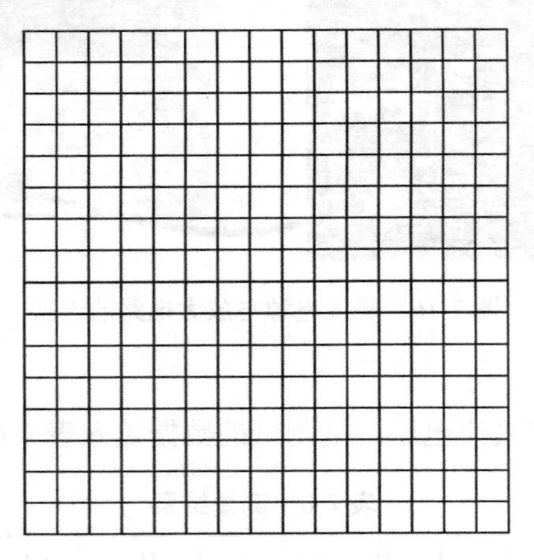

图 7-18　输入、输出信号波形

（2）调试最大不失真输出波形。

配合调节 R_w 和信号发生器的输入信号波形的幅度，确定输出信号波形为最大不失真信号，如图 7-19 所示。此时，输出波形的 U_{p-p} 达到最大。

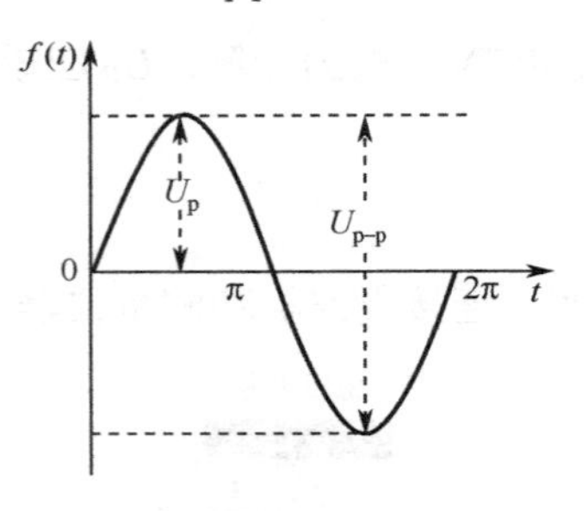

图 7-19　输出不失真波形

正弦波峰值 U_p：是振动过程中振动的物理量偏离平衡位置的最大值。

正弦波的峰峰值 U_{p-p}：是波振动一个周期内的最高点与最低点之间的差值。

有效值 U：一般有 $U=\frac{U_p}{\sqrt{2}}$。

按表 7-8 完成各个参数的检测。

表 7-8　测量结果

	u_i（有效值）	u_o（有效值）	U_{p-p}（峰-峰值）
检测的仪器	毫伏表		示波器
检测值记录			
计　算	$A_u=\frac{输出电压}{输入电压}=\frac{u_o}{u_i}=$		
结　论	电路（是、否）具有放大作用		

（3）两种失真波形的观察。

在最大不失真输出波形的状态下，保持信号发生器所有旋钮不变。顺时针或逆时针旋转 R_w 直到尽头，观察输入与输出失真波形，并将波形描画在图 7-20 中。

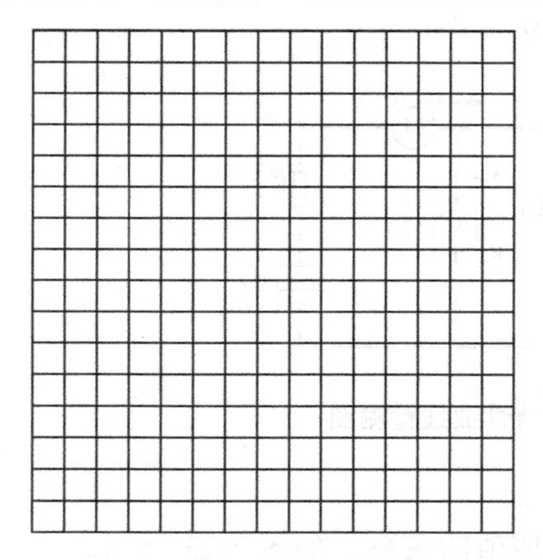

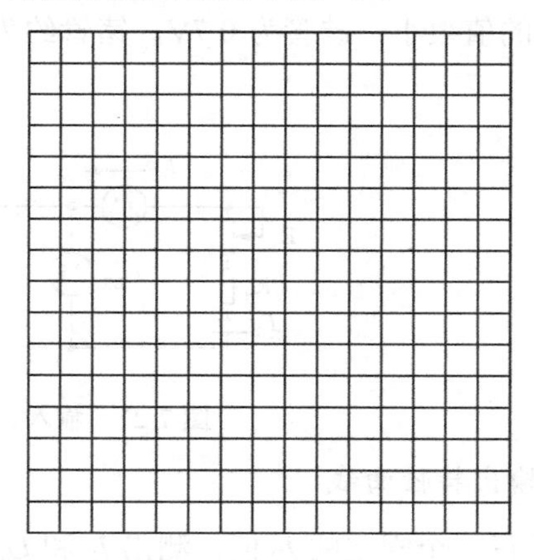

图 7-20　输入、输出失真波形

此时，测量三极管的静态电压 U_{BE}，判断三极管处于什么状态，填入表 7-9 中。

表 7-9　两种失真波形

仪器状态		静态检测	波形（看描画的图 7-20）
信号发生器旋钮不变	顺时针旋转 R_w 至尽头	U_{BE}=三极管状态是（放大，截止，饱和）	输出波形（上，下）半周失真
	逆时针旋转 R_w 至尽头	U_{BE}=三极管状态是（放大，截止，饱和）	输出波形（上，下）半周失真

〖**思考练习**〗

（1）如果三极管不能获得适当的静态电压，那么三极管放大电路的输出信号会出现________。

（2）如果单管放大电路输出波形的上半波出现失真，此时三极管处于（截止，饱和）状态。

（3）如果单管放大电路输出波形的下半波出现失真，此时三极管处于（截止，饱和）状态。

1. 认识三极管特性曲线

三极管特性曲线是反映三极管各电极电压和电流之间相互关系的曲线，是用来描述晶体三极管工作的特性曲线，常用的特性曲线有输入特性曲线和输出特性曲线。

用如图 7-21 所示的共发射极电路来分析三极管的特性曲线。

1）输入特性曲线

该曲线表示当 E 极与 C 极之间的电压 U_{EC} 保持不变时，输入电流（即基极电流 I_B）和输入电压（即基极与发射极之间的电压 U_{BE}）之间的关系曲线，如图 7-22 所示。

从曲线中可看到，三极管的输入特性曲线与二极管的正向伏安特性曲线相似。U_{BE} 大于发射结死区电压时，I_B 开始导通。导通后的输入电压称为发射结正向电压或导通电压值。

U_{BE} 的值很小，硅管为 0.7V，锗管约为 0.3V。

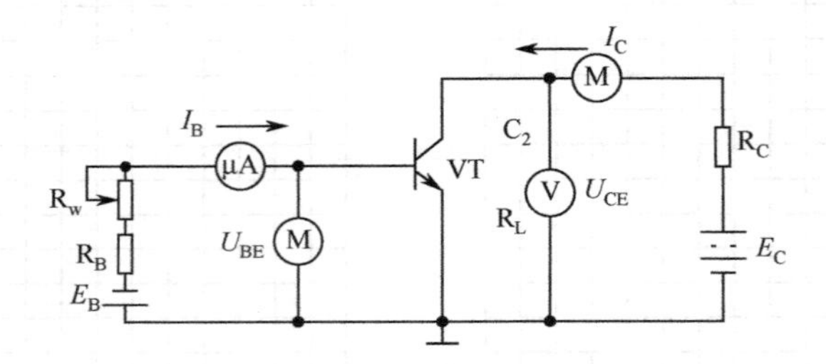

图 7-21　输入、输出特性曲线检测图

2）输出特性曲线

对于每一个固定的 I_B 值，测出 I_C 和 U_{CE} 对应值的关系，如图 7-23 所示。

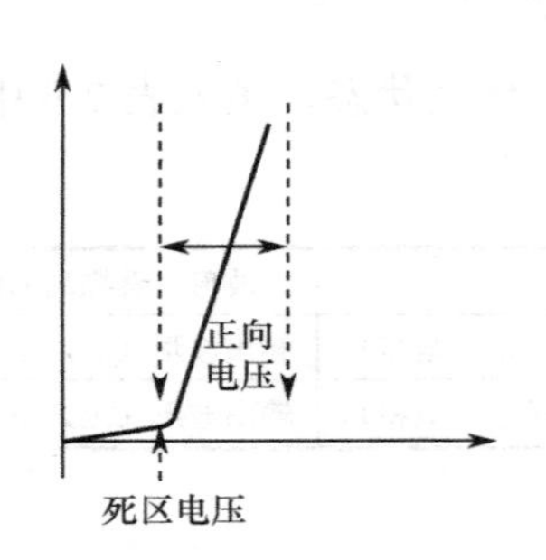

图 7-22　输入特性曲线

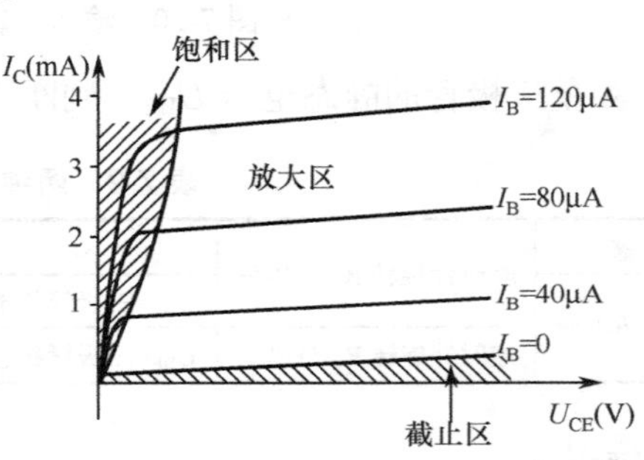

图 7-23　输出特性曲线

从输出特性曲线中可以看到，分成了如表 7-10 所示的 3 个区。

表 7-10　输出特性曲线分区

截止区	I_B=0，I_C≈0	发射结、集电结都反偏，处于截止状态
饱和区	U_{CE} 较小的区域，I_C 不随 I_B 的增大而变化	发射结、集电结都正偏，处于饱和状态
放大区	I_C 受 I_B 控制，$\Delta I_C=\beta\Delta I_B$，具有电流放大作用 恒流特性：$I_B$ 一定，I_C 不随 U_{CB} 的变化而变化，I_C 恒定	发射结正偏，集电结反偏，处于放大状态

饱和时的 U_{CE} 值为饱和压降 U_{CES}，很小，硅管为 0.3V，锗管为 0.1V。

3）波形失真产生的原因

从图 7-24 可以看出，由于输入特性曲线死区内的曲线非线性严重，当在输入端加上一个正弦交流信号时，静态 I_B=0，I_C=0，基极与发射极只能单向导通，且只有在 U_{BE} 大于导通电压值时，晶体管才导通，这就使得 i_B 不能按比例随着输入电压的大小而变化。结果，i_B、i_C 的波形就不是正弦波，而产生了严重的失真，如图 7-24（c）所示。

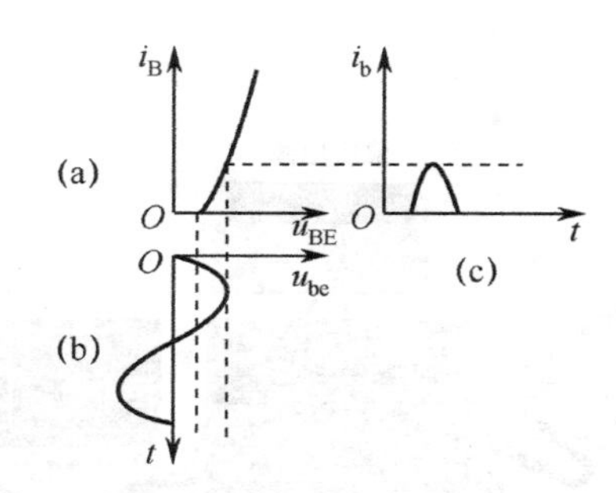

图 7-24 不设静态工作点，产生波形失真

如图 7-25 所示为波形失真分析，有两种失真类型（见表 7-11）。

表 7-11 两种失真类型

截止失真	如果 I_B 太小，输入 i_i 波形的负半周将进入截止区，i_C 将出现负半周失真。 u_o 波形反相，则是正半周失真
饱和失真	如果 I_B 太大，输入 i_i 波形的正半周将进入饱和区，i_C 将出现正半周失真。 u_o 波形反相，则是负半周失真

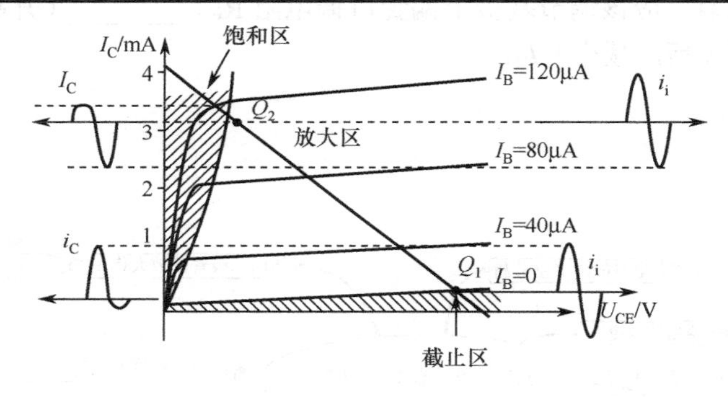

图 7-25 波形失真分析

〖思考练习〗

（1）硅三极管的死区电压是_______V，锗三极管的死区电压是_______V；三极管导通的时候，硅三极管的正向导通电压降是_______V，锗三极管的正向导通电压降是_______V。

（2）单管放大电路的输出波形出现上半波失真，这是因为电路的静态工作点过（过低，过高）。

（3）如果单管放大电路的输出波形出现上半波失真，则应该调节元件________，（升高，降低）该元件。

2．放大电路故障案例分析

某同学按图 7-26 连好线后，发现输出波形上半周失真，应该怎么调整电路？

分析：示波器观察的是输出电压 u_o 的波形，波形与输入波形反相，应该是 I_B 过低导致 i_C 波形进入截止区，属于截止失真。应该调节基极上偏置可调电阻 R_w，R_w 的阻值减小，提

升 U_B，从而提升 I_B。

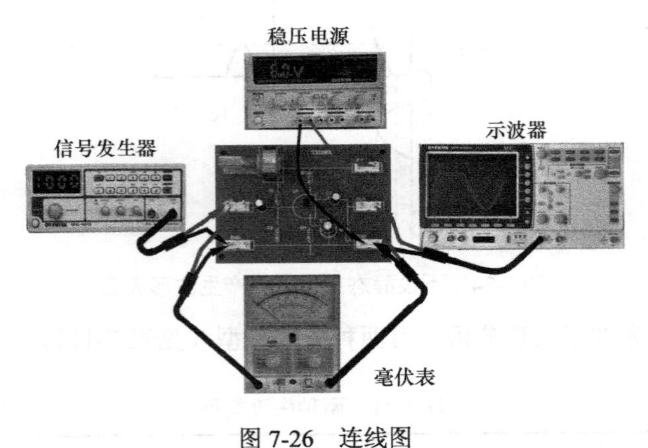

图 7-26　连线图

〖**思考练习**〗

用示波器观察单管放大电路的输出电压 u_o 波形，如果 I_B 过低，则 i_C 波形进入________区，属于________失真。应该调节基极上偏置可调电阻 R_w，________（升高，减少），（升高，减少）U_B，从而（升高，减少）I_B。

学习总结

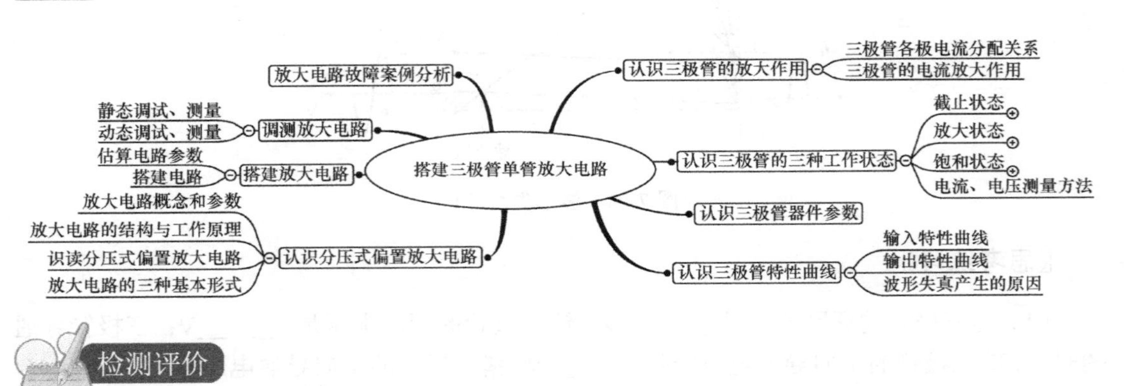

检测评价

〖**技术知识**〗

（1）已知某三极管的 $\overline{\beta}=100$，$I_C=2mA$，$I_B=$________，$I_E=$________。

（2）放大器有三种组态：共基极、共________极、共________极。

（3）为了使放大电路输出波形不失真，除需设置________________外，还需输入信号________________。

（4）共发射极放大电路电压放大倍数是________与________的比值。

（5）已知一放大电路中某三极管的三个引脚电位分别为①3.5V、②2.8V、③5V，试判断：

①脚是________，②脚是________，③脚是________。

（6）对放大电路中的三极管进行测量，各极对地电压分别为 U_B=2.7V，U_E=2V，U_C=6V，则该管工作在（　　）。

A．放大区　　　　B．饱和区　　　　C．截止区　　　　D．无法确定

〖**实践操作**〗

按图 7-17 连线。

（1）检测静态工作点。

① 检测静态工作点：U_B、U_E、U_C 各是多少。

② 计算 U_{BE} 为多少（如果不在 0.5～0.7V 范围内，请调节 R_w）。

③ 检测 I_C。

（2）观察动态输出电压信号的波形是否失真，并检测其周期 T（在前面调节静态工作点正常的基础上）。

（3）检测动态电压放大倍数。

① 使用毫伏表检测 u_i、u_o 各是多少。

② 计算 A_u 等于多少。

任务 2　搭建集成运算放大电路

有套元件，包括 1 个 6V 直流电源，以及集成运放块、三极管、电阻、电位器、电容等。要求从中挑选出合适的元件，搭建出如图 7-27 所示的运算放大电路。这个电路具有电压放大能力，可以将微弱的信号放大。

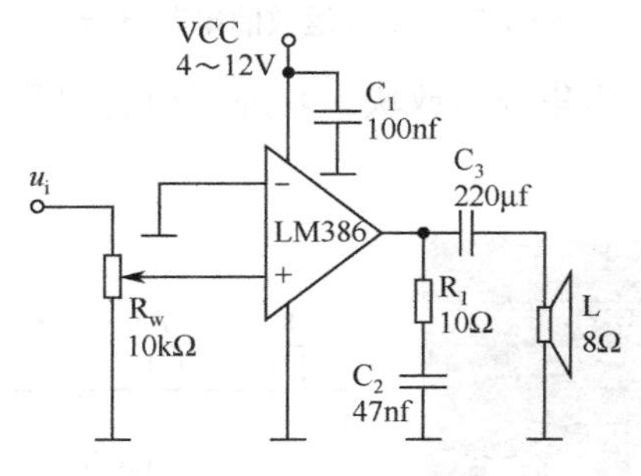

图 7-27　运算放大电路

为完成本项任务，首先需要学习集成运算放大电路（简称集成运放）的工作原理。然

后根据任务要求，挑选参数合适的元件，搭建出实际电路。最后通过仪器测量放大电路的关键参数，使之符合给定的性能要求。

1．初识集成运放

1）集成运放的电路符号与引脚

集成运放是一种高电压放大倍数的多级直接耦合放大器。常见的封装有双列直插式和圆壳式等，见图 7-28。

图 7-28　集成运放的外形

如图 7-29 所示是集成运放的两种电路符号。集成运放有两个输入端：同相输入端，用“+”表示；反相输入端，用“−”表示。另外，“∞”表示开环电压放大倍数为无穷大，“▷”表示信号传输方向。

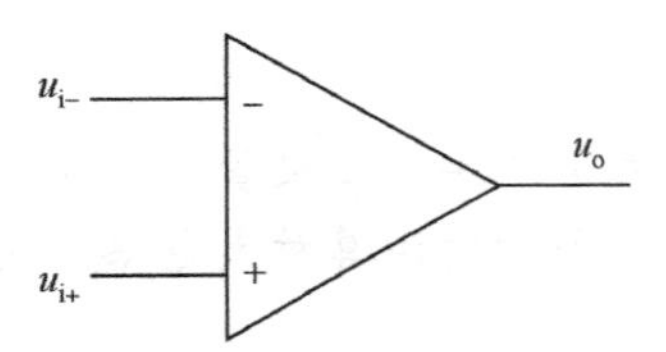

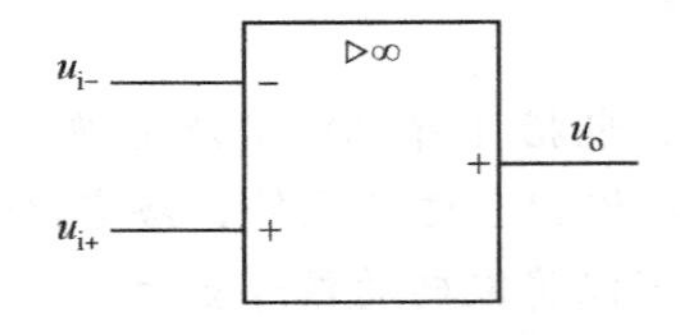

图 7-29　集成运放的电路符号

下面以 LM386 为例来认识集成运放块。其外形和引脚顺序排列如图 7-30 所示。注意“1”脚的标志及引脚的顺序。

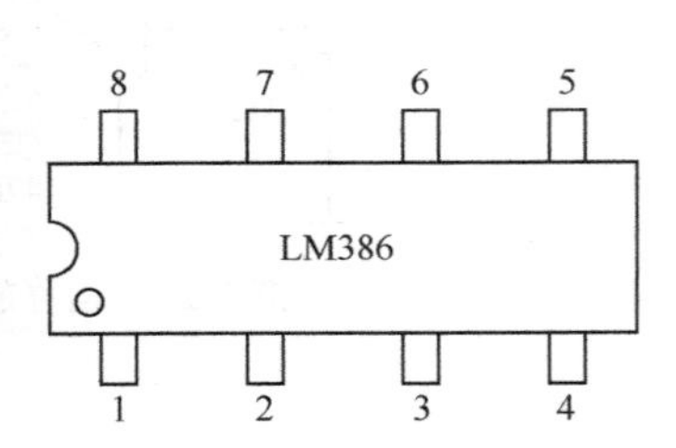

图 7-30　集成运放块的外形和引脚

LM386 的内部结构和引脚定义如图 7-31 所示。

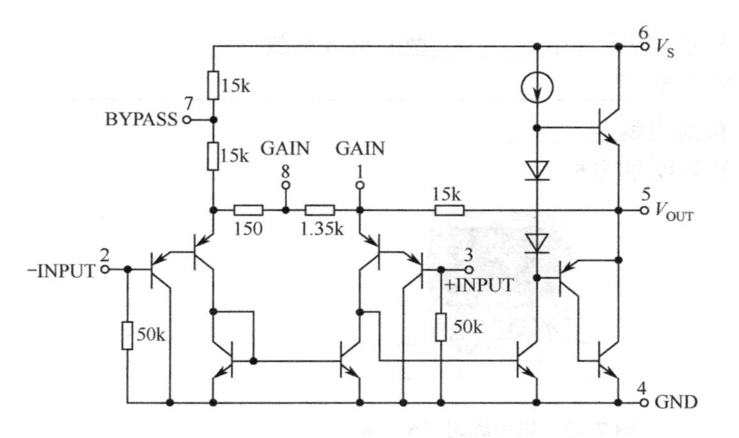

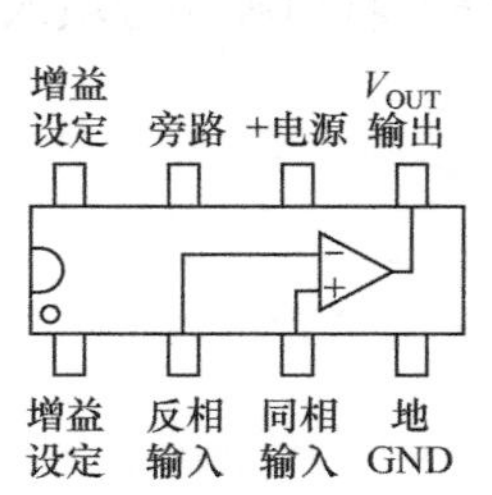

图 7-31　LM386 的内部结构和引脚定义

2）集成运放的种类与主要参数

集成运放的种类很多，按工作原理分类如下。

电压放大型集成运放，实现电压放大，输出回路等效成由电压 u_i 控制的电压源 $u_o=A_{od}u_i$。

电流放大型集成运放，实现电流放大，输出回路等效成由电流 i_i 控制的电流源 $i_o=A_i i_i$。

按性能指标分类如下。

通用型集成运放，用于无特殊要求的电路中。

特殊型集成运放，为了适应各种特殊要求，某一方面性能特别突出，如高阻型、高速型、高精度型、低功耗型。

集成运放的主要性能参数如表 7-12 所示。

7-12　集成运放的主要性能参数

参 数 名 称	参 数 说 明	典 型 值	理想值
开环电压放大倍数 A_{UD}	无外加反馈回路时的差模电压放大倍数。体现运放器件的放大能力	10^3～10^7	无穷大
输入电阻 r_i	差模输入、无外加反馈回路时的输入电阻。 输入电阻越大，运放性能越好	几十千欧至几十兆欧	无穷大
输出电阻 r_o	无外加反馈回路时的输出电阻。 输出电阻越小，其带负载能力越强	20～200Ω	0
共模抑制比 $K_{CMR}=\left\|\frac{A_{UD}}{A_{UC}}\right\|$	综合衡量运放的放大和抗零漂、抗干扰的能力。 K_{CMR} 越大，运放性能越好	>10^4	无穷大
开环带宽 BW	下限频率与上限频率之间的频率范围	几千赫兹至几百千赫兹	

〖思考练习〗

（1）集成运放是一种________________的多级直接耦合放大器。

（2）画出集成运放的电路符号______________。其中，用“+”表示______________，用“−”表示________________。

（3）如果要实现电压放大，应该选用________型的集成运放。

（4）集成运放的主要参数有：____________，____________，____________。

（5）K_{CMR} 越大，抗干扰能力越________。

（6）将引脚序号填入图 7-32 的方框内。

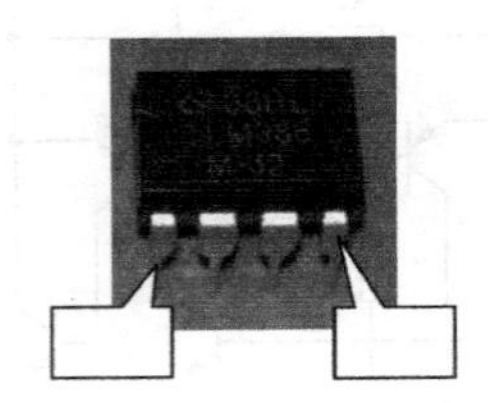

图 7-32　思考练习（6）图

2. 认识集成运放的应用形式

集成运放有三种输入方式，即反相输入、同相输入和差分输入；可以组成三种基本放大电路，即反相比例放大器、同相比例放大器和差分放大器。

电 路 图	基本关系式	计 算 实 例
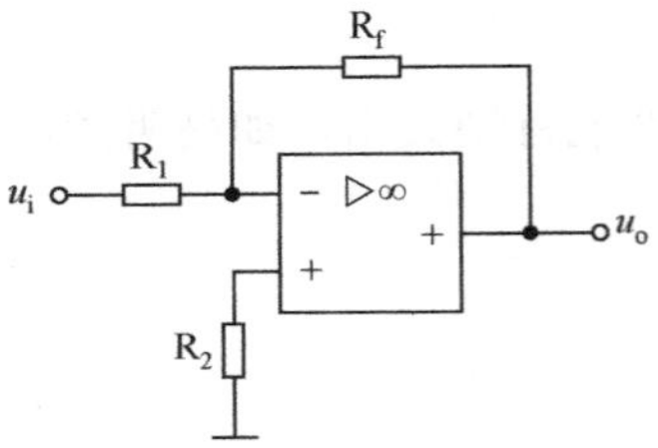 图 7-33　反相比例运放（反相输入）	$u_o=-\frac{R_f}{R_1}u_i$ $A_{uf}=\frac{u_o}{u_i}=-\frac{R_f}{R_1}$ $G_{uf}=20\lg A_{uf}$ *“–”表示 u_i 与 u_o 反相	『例』 R_f=20kΩ，R_1=2kΩ，R_2=1kΩ，则 $A_{uf}=\frac{u_o}{u_i}=-\frac{R_f}{R_1}=-\frac{20}{2}=-10$
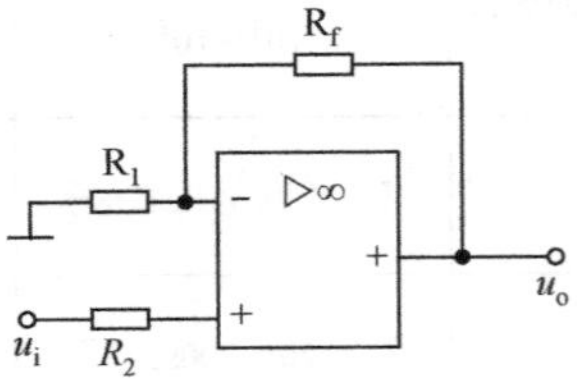 图 7-34　同相比例运放（同相输入）	$u_o=(1+\frac{R_f}{R_1})u_i$ $A_{uf}=\frac{u_o}{u_i}=1+\frac{R_f}{R_1}$ $G_{uf}=20\lg A_{uf}$	『例』 R_f=20kΩ，R_1=2 kΩ，R_2=1 kΩ，则 $A_{uf}=\frac{u_o}{u_i}=1+\frac{R_f}{R_1}=1+\frac{20}{2}=11$
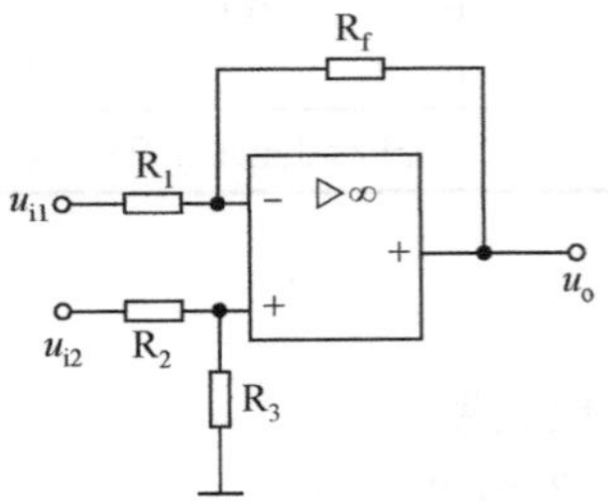 图 7-35　同相比例运放（差分输入）	当 R_1=R_2，R_f=R_3 时，有 $u_o=\frac{R_f}{R_1}(u_{i1}-u_{i2})$ *该电路也称为减法比例运算电路	『例』 R_f=20kΩ，R_1=2kΩ，R_2=1kΩ，u_{i1}=1.0V，u_{i2}=0.5V，则 $u_o=\frac{R_f}{R_1}(u_{i1}-u_{i2})=\frac{20}{2}(1.0-0.5)=5(\text{V})$

在上述公式中，R_f 为反馈电阻值；A_{uf} 是放大倍数；G_{uf} 是电压增益，单位 dB（分贝）。

〖思考练习〗

（1）如图 7-33 所示，R_f=10kΩ，R_1=1kΩ，R_2=1kΩ，计算 A_{uf}，G_{uf}；如果 R_f=0，再计算 A_{uf}。

（2）如图 7-34 所示，R_f=10kΩ，R_1=1kΩ，R_2=1kΩ，计算 A_{uf}，G_{uf}；如果 R_f=0，再计算 A_{uf}。

（3）如图 7-35 所示，R_f=10kΩ，R_1=1kΩ，R_2=1kΩ，R_3=1kΩ，u_{i1}=1.0V，u_{i2}=0.4V，计算 u_o。

3．搭建放大电路

1）认识电路原理

LM386 是美国国家半导体公司生产的音频运算功率放大器，应用电路很多，如图 7-36 所示是 LM386 组成的典型放大电路。

从该电路的虚框部分可以看出，这是一个同相输入的运放，信号输入端为 3 脚，输出端为 5 脚。

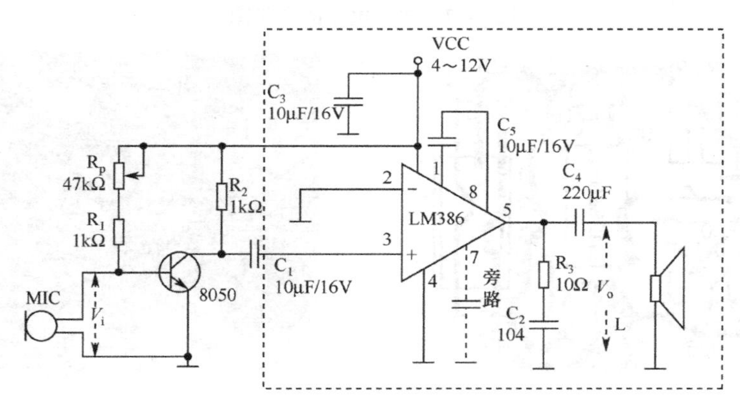

图 7-36　LM386 典型放大电路

为使外围元件最少，集成运放块内部已经形成反馈通路，引入了深度电压串联负反馈，使整个电路具有稳定的电压增益。电压增益内置为 20，但在 1 脚和 8 脚之间增加一只外接电阻和电容，还可将电压增益调为任意值，直至 200。

输入端以地为参考，同时输出端被自动偏置到电源电压的一半，在 6V 电源电压下，它的静态功耗仅为 24mW，使得 LM386 特别适用于电池供电的场合。

应用注意事项：

（1）通过接在 1 脚和 8 脚之间的电容（1 脚接电容正极）来改变增益，断开时增益仍然可以为 20。

（2）设计 PCB 时，所有外围元件尽可能靠近 LM386。

（3）7 脚的旁路电容不可少，可以有效抑制噪声。

2）搭建电路

本电路选取的元件如表 7-13 所示。

表 7-13　元件清单表

元件	电阻	电位器	电容	三极管	集成运放
标称值	10Ω	10kΩ	2 个 0.1μF，10μF、220μF、47μF 各 1 个	β=30～100，NPN 型硅三极管 8050	LM386
数量	1	1	5	1	1

使用 Protel 等制图软件，按照如图 7-36 所示的原理图绘制电路图，如图 7-37 所示。并转为 PCB 底板，如图 7-38 所示。焊接后的电路板如图 7-39 所示。

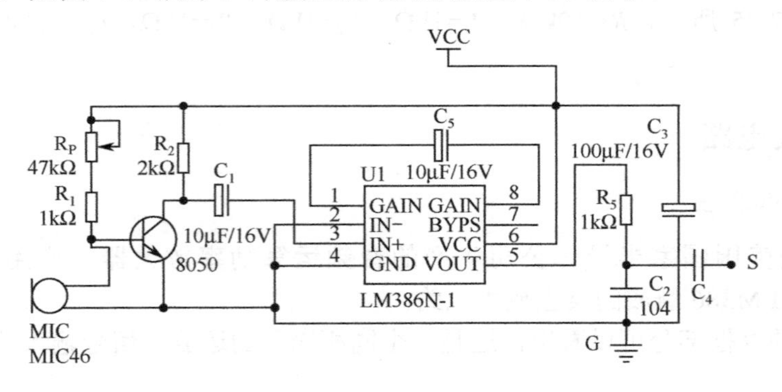

图 7-37　放大电路的电路图

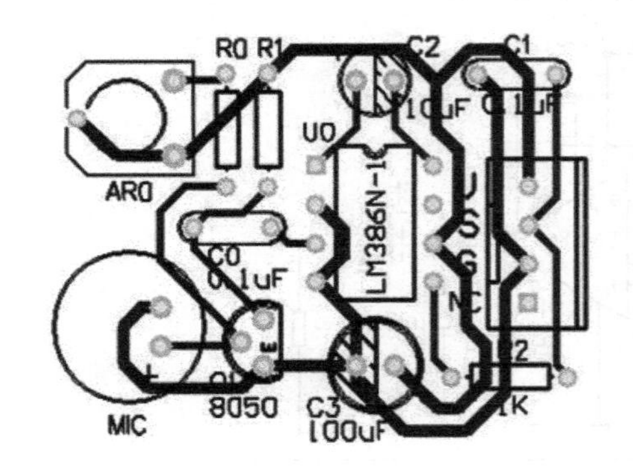

图 7-38　放大电路 PCB 图

图 7-39　放大电路焊接图

4．测调放大电路

按照如图 7-40 所示，连接电路板和稳压电源。

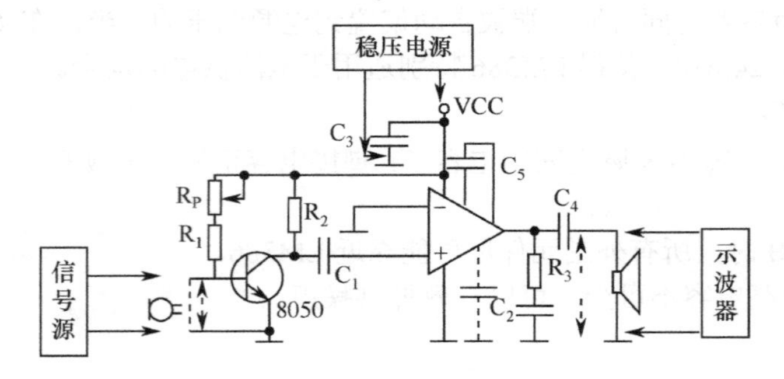

图 7-40　稳压电源与放大电路的连接

在测试前，先取下 MIC。按照图 7-41 和表 7-17 的说明，连接电路板和测量仪器。

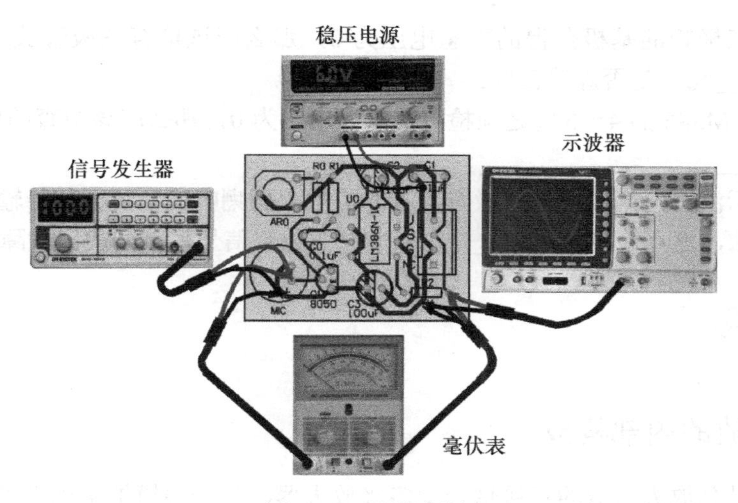

图 7-41 测量连线图

1）观察输出信号

接通所有仪器电源，输出端有信号波形输出，在图 7-42 中描画输入、输出信号波形。

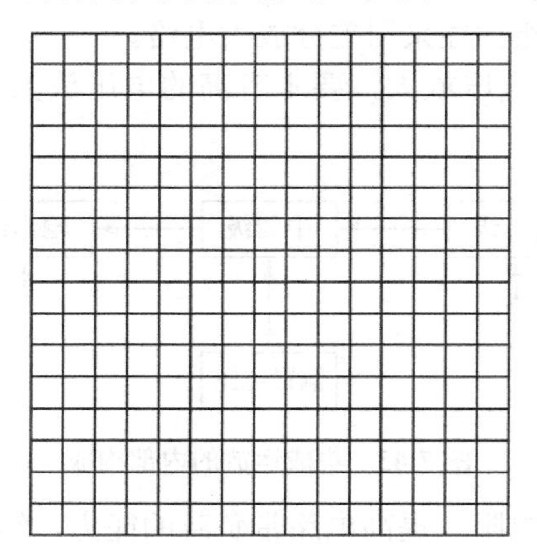

图 7-42 输入、输出信号波形

2）调试最大不失真输出波形

调节 R_P 和信号发生器的输入波形的幅度，确定输出信号波形为最大不失真信号（见图 7-19）。按表 7-14 完成各个参数的检测。

表 7-14 测量结果

	u_i（有效值）	u_o（有效值）	$u_{p\text{-}p}$（峰-峰值）	T（周期）	f（频率）
检测的仪器	毫伏表		示波器		
检测值记录					
计 算	$A_{uf}=\dfrac{u_o}{u_i}=$		$\dfrac{1}{T}=$		

〖思考练习〗

（1）如果三极管的基极获得的静态电压为 0，那么应该检查三极管放大电路的__________________________元件是否焊接良好。

（2）如果 LM386 的 4～6 脚之间检测的电源电压为 0，那么应该检查的位置是____________________________________。

（3）如果示波器检测三极管基极有正常的信号，而喇叭的位置无信号输出，此时可以采用波形跟踪法，逐点检测________________________位置信号，直到找出故障点。

认识集成运放的内部构成

集成运放是高放大倍数的直接耦合型多级放大器，是一种模拟基础电子器件。集成运放内部电路包括 4 个基本组成环节，分别是输入级、中间级、输出级和偏置电路，如图 7-43 所示。

输入级：对于集成运放的各项指标起决定性的作用，为了保证集成运放内部元件参数匹配较好，易于补偿，输入级往往采用差分放大电路。

中间级：主要用来进行电压放大，要求有高的电压放大倍数，因此一般采用共射极电路。

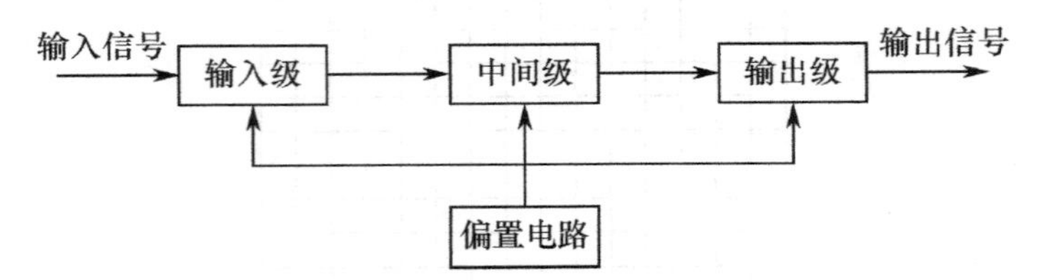

图 7-43　集成运放的内部构成

输出级：为了减少输出电阻，提高电路带负载的能力，输出级通常采用互补对称放大电路。

偏置电路：作用是为各级电路提供所需的电源电压。

〖思考练习〗

（1）集成运放是（低、高）放大倍数的直接耦合型多级放大器，是一种模拟基础电子器件。集成运放内部电路包括 4 个基本组成环节，分别是______级、______级、______级和偏置电路。____________级往往采用差分放大电路。

（2）偏置电路的作用是____________________________。

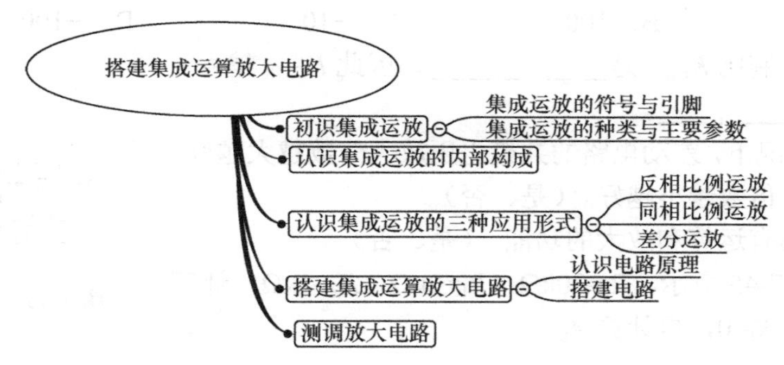

〖技术知识〗

（1）如果 $u_o=-u_i$，那么最好应该选择（　　）。

A．二极管整流电路　　B．三极管放大电路

C．同相输入运放　　D．反相器

（2）如果 $u_o=u_i$，那么最好应该选择（　　）。

A．二极管整流电路　　B．三极管放大电路

C．反相器　　D．跟随器

（3）如图 7-44 所示电路中属于何种运算器（　　）。

A．反相比例运算器　　B．加法运算器

C．同相比例运算器　　D．跟随器

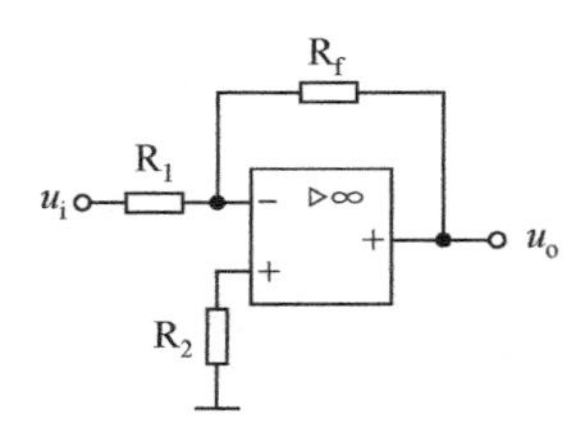

图 7-44　练习（3）图

（4）关于理想运放的叙述错误的是（　　）。

A．当输入阻抗为零时，输出阻抗也为零

B．当输入信号为零时，输出处于零电位

C．频带宽度从零到无穷大

D．开环电压放大倍数无穷大

（5）运算关系为 $u_o=10u_i$ 的运放电路是（　　）。

A．反相输入电路　　　　　　　　B．同相输入电路

C．电压跟随器　　　　　　　　　D．加法运算电路

（6）反相输入电路，R_1=10kΩ，R_f=100kΩ，则放大倍数 A_{uf} 为（　　）。

A．10　　　B．100　　　C．−10　　　D．−100

（7）共模抑制比 K_{CMR} 是____________，因此 K_{CMR} 越大，表明电路的____________。

（8）一般情况下，差动电路的共模电压放大倍数越大越好，而差模电压放大倍数越小越好。（是、否）

（9）运放具有运算和放大的功能。（是、否）

（10）如图 7-45 所示，R_f=20kΩ，R_1=2kΩ，R_2=1kΩ，计算 A_{uf} 和 G_{uf}；如果 R_f=0，再计算 A_{uf}。

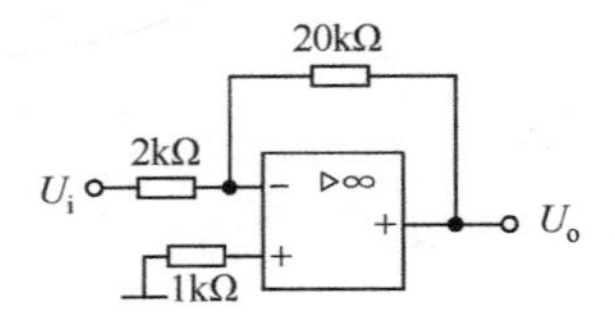

图 7-45　练习（10）图

〖实践操作〗

（1）在 PCB 上找到电源的正、负极位置。

（2）在 PCB 上找到输入端、输出端的位置。

（3）在图 7-46 中填上 LM386 的 1，2，3，4 脚的位置。

（4）如果动态检测电容 C_1 两引脚时发现一只引脚可以看到正常信号，而另一只引脚无信号，说明什么问题？

（5）画出信号大概的流通路径。

图 7-46　实践操作（3）图

项目 8

逻辑电路

本项目将学习由门电路组成的组合逻辑电路和由触发器构成的时序逻辑电路。

完成本项目的学习后，你应当能够：

（1）明确组合逻辑电路的特点和设计的四个步骤；

（2）学会设计简单的组合逻辑电路；

（3）理解编码、译码概念；

（4）学会构建一个简单的数码输入及显示电路；

（5）明确各种类型触发器（RS、JK、D）的逻辑符号及功能；

（6）学会用波形图的方法分析触发器的工作过程。

建议本项目安排 18～20 学时。

任务 1　搭建三人表决电路

本任务要求搭建一个三人表决电路。所谓三人表决就是三人对一个提案或建议进行表决，多数（两人或以上）赞成就通过，否则提案就被否决。

三人表决电路属于组合逻辑问题。其解决办法是，先根据所要求的逻辑功能列出逻辑式，尽可能对这个式子进行化简，最后按照得到的简化逻辑式画出逻辑电路图。

为完成本任务，需要知道有哪些基本的门电路，然后学习如何依据真值表来得到逻辑式。化简这个式子，就能顺利画出相应的逻辑电路图。最后，搭建实际电路，并检测逻辑功能是否正常。

1. 认识基本门电路

能够实现逻辑关系、逻辑运算的电路叫作逻辑门电路，简称门电路。基本门电路如表 8-1 所示。

表 8-1 基本门电路

<table>
<tr><td></td><td>与门（逻辑乘）</td><td>或门（逻辑加）</td><td>非门（逻辑非）</td></tr>
<tr><td>运 算 口 诀</td><td>全高出高，见低出低</td><td>全低出低，见高出高</td><td>见低出高，见高出低</td></tr>
<tr><td>真 值 表</td>
<td><table><tr><td colspan="2">输入</td><td>输出</td></tr><tr><td>A</td><td>B</td><td>Y</td></tr><tr><td>0</td><td>0</td><td>0</td></tr><tr><td>0</td><td>1</td><td>0</td></tr><tr><td>1</td><td>0</td><td>0</td></tr><tr><td>1</td><td>1</td><td>1</td></tr></table></td>
<td><table><tr><td colspan="2">输入</td><td>输出</td></tr><tr><td>A</td><td>B</td><td>Y</td></tr><tr><td>0</td><td>0</td><td>0</td></tr><tr><td>0</td><td>1</td><td>1</td></tr><tr><td>1</td><td>0</td><td>1</td></tr><tr><td>1</td><td>1</td><td>1</td></tr></table></td>
<td><table><tr><td>输入</td><td>输出</td></tr><tr><td>A</td><td>Y</td></tr><tr><td>0</td><td>1</td></tr><tr><td>1</td><td>0</td></tr></table></td></tr>
<tr><td>逻辑表达式</td><td>$Y=A\cdot B$</td><td>$Y=A+B$</td><td>$Y=\overline{A}$</td></tr>
<tr><td>逻 辑 符 号</td><td>A, B — & — Y</td><td>A, B — ≥1 — Y</td><td>A — 1 —o Y</td></tr>
<tr><td>集成电路块</td><td>14 13 12 11 10 9 8
7408
1 2 3 4 5 6 7</td><td>14 13 12 11 10 9 8
7432
1 2 3 4 5 6 7</td><td>14 13 12 11 10 9 8
7404
1 2 3 4 5 6 7</td></tr>
</table>

2. 分析电路逻辑

1）分析逻辑问题

设三人为 A、B、C，两人（A 和 B、A 和 C、B 和 C）或三人（A 与 B 和 C）赞同，提案 Y 就通过；否则，提案就不通过。如果逻辑 1 表示赞同或通过，0 表示不赞同或不通过（否决），则 $A=B=1$ 或 $A=C=1$ 或 $B=C=1$，又或 $A=B=C=1$，则提案 $Y=1$（通过）；否则，$Y=0$（不通过，否决）。

2）列逻辑真值表

根据以上分析，可以得到如表 8-2 所示的逻辑真值表。

表 8-2 三人表决真值表

输入			输出	
A	B	C	Y	
0	0	0	0	
0	0	1	0	
0	1	0	0	
0	1	1	1	←①
1	0	0	0	
1	0	1	1	←②
1	1	0	1	←③
1	1	1	1	←④

3）写出逻辑表达式

根据逻辑问题分析得出的真值表（见表 8-2）可以看出，提案 Y 通过（$Y=1$）有 4 种情况，如表 8-3 所示。

表 8-3 提案 Y 通过的 4 种过程

情　况	条　件	逻辑表达式
①	A=0 与 B=1 与 C=1	$\overline{A}\cdot B\cdot C$
②	A=1 与 B=0 与 C=1	$A\cdot\overline{B}\cdot C$
③	A=1 与 B=1 与 C=0	$A\cdot B\cdot\overline{C}$
④	A=1 与 B=1 与 C=1	$A\cdot B\cdot C$

①～④其中之一成立即满足条件。也就是说，Y 与 4 种情况是逻辑或（加）的关系，可用以下表达式表示：

$$Y=①+②+③+④$$

写成逻辑表达式如下：

$$Y=\overline{A}\cdot B\cdot C+A\cdot\overline{B}\cdot C+A\cdot B\cdot\overline{C}+A\cdot B\cdot C$$

4）画出电路逻辑图

依据上面得到的逻辑表达式画出相应的电路逻辑图，如图 8-1 所示。

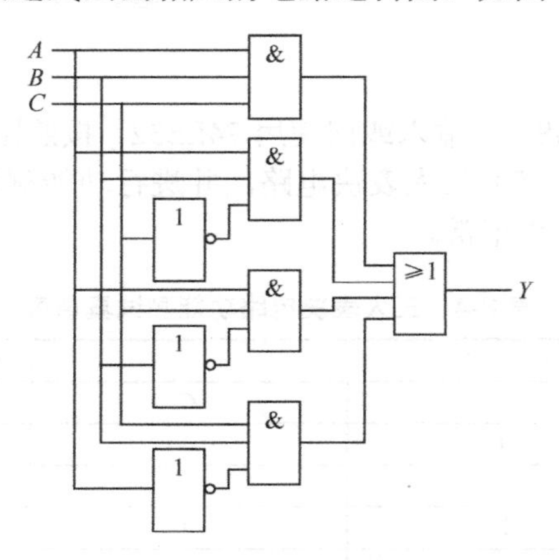

图 8-1 三人表决电路逻辑图（原始逻辑）

该电路逻辑图需要使用 3 个非门、4 个三输入与门、1 个四输入或门。有没有可能少用一些逻辑门器件呢？

一般在搭建电路完成相应逻辑功能之前，需要将逻辑表达式进行化简。

3．化简电路逻辑

1）化简逻辑表达式

应用逻辑代数的基本定律对三人表决电路进行化简，结果如下：

$$Y = B \cdot C + A \cdot C + A \cdot B$$

注：化简时利用了同一律、分配律、互补律。有兴趣的同学可在老师的指导下，试着进行推导。

2）搭建电路逻辑

依据化简后的逻辑表达式画出相应的电路逻辑图，如图 8-2 所示。

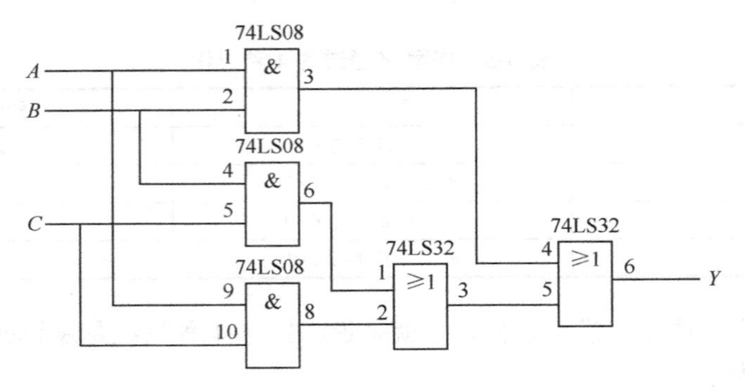

图 8-2　三人表决电路逻辑（简化逻辑）

该电路逻辑图只需要 3 个二输入与门和 2 个二输入或门就可以了。相比图 8-1，电路要简单很多。

显然，根据化简后的逻辑表达式搭建电路完成三人表决功能，比按原始表达式搭建电路要简单，只需要 3 个二输入与门（1 块 74LS08）和 2 个二输入或门（1 块 74LS32）即可。

4．测调电路功能

二输入与门使用 74LS08，二输入或门使用 74LS32。按照图 8-2，在数字电路实验箱或面包板、万用板搭建（或焊接）三人表决电路，并进行功能测试，将测试结果填入表 8-4 中，看看输出对应的逻辑是否正常。

表 8-4　三人表决电路功能测试真值表

输　入			输　出
A	*B*	*C*	*Y*
0	0	0	
0	0	1	
0	1	0	
0	1	1	

（续表）

输　入			输　出
A	B	C	Y
1	0	0	
1	0	1	
1	1	0	
1	1	1	

注意：电路连接（或焊接）好以后要先检查，确定无误后才能通电测试。如果输出逻辑不正常，应先切断电源，检查电路的连接（焊接）是否正确，然后逐步排除故障。

测试结果：电路功能（正常，不正常）。

当电路功能不正常时，经检查，原因是＿＿＿＿＿＿＿＿＿＿＿＿＿＿＿＿＿＿＿＿。

逻辑运算基础知识

1）逻辑代数的基本运算法则

逻辑代数是英国数学家 G. Boole 在 1847 年创立的。在数字电路中，可以利用这个工具来判定一个逻辑电路的功能，或根据逻辑功能来设计逻辑电路。

以下是几条逻辑代数中的基本运算法则。

（1）先“乘”后“加”。在一个式子中有“乘”也有“加”时，应先“乘”后“加”。例如，$A+B\cdot C$，应先做逻辑乘运算 $B\cdot C$，所得结果再与 A 进行逻辑加运算。

（2）先括号内再括号外。在式子中若有括号，应先做括号内的运算。例如，$A\cdot(B+C)$，应先做括号中的逻辑加运算（以下简称加法运算），然后再做逻辑乘运算。

（3）当变量名都是用单字母表示时，乘法符号可以省略不写。例如，$A\cdot B+C\cdot D$ 可写成 $AB+CD$。

（4）非运算不用括号，但要注意“非”运算符的长短。例如，$\overline{(A+B)}$ 可写成 $\overline{A+B}$，而 $\overline{(AB+CD)}$ 不能写成 $\overline{AB}+\overline{CD}$，因为前者表示先做乘法 AB 和 CD，再做加法，最后做非运算；而后者是先做乘法运算再做非运算，最后才做加法运算。

2）逻辑代数的基本运算定律

根据三种基本逻辑运算：与运算、或运算、非运算，以及上面提到的几条逻辑代数的基本运算法则，可以导出逻辑代数中的一些基本运算定律，见表 8-5。

表 8-5　逻辑代数的基本运算定律

名　称	规　则
01 律	$0\cdot A=0$；$0+A=A$；$1\cdot A=A$；$1+A=1$
同一律	$A\cdot A=A$；$A+A=A$
互补律	$A\cdot\overline{A}=0$；$A+\overline{A}=0$

（续表）

名　称	规　则
还原律	$\overline{\overline{A}} = A$
交换律	$A \cdot B = B \cdot A$；$A + B = B + A$
结合律	$(A \cdot B) \cdot C = A \cdot (B \cdot C)$；$(A + B) + C = A + (B + C)$
分配律	$A \cdot (B + C) = A \cdot B + A \cdot C$；$A + B \cdot C = (A + B) \cdot (A + C)$
吸收律	$A + A \cdot B = AA \cdot (A + B) = AA + \overline{A} \cdot B = A + B$
反演律	$\overline{A \cdot B \cdot C} = \overline{A} + \overline{B} + \overline{C}$；$\overline{A + B + C} = \overline{A} \cdot \overline{B} \cdot \overline{C}$

可以将各逻辑变量分别取 0 和 1，看看等式两边是否恒等来证明上述定律。

使用上述定律，可对复杂的逻辑表达式进行化简，以减少逻辑门器件的使用，降低电路成本。常用的化简方法有并项法、吸收法、消去法、配项法等。

〖思考练习〗

上网查询逻辑表达式化简方法，完成下述练习。

（1）使用并项法，化简 $Y = ABC + \overline{A}BC$。

（2）使用吸收法，化简 $Y = AB + ABC$。

（3）使用消去法，化简 $Y = AB + \overline{A}C + \overline{B}C$。

（4）使用配项法，化简 $Y = AB + BC + A\overline{C}$。

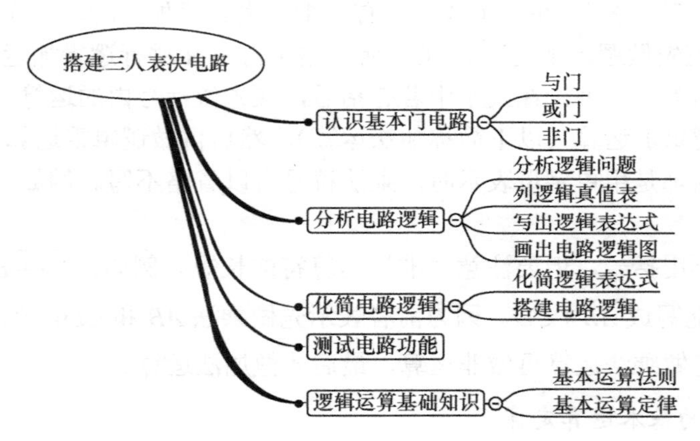

〖技术知识〗

（1）逻辑代数中的变量只有________和________两种取值。

（2）$A+A=$________，$A \cdot A=$________，$A+1=$________，$A+0=$________，$A \cdot \overline{A}=$________，

$A+\overline{A}=$________，$\overline{\overline{A}}=$________。

（3）若逻辑函数 $L=A+ABC$，则 L 可化简为（　　）。

A．$L=A$　　B．$L=BC$　　C．$L=ABC$　　D．$L=1$

（4）逻辑表达式 $L=A+B$ 的含义是：L 等于 A 与 B 的和，即当 $A=1$，$B=1$ 时，$L=A+B=1+1=2$。（是、否）

（5）逻辑表达式 $L_1=(A+B)C$，$L_2=A(B+C)$，则 $L_1=L_2$。（是、否）

（6）逻辑运算是 0 和 1 逻辑代码的运算，二进制运算也是 0 和 1 数码的运算。这两种运算实质是一样的。（是、否）

（7）把下列二进制数化为十进制数，十进制数化为二进制数（写出计算过程）。

A．$(28)_{10}=(\qquad\qquad)_2$　　B．$(123.75)_{10}=(\qquad\qquad)_2$

C．$(10110)_2=(\qquad\qquad)_{10}$　　D．$(1101.101)_2=(\qquad\qquad)_{10}$

（8）将下列十进制数写成 8421BCD 码形式。

A．$(18)_{10}$　　B．$(57)_{10}$　　C．$(23.6)_{10}$　　D．$(49.36)_{10}$

（9）用代数法化简下列逻辑函数。

A．$L_1=A+ABC+AC$　　B、$L_2=\overline{A}\,\overline{B}+\overline{A}B+AB$

任务2　搭建数码管显示电路

任务描述

一个数字显示系统一般包括“编码→功能处理→译码→驱动→显示”几个流程，如图 8-3 所示。

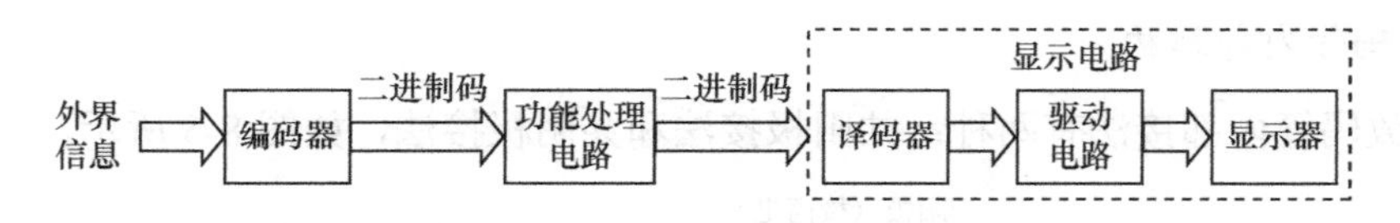

图 8-3　数字显示系统一般处理流程

一个数码（0～9）要先经过编码器将十进制数编成 8421BCD 码（4 位二进制数），让只能识别 0、1 的数字电路正确识别（编码），然后进入功能处理部分，接着送入显示电路进行译码，最后驱动显示器（数码管）进行结果显示。

本任务是搭建一个简单的数字显示系统。要求输入 0～9 十个数码，编成 8421BCD 码，然后经过 BCD-七段译码器驱动数码管进行相应的数码显示。

任务分析

根据本任务要求，首先需要了解什么是数码管，认识其数字显示的原理。然后学习编码、译码的概念，认识相应的集成模块（优先编码器 74LS147 和 BCD-七段译码器

74LS247）。最后将编码器、译码器及数码管的引脚连接起来，以实现所要求的功能。

1．认识 LED 数码管

LED 数码显示器的优点是显示清晰悦目、工作电压低（1.5～3V）、体积小、寿命长（>1000h）、响应速度快（1～100ns）、颜色丰富（有红、绿、黄等颜色）。但缺点是 LED 数码管需要较大电流才能发光，每一段大约需要 3～30mA。

1）七段数码管外形及符号

七段数码管通常用七个 LED 组合外加封装构成，如图 8-4 所示。通过数码管的七段亮暗组合可以显示 0～9 十个数码。

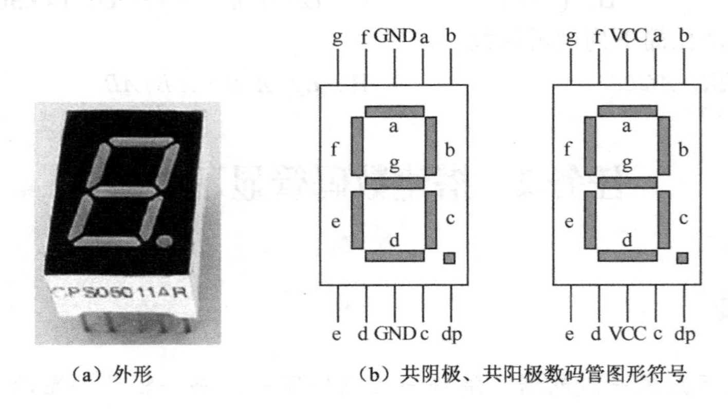

（a）外形　　（b）共阴极、共阳极数码管图形符号

图 8-4　七段数码管的常见外形和图形符号

2）数码管内部结构

LED 数码管内部接法有两种：共阳极接法和共阴极接法，如图 8-5 所示。

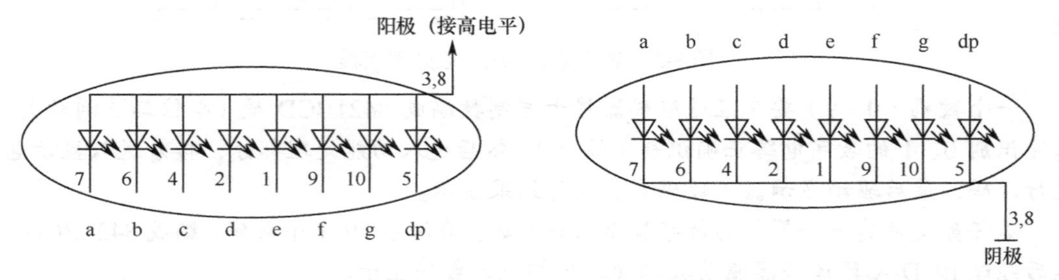

注：各 LED 的阳极相连，接到电源的高电位端。若要使某段发光，则该段相应的 LED 阴极必须经过限流电阻 R 接低电平 0。

（a）共阳极接法

注：各 LED 的阴极相连并接地。若要使某段发光，则该段相应的 LED 阳极必须经过限流电阻 R 接高电平 1。

（b）共阴极接法

图 8-5　LED 数码管共阳极接法和共阴极接法

2．认识二-十进制编码器

1）什么是 8421BCD 码

数字电路系统只能处理 0 和 1 这样二进制码形式的信号，所以任何信息送入数字电路系统进行处理时都要先转换为二进制码相对应的电信号，这种用二进制码（若干个 0 和 1）表示有关对象（信号）的过程叫作二进制编码。

8421BCD 码是用 4 位二进制码来表示数字 0～9 的一种方式，其编码表如表 8-6 所示。

表 8-6　421BCD 编码表

十 进 制	输　入	输　出			
		D	*C*	*B*	*A*
0	Y_0	0	0	0	0
1	Y_1	0	0	0	1
2	Y_2	0	0	1	0
3	Y_3	0	0	1	1
4	Y_4	0	1	0	0
5	Y_5	0	1	0	1
6	Y_6	0	1	1	0
7	Y_7	0	1	1	1
8	Y_8	1	0	0	0
9	Y_9	1	0	0	1

8421BCD 码选用了 4 位二进制数的前 10 个数 0000～1001，而其余 6 个数 1010～1111 没有用到。每个代码从左向右每位的权分别是 8、4、2、1。由此这种编码被称为 8421BCD 码。

8421BCD 码和十进制数之间的转换是直接按位转换的。

2）8421BCD 码编码器

根据 8421BCD 码的真值表，得到相应的逻辑表达式，经过化简，得到如图 8-6 所示的逻辑电路图。

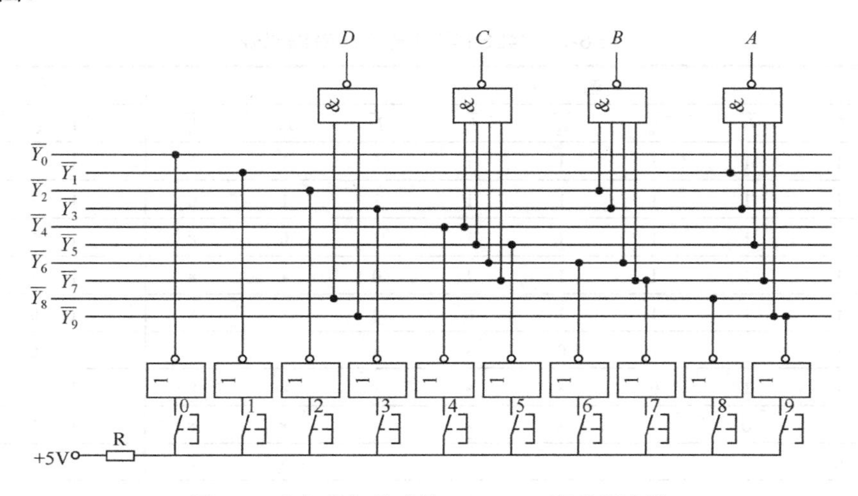

图 8-6　由与非门构成的 8421BCD 码编码电路

该电路有 10 个输入端，用 10 个按钮分别作为 0～9 十个数码的输入；有 4 个输出端 *D*、*C*、*B*、*A* 输出 8421BCD 码。如按下“3”键，与“3”键对应的线被接上+5V，等于输入高电平“1”，于是 *B* 和 *A* 输出为“1”，*D* 和 *C* 输出为“0”，整个输出为 0011。按下“9”键，则 *D* 和 *A* 输出为“1”，*C* 和 *B* 输出为“0”，整个输出为 1001。

3. 认识 74LS147 优先编码器

如图 8-7 所示的二-十进制编码器结构复杂，且任意时刻只允许一个数码输入，多个数码同时输入会“出错”。因此，在实际应用中，往往采用集成编码器。

74LS147 是 10 线-4 线 8421BCD 码优先编码器，如图 8-7 所示，其编码表如表 8-7 所示。它有 9 个输入端和 4 个输出端，其中第 15 引脚为空脚（NC）。输入端和输出端都为低电平有效，即采用负逻辑编码，也就是当某一个输入端为低电平时，输出就以那个端（输入数码）对应的 8421BCD 码进行负逻辑编码输出。

所谓优先编码器，就是当同时有两个或以上数码输入时，以最高优先级别数码进行编码输出。数码 9 优先级别最高，数码 1 优先级别最低。

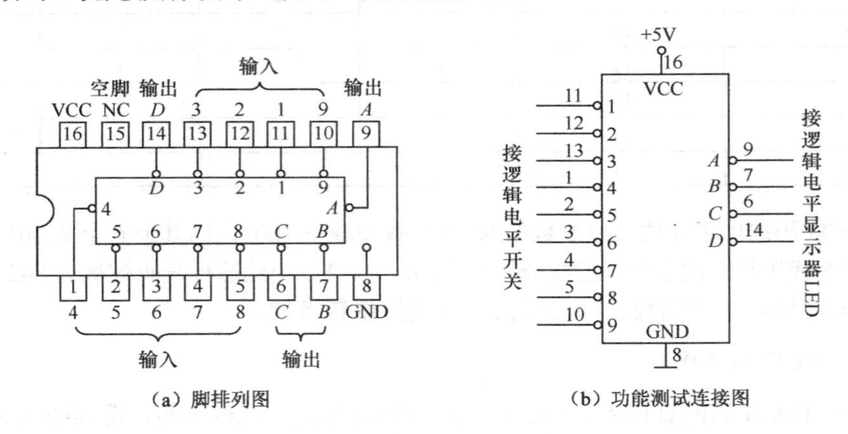

（a）脚排列图　　（b）功能测试连接图

图 8-7　74LS147 优先编码器

表 8-7　74LS147 优先编码器编码表

输入									输出			
$\overline{I_9}$	$\overline{I_8}$	$\overline{I_7}$	$\overline{I_6}$	$\overline{I_5}$	$\overline{I_4}$	$\overline{I_3}$	$\overline{I_2}$	$\overline{I_1}$	$\overline{D}$	$\overline{C}$	$\overline{B}$	$\overline{A}$
1	1	1	1	1	1	1	1	1	1	1	1	1
1	1	1	1	1	1	1	1	0	1	1	1	0
1	1	1	1	1	1	1	0	×	1	1	0	1
1	1	1	1	1	1	0	×	×	1	1	0	0
1	1	1	1	1	0	×	×	×	1	0	1	1
1	1	1	1	0	×	×	×	×	1	0	1	0
1	1	1	0	×	×	×	×	×	1	0	0	1
1	1	0	×	×	×	×	×	×	1	0	0	0
1	0	×	×	×	×	×	×	×	0	1	1	1
0	×	×	×	×	×	×	×	×	0	1	1	0

〖思考练习〗

按图 8-7（b），使用数字电路实验箱，或者面包板、万用板，连接（或焊接）测试电路。如果输入的逻辑电平开关数量不够，可以直接接+5V 电源（相当于输入为 1）和接地（相当于输入为 0）。

按表 8-7 输入状况进行测试，并记录输出编码，与表 8-7 进行对照，看看输入数码对应的输出编码是否相符。

4. 认识 BCD-七段译码器

将得到的 8421BCD 码送入七段数码管进行显示，需要译码器。

1）什么是 BCD 译码

把二进制码（如 8421BCD 码）的各种状态，按照其原意翻译成对应输出信号的电路，叫作二进制译码器。

在最终以数码做显示结果的电路中，往往把 8421BCD 码直接“翻译”成七段（a～g）信号，用以驱动七段数码管显示相应的数码。这种译码器称为 BCD-七段译码器。

2）BCD-七段译码器

实际应用中一般采用集成译码器。常用的有双 2 线-4 线译码器 54LS139/74LS139、3 线-8 线译码器 54LS138/74LS138、4 线-16 线译码器 54154/74154 等。在名称中，前面的线数表示输入的 8421BCD 码的位数，后面的线数为译码后对应的输出信号的个数（线数）。

74LS247 是 BCD-七段译码器，如图 8-8 所示。输入是 8421BCD 码，输出为驱动共阳极数码管 a～g 七段信号（低电平有效）。其中，$\overline{LT}$ 为灯测试信号，低电平有效，有效时，输出所有各段 $\overline{a}$ ～ $\overline{g}$ 为 0，驱动共阳极数码管各段点亮，测试数码管各段显示是否正常；$\overline{RBI}$ 为动态消隐输入控制信号，低电平有效，配合消隐输入/动态消隐输出端 $\overline{BI/RBO}$ 可控制消隐字符显示，如小数点后数码为 0 时不显示 0 字符，则可以利用这两个端配合消隐 0 字符。正常显示 0～9 数码时，这三个端（$\overline{LT}$ 、$\overline{RBI}$ 、$\overline{BI/RBO}$ ）均要接高电平。

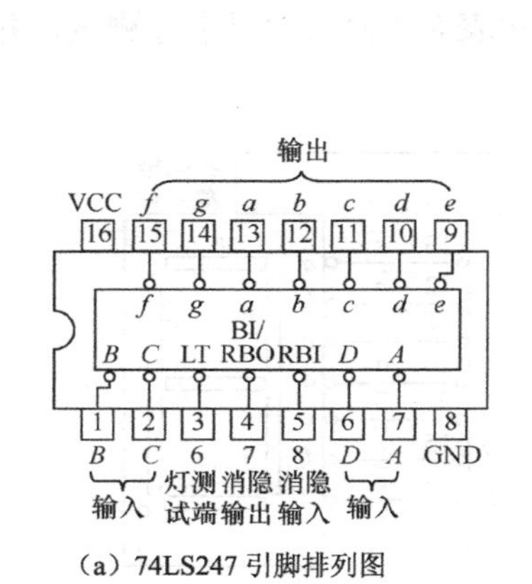

（a）74LS247 引脚排列图

（b）译码显示测试连接图

图 8-8 74LS247 译码显示电路

74LS247 译码显示功能真值表如表 8-8 所示。

表 8-8　74LS247 译码显示功能真值表

输　入				74LS247 输出							数码管输出
D	C	B	A	$\overline{a}$	$\overline{b}$	$\overline{c}$	$\overline{d}$	$\overline{e}$	$\overline{f}$	$\overline{g}$	字形
0	0	0	0	0	0	0	0	0	0	1	0
0	0	0	1	1	0	0	1	1	1	1	1
0	0	1	0	0	0	1	0	0	1	0	2
0	0	1	1	0	0	0	0	1	1	0	3
0	1	0	0	1	0	0	1	1	0	0	4
0	1	0	1	0	1	0	0	1	0	0	5
0	1	1	0	0	1	0	0	0	0	0	6
0	1	1	1	0	0	0	1	1	1	1	7
1	0	0	0	0	0	0	0	0	0	0	8
1	0	0	1	0	0	0	0	1	0	0	9

〖思考练习〗

按图 8-8（b），使用数字电路实验箱，或者面包板、万用板，连接（或焊接）测试电路。按表 8-8 输入状况进行测试，并记录七段（$\overline{a}$～$\overline{g}$）输出情况，与表 8-8 进行对照，看看译码输出结果是否相符？

5. 搭测数码显示电路

把优先编码器 74LS147 和 BCD-七段译码器 74LS247 连接起来，并驱动数码管，构成一个数码输入及显示电路。

按照图 8-9，使用数字电路实验箱，或者面包板、万用板，连接（或焊接）测试电路。由于 74LS147 输出是低电平有效，负逻辑编码，而 74LS247 输入是高电平有效，正逻辑编码，因此在这之间要加一个“变换电路”（图 8-9 中“？”号部分），请想想需要加入什么“变换电路”？电路补充完整后，连接并检查无误后，按表 8-9 输入状况进行测试，并记录数码管的显示结果，看看输入与输出是否相符？

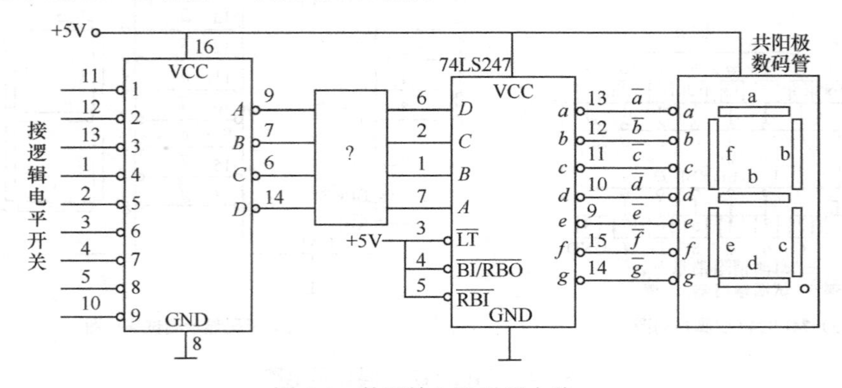

图 8-9　数码输入及显示电路

表 8-9　数码输入及显示电路功能测试表

输入									数码管输出
$\overline{I_9}$	$\overline{I_8}$	$\overline{I_7}$	$\overline{I_6}$	$\overline{I_5}$	$\overline{I_4}$	$\overline{I_3}$	$\overline{I_2}$	$\overline{I_1}$	数码（字形）
1	1	1	1	1	1	1	1	1	
1	1	1	1	1	1	1	1	0	
1	1	1	1	1	1	1	0	×	
1	1	1	1	1	1	0	×	×	
1	1	1	1	1	0	×	×	×	
1	1	1	1	0	×	×	×	×	
1	1	1	0	×	×	×	×	×	
1	1	0	×	×	×	×	×	×	
1	0	×	×	×	×	×	×	×	
0	×	×	×	×	×	×	×	×	

认识数制

对于数的概念大家并不陌生，在日常生活中，数常用来表示多少、大小等，而且大多采用十进制数表示。但在数字电路中，采用的是二进制数（有时为了方便也用八进制数或十六进制数）。它们的差异在于进位方式不同，而进位制就是数制。

1）十进制

在日常生活中，常用十进制数来表示多少、大小等数量。十进制具有如下特点。

（1）数码有 10 个：0、1、2、3、4、5、6、7、8、9。

（2）进位规律：逢十进一（进位基数是 10）。

（3）例如，$(1999)_{10}=1\times10^3+9\times10^2+9\times10^1+9\times10^0$

2）二进制

用电路来表示十进制数需要 10 个能严格区分的状态，而如果用只有 0、1 两个数码的二进制，则只需两个状态就能很好地表示，所以，在数字电路中采用的是二进制数。二进制具有如下特点。

（1）数码只有两个：0、1。

（2）进位规律：逢二进一（进位基数是 2）。

（3）例如，$(10101)_2=1\times2^4+0\times2^3+1\times2^2+0\times2^1+1\times2^0$

3）十六进制

二进制虽然解决了数字电路如何表达数的问题，但是用二进制数去表示一个数会比较长，位数比较多，不容易识别和记忆，因此往往将 4 位二进制数（码）缩成 1 位来表示。由于二进制是“逢二进一”的进位规律，所以 4 位二进制数就是“逢十六进一”，变成 1 位十六进制数。

十六进制具有如下特点。

（1）数码有 16 个：0、1、3、4、5、6、7、8、9、A、B、C、D、E、F。

（2）进位规律：逢十六进一（进位基数是 16）。

（3）例如，$(204C)_{16}=2\times16^3+0\times16^2+4\times16^1+12\times16^0$。

表 8-10 反映了十进制数、十六进制数和二进制数之间的对应关系。

表 8-10　各种数制间的对应关系

十 进 制 数	十六进制数	二 进 制 数	十 进 制 数	十六进制数	二 进 制 数
0	0	0000	8	8	1000
1	1	0001	9	9	1001
2	2	0010	10	A	1010
3	3	0011	11	B	1011
4	4	0100	12	C	1100
5	5	0101	13	D	1101
6	6	0110	14	E	1110
7	7	0111	15	F	1111

学习总结

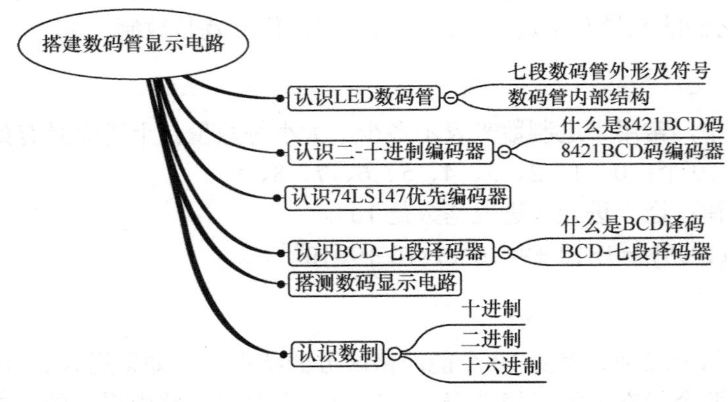

检测评价

〖技术知识〗

（1）用__________表示某些特定含义的代码就称为编码；而把__________的过程称为__________，它是编码的逆过程。

（2）显示电路一般是由__________、__________和__________构成的。

（3）若某编码器的输入信号有 16 个，则输出编码要是__________位的二进制码才能完成编码。

（4）常用的分段式数码管有__________和__________等。

（5）在七段显示器电路中各段的编号为（　　）。

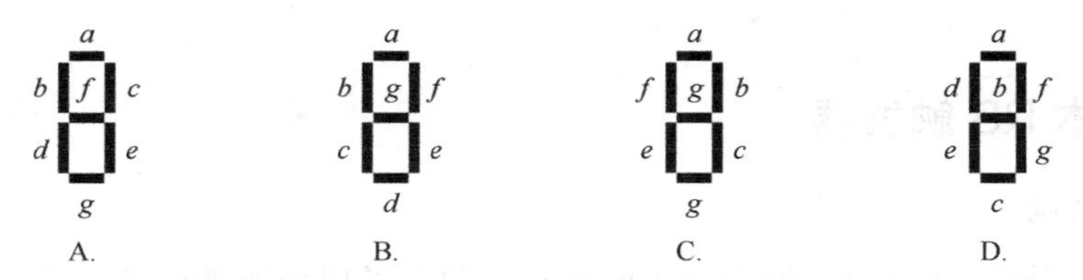

（6）对于一个共阳极数码管，若译码器输出到数码管驱动的 *abcdefg*=0000110，则显示的字符为（　　）。

A．1　　　　B．2

C．3　　　　D．E

（7）十进制数 18 对应的 8421BCD 码为（　　）。

A．10010　　　　B．00011000

C．0000001　　　　D．01001

（8）LED 数码管按连接方式可分为共阳极型和共阴极型两种。（是、否）

（9）逻辑电路中的译码器能实现英文翻译。（是、否）

（10）七段译码器是将输入的 8421BCD 码“翻译”成 *a*～*g* 七段排列来显示数码的电路。（是、否）

（11）写出下列 8421BCD 码所代表的十进制数。

A．$(10000010)_{8421}$　　　　B．$(001101111001)_{8421}$

C．$(0101.0100)_{8421}$　　　　D．$(00101000.01110011)_{8421}$

任务 3　搭建四人抢答器电路

制作一个四人抢答器，其功能为：四人参加抢答比赛，每个参赛者控制一个按钮，按动按钮发出抢答信号。竞赛开始后，先按动按钮者将对应的一个 LED 点亮，此后其他参赛者再按动按钮对电路不起作用。另外，竞赛主持人有一个按钮用于清除（复位）功能。

从数字电路看，抢答器需要保存（“锁住”）抢答的结果，并通过门电路的配合“封闭”其他各组的抢答。保存功能通常是通过触发器实现的。为了完成本任务，应从最简单的 RS 触发器入手，从结构、功能及分析方法等几方面认识触发器。在此基础上，学习由 JK 触发器组成的抢答器电路的工作原理，最后搭建出实际电路，检测其是否符合要求的功能。

任务实施

1. 认识基本 RS 触发器

1）电路结构

如图 8-10 所示，基本 RS 触发器由两个与非门交叉耦合连接组成。第一个与非门的输出端连到第二个与非门的输入端，而第二个与非门的输出端又连到第一个与非门的输入端。

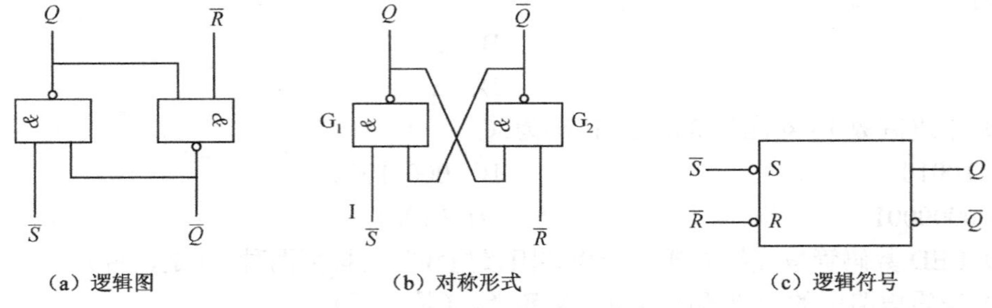

（a）逻辑图　（b）对称形式　（c）逻辑符号

图 8-10　基本 RS 触发器

在基本 RS 触发器的逻辑图中，两个输入端 $\overline{R}$ 和 $\overline{S}$ 上面的横杠，表示低电平有效。在符号图中，输入端加小圆圈（反相圈）表示输入低电平有效，与文字符号相对应。触发器的两个输出端 Q 和 $\overline{Q}$ 必须成互补状态。通常把 Q 端的状态称为触发器状态。当 Q 端为高电平时，触发器的状态称为“1 态”；当 Q 端为低电平时，触发器的状态称为“0 态”。

在基本 RS 触发器中，由于每一个与非门的输出反送回另一个与非门的输入，因此输入、输出会相互影响。当两个输入端（$\overline{R}$、$\overline{S}$）都处于无效状态（即都为高电平 1）时，输出端可以保持在两个稳态上。

基本 RS 触发器也可以用两个或非门交叉耦合组成。

2）逻辑功能

基本 RS 触发器的逻辑功能可以概括成一个功能真值表，如表 8-11 所示。表中，Q^n 表示原来处于的稳态，Q^{n+1} 表示改变后的新稳态。

表 8-11　基本 RS 触发器功能真值表

输入			输出		逻辑功能	解释
$\overline{R}$	$\overline{S}$	Q^n	Q^{n+1}	$\overline{Q^{n+1}}$		
0	0	0 1	1	1	破坏互补关系	约束条件，不允许
0	1	0 1	0	1	置 0	$\overline{R}$ 端称为置 0 端，或复位端
1	0	0 1	1	0	置 1	$\overline{S}$ 端称为置 1 端，或置位端
1	1	0 1	Q^n	$\overline{Q^n}$	保持	保持原态

由表 8-11 可以看出，基本 RS 触发器具有保持原态的功能（两个输入端都为高电平 1 时），也就是记忆功能，这跟前面学习的组合逻辑电路不同，组合逻辑电路输出状态只跟该时刻的输入状态相对应，输入状态（输入信号）改变了，输出状态也随之改变。并且，基本 RS 触发器还具有改变状态的功能（置 0、置 1），通过控制相应的输入端有效，就能改变触发器的状态。当然，两个输入端（$\overline{R}$、$\overline{S}$）不能同时有效，否则电路无法识别是“置 0”还是“置 1”，此时两个输出端（Q^{n+1}、$\overline{Q^{n+1}}$）输出同为高电平，这是不稳定的状态，下一时刻的状态要看两个输入端（$\overline{R}$、$\overline{S}$）中哪一端先撤出“有效”，才能最终决定输出状态。因此，在实际应用时一定要避免这种情况发生，否则会出现逻辑混乱。

3）逻辑分析

分析触发器及由之构成的时序逻辑电路时一般采用时序图（波形图）的分析方法，既直观形象又简单方便，甚至可以用示波器进行观察分析。

『例』在如图 8-11 所示的基本 RS 触发器中，已知$\overline{S}$和$\overline{R}$的波形如图 8-12 所示，试画出 Q 和$\overline{Q}$端对应的波形。

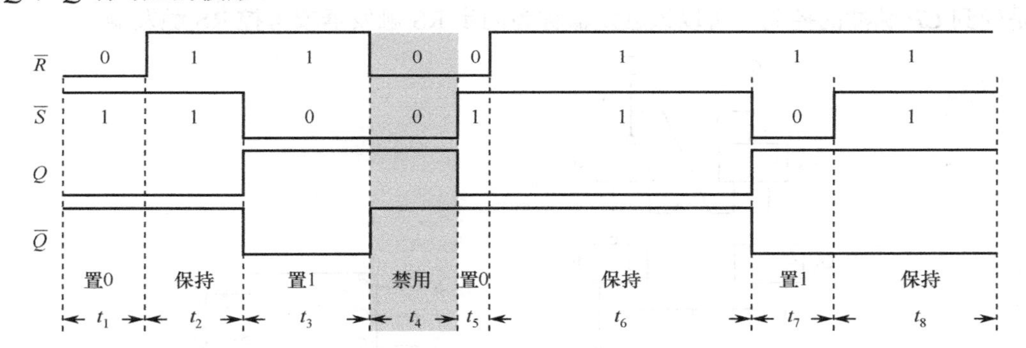

图 8-11　基本 RS 触发器波形图分析

『解』

对照基本 RS 触发器功能真值表，分析如下。

（1）t_1时刻段：$\overline{R}$=0，$\overline{S}$=1→Q=0、$\overline{Q}$=1（置 0）。

（2）t_2时刻段：$\overline{R}$=1，$\overline{S}$=1→保持原态（前一时刻状态是 Q=0、$\overline{Q}$=1）。

（3）t_3时刻段：$\overline{R}$=1，$\overline{S}$=0→Q=1、$\overline{Q}$=0（置 1）。

（4）t_4时刻段：$\overline{R}$=0，$\overline{S}$=0→Q=1、$\overline{Q}$=1（非 0 态和 1 态，破坏互补关系）。

（5）t_5时刻段：$\overline{R}$=0，$\overline{S}$=1→Q=0、$\overline{Q}$=1（置 0）。

（6）t_6时刻段：$\overline{R}$=1，$\overline{S}$=1→保持原态（前一时刻状态是 Q=0、$\overline{Q}$=1）。

（7）t_7时刻段：$\overline{R}$=1，$\overline{S}$=0→Q=1、$\overline{Q}$=0（置 1）。

（8）t_8时刻段：$\overline{R}$=1，$\overline{S}$=1→保持原态（前一时刻状态是 Q=1、$\overline{Q}$=0）。

〖思考练习〗

在如图 8-10（b）所示的基本 RS 触发器中，已知$\overline{S}$和$\overline{R}$的波形如图 8-12 所示，试画出 Q 和$\overline{Q}$端对应的波形。

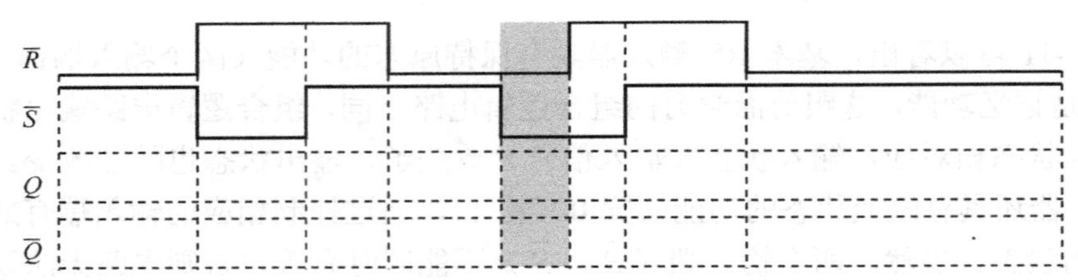

图 8-12　基本 RS 触发器波形图分析练习

2．认识同步 RS 触发器

1）电路结构

同步 RS 触发器是在基本 RS 触发器的基础上，在输入端增加两个控制门组成的，如图 8-13 所示。逻辑图中 G_3 和 G_4 分别是两个输入信号的控制门，*CP* 为控制信号，称为 *CP* 脉冲，又称为同步脉冲或同步信号。在 *CP* 脉冲有效期间（高电平），控制门 G_3 和 G_4 被打开，输入信号 *R* 和 *S* 才能进入触发器，触发器的状态才有可能改变。由于触发器状态的改变是受到 *CP* 脉冲的控制，所以该触发器称为同步 RS 触发器或可控 RS 触发器。

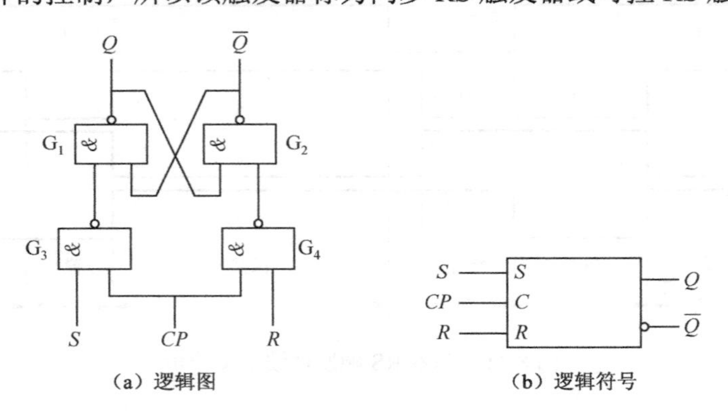

图 8-13　同步 RS 触发器

2）逻辑功能

同步 RS 触发器与基本 RS 触发器相比，其逻辑功能完全一样，只是由于控制门是与非门，有反相作用，所以在同步信号有效期间 *R*、*S* 端为高电平有效，其逻辑功能真值表如表 8-12 所示。表中的约束项 *R*=1、*S*=1 刚好对应基本 RS 触发器的 $\overline{R}$=0、$\overline{S}$=0，可见两个触发器除钟控（时钟控制）外，逻辑功能完全相同。

表 8-12　同步 RS 触发器真值表

输　入			输　出		逻 辑 功 能
CP	*R*	*S*	Q^{n+1}	$\overline{Q^{n+1}}$	
0	×	×	Q^n	$\overline{Q^n}$	保持
1	0	0	Q^n	$\overline{Q^n}$	保持
	0	1	1	0	置 1
	1	0	0	1	置 0
	1	1	1	1	破坏互补关系（状态不稳定）

3）逻辑分析

『例』在如图 8-13 所示的同步 RS 触发器中，设初态为 1 态，输入 R、S 和控制信号 CP 的波形如图 8-14 所示，试画出 Q 和 $\overline{Q}$ 端对应的波形。

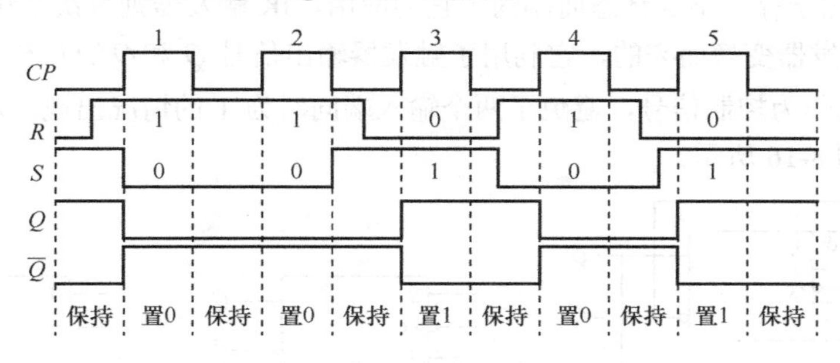

图 8-14　同步 RS 触发器波形图分析

『解』

对于有钟控（时钟控制）的电路，时钟（脉冲）到来前，保持原态（时钟到来前一刻的状态），时钟到来后（CP 为高电平，灰色部分）才根据输入端 R 和 S 的状态（高电平有效）决定触发器新的状态。分析如下。

（1）第 1 个 CP（高电平）到来前，都保持初态（1 态，Q=1）。

（2）第 1 个 CP（高电平）到来时，R=1，S=0（R 有效→复位，置 0），所以 Q=0。

（3）第 1 个 CP（高电平）过后到第 2 个 CP（高电平）到来前，都保持状态（0 态，Q=0）。

（4）第 2 个 CP 到来时，R=1，S=0（R 有效→复位，置 0），所以 Q=0。

（5）第 2 个 CP 过后到第 3 个 CP 到来前，都保持状态（0 态，Q=0）。

（6）第 3 个 CP 到来时，R=0，S=1（S 有效→置位，置 1），所以 Q=1。

（7）第 3 个 CP 过后到第 4 个 CP 到来前，都保持状态（1 态，Q=1）。

（8）第 4 个 CP 到来时，R=1，S=0（R 有效→复位，置 0），所以 Q=0。

（9）第 4 个 CP 过后到第 5 个 CP 到来前，都保持状态（0 态，Q=0）。

（10）第 5 个 CP 到来时，R=0，S=1（S 有效→置位，置 1），所以 Q=1。

（11）第 5 个 CP 过后，都保持状态（1 态，Q=1）。

〖思考练习〗

在如图 8-13 所示的同步 RS 触发器中，设初态为 1 态，输入 R、S 和控制信号 CP 的波形如图 8-15 所示，试画出 Q 和 $\overline{Q}$ 端对应的波形。

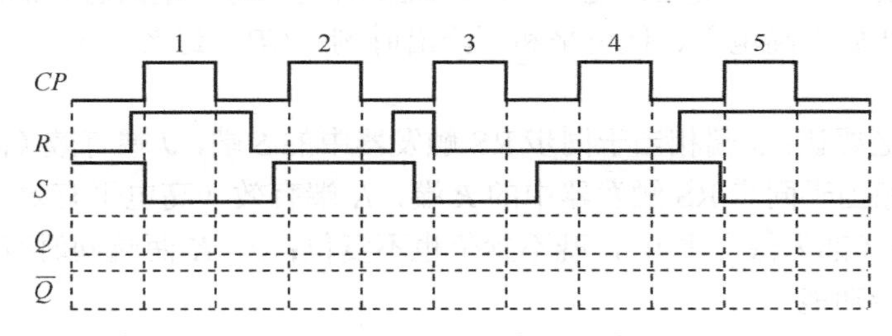

图 8-15　同步 RS 触发器波形图分析练习

3. 认识 JK 触发器

1）电路结构

RS 触发器由于存在不定状态而制约了它的应用，JK 触发器则解决了这个问题。JK 触发器是从 RS 触发器变换而来的，它利用了触发器输出信号 Q 和 $\overline{Q}$ 的互补性，把两个输出信号引回输入端作为控制信号，避免了两个输入端同时为 1 的情况出现，从而解决了不定状态问题，如图 8-16 所示。

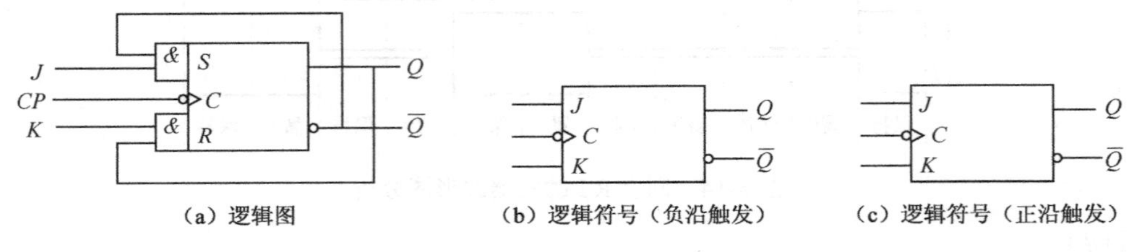

（a）逻辑图　（b）逻辑符号（负沿触发）　（c）逻辑符号（正沿触发）

图 8-16　JK 触发器

2）逻辑功能

JK 触发器的逻辑功能与同步 RS 触发器基本相同，只是在两个输入端信号都为 1 时才有所不同。

对于同步 RS 触发器，在同步脉冲有效期间，两个输入端信号同为 1 时，输出状态为不定状态，在实际应用时一般不允许出现这种状态，否则会出现逻辑混乱。而对于 JK 触发器，在触发脉冲到来时，若两个输入端信号同为 1，则输出状态发生翻转，即原态为 0 态则翻转为 1 态，若原态为 1 态则翻转为 0 态。JK 触发器的真值表如表 8-13 所示。

表 8-13　JK 触发器的真值表

输入			输出		逻辑功能
CP	J	K	Q^{n+1}	$\overline{Q^{n+1}}$	
未到	×	×	Q^n	$\overline{Q^n}$	保持
到来	0	0	Q^n	$\overline{Q^n}$	保持
	0	1	0	1	置 0
	1	0	1	0	置 1
	1	1	$\overline{Q^n}$	Q^n	翻转

注意：对于负沿触发的触发器，CP“未到”的含义是 CP 处于高电平、低电平和上升沿时刻；CP“到来”的含义是 CP 处于下降沿跳变瞬间。对于正沿触发的触发器，CP“未到”的含义是 CP 处于高电平、低电平和下降沿时刻；CP“到来”的含义是 CP 处于上升沿跳变瞬间。

逻辑功能记忆要诀：J 端相当于同步 RS 触发器中的 S 端，J 端有效（高电平有效），起置位作用；K 端相当于同步 RS 触发器中的 R 端，K 端有效（高电平有效），起复位作用；J、K 两端都无效（都为低电平 0），既不置位也不复位；J、K 两端同时有效（都为高电平 1），此时执行翻转功能。

另外，JK 触发器的触发方式为边沿触发，即 CP 的有效期为上升沿或下降沿瞬间。与同步 RS 触发器不同，同步 RS 触发器为电平触发，即 *CP* 的有效期为高电平（或低电平）时间段，在这期间，触发器的状态可能因为输入端信号（*R*、*S*）发生了多次改变，而令触发器状态发生多次翻转（称之为空翻现象），容易造成逻辑混乱。因此，JK 触发器避免了这种现象的发生。

3）逻辑分析

『例』在如图 8-16 所示的 JK 触发器中，设初态为 0 态，输入端 *J*、*K* 和时钟信号 *CP* 的波形如图 8-17 所示，试画出 *Q* 端的波形。

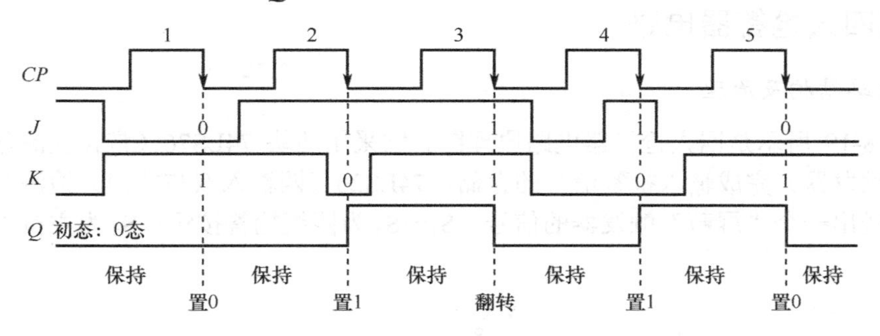

图 8-17　JK 触发器波形图分析

『解』

从 JK 触发器的符号图可知触发器的触发方式是负沿（下降沿）触发，也就是说，触发器状态的改变只可能在下降沿时刻（用箭头及虚线标定，如图 8-17 所示），除了这些时刻外，触发器都会保持前一时刻的状态。分析如下。

（1）第 1 个 *CP* 下降沿到来前，都保持初态（0 态）。

（2）第 1 个 *CP* 到来（下降沿时刻）时，*J*=0，*K*=1（*J* 相当于置位，*K* 相当于复位，*K* 有效，复位），所以 *Q*=0。

（3）第 1 个 *CP* 过后到第 2 个 *CP* 下降沿到来前，都保持状态（0 态，*Q*=0）。

（4）第 2 个 *CP* 到来（下降沿时刻）时，*J*=1，*K*=0（*J* 相当于置位，*K* 相当于复位，J 有效，置位），所以 *Q*=1。

（5）第 2 个 *CP* 过后到第 3 个 *CP* 下降沿到来前，都保持状态（1 态，*Q*=1）。

（6）第 3 个 *CP* 到来（下降沿时刻）时，*J*=1，*K*=1（*J* 相当于置位，*K* 相当于复位，*J*、*K* 同时有效，状态翻转），所以 *Q*=0。

（7）第 3 个 *CP* 过后到第 4 个 *CP* 下降沿到来前，都保持状态（0 态，*Q*=0）。

（8）第 4 个 *CP* 到来（下降沿时刻）时，*J*=1，*K*=0（*J* 有效，置位），所以 *Q*=1。

（9）第 4 个 *CP* 过后到第 5 个 *CP* 下降沿到来前，都保持状态（1 态，*Q*=1）。

（10）第 5 个 *CP* 到来（下降沿时刻）时，*J*=0，*K*=1（*K* 有效，复位），所以 *Q*=0。

（11）第 5 个 *CP* 过后，都保持状态（0 态，*Q*=0）。

〖思考练习〗

在如图 8-16 所示的 JK 触发器中，设初态为 0 态，输入端 *J*、*K* 和时钟信号 *CP* 的波形如图 8-18 所示，试画出 *Q* 端的波形。

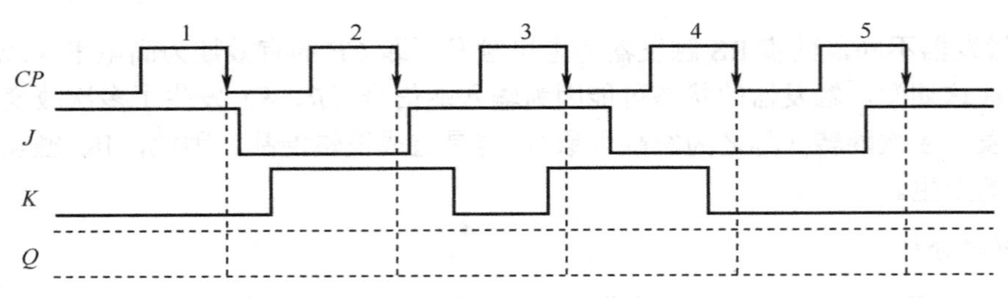

图 8-18　JK 触发器波形图分析练习

4．搭测四人抢答器电路

1）电路结构及原理

如图 8-19 所示是四人抢答器电路原理图。它采用两块 74LS76（带预置清除的负沿触发双 JK 触发器）完成输入抢答信号的存储，74LS20（四输入双与非门）检测首个抢答信号输入后送出一个“屏蔽”触发器的信号。S_1～S_4 为四组抢答按钮；S_5 为主持人控制的复位按钮。

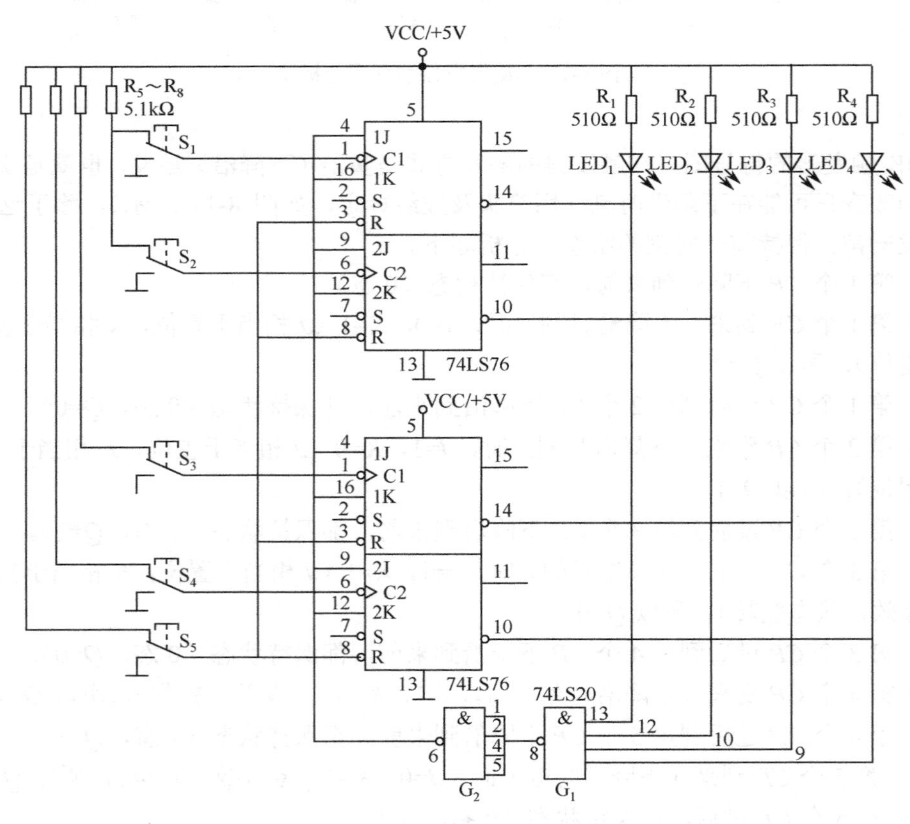

图 8-19　四人抢答器电路原理图

其工作过程及原理如下。

抢答前，主持人按下 S_5 复位按钮，在四个 JK 触发器的直接清零（复位）端（$\overline{R}$ 端）送入一个低电平清零（复位）信号，四个 JK 触发器同时清零，状态输出端 Q=0、互补输出端$\overline{Q}$=1（$\overline{Q_1}\ \overline{Q_2}\ \overline{Q_3}\ \overline{Q_4}$=1111），四个抢答指示灯LED负极同时输入高电平。而LED正极接限流电路到电源端，LED是低电平驱动发光的，显然此时四个LED灯都熄灭。而此时$\overline{Q_1}\ \overline{Q_2}\ \overline{Q_3}\ \overline{Q_4}$（=1111）又送到检测门$G_1$，$G_1$输出低电平，$G_2$输出高电平（$G_2$的四个输入端并接相当于非门功能），令四个JK触发器的J、K端同时为高电平，触发器处于翻转功能状态（这种翻转型的触发器又称为T′触发器），一有触发脉冲输入，触发器的状态就会实现翻转。此时电路处于抢答准备状态。

抢答开始后，当某一个参赛选手按动抢答按钮，此时电路就会产生一系列的变化。先以选手1按动抢答按钮S_1为例说明整个变化过程。

S_1～S_4常闭端接限流电阻R_5到电源端，也就是没按动按钮时四个抢答按钮输出的是高电平信号。当按下S_1按钮时，触动端接地，S_1置为低电平，S_1送出一个从高电平往低电平跳变的下降沿跳变信号。而S_1输出端信号作为第1个JK触发器（下降沿触发）的触发信号C_1（CP_1）端，此时J、K为高电平，触发器状态发生翻转，从0态翻转为1态（即Q_1=1、$\overline{Q_1}$=0），LED_1因负极输入低电平被点亮。而$\overline{Q_1}$（=0）又送到检测门G_1，G_1输出高电平，G_2输出低电平，从而四个JK触发器的J、K输入端同时被置为低电平，四个JK触发器的的状态被“锁住”（保持原态），无论其他参赛选手如何按动抢答按钮，触发器的状态都不会改变。

同理，如果首先按下的是S_2按钮，则LED_2被点亮，然后送到检测门G_1，G_2送出“屏蔽”触发器状态（保持原态）的信号（JK=00）。S_3或S_4首先被按下的情况，道理是一样的。

在下一次抢答前，主持人按下复位按钮S_5，此时四个JK触发器全部复位，所有LED灯都熄灭，抢答重新开始。

2）JK触发器74LS76

如图8-20所示是负沿触发双JK触发器74LS76的外形和逻辑符号。

（a）外形

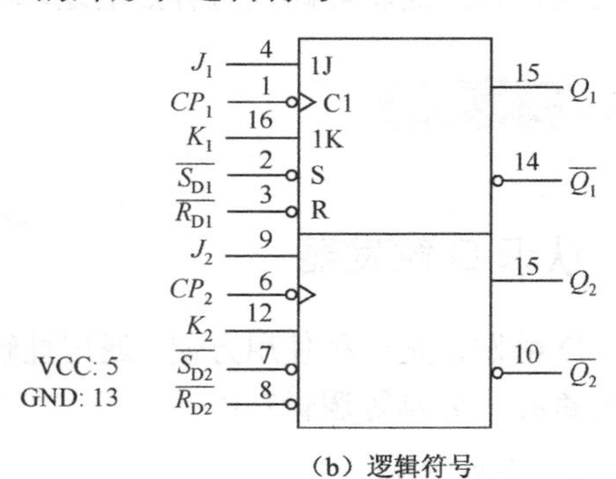

（b）逻辑符号

图8-20 负沿触发双JK触发器74LS76

各引脚功能请查阅手册或互联网。

3）装配及测试步骤

按照如图8-19所示的原理图，在印制电路板（或万能板）上设计电路装配图。PCB和装配实物图参见图8-21。

电路安装完毕后，对照电路原理图和装配图，仔细检查电路是否安装正确，导线、焊点是否符合要求。

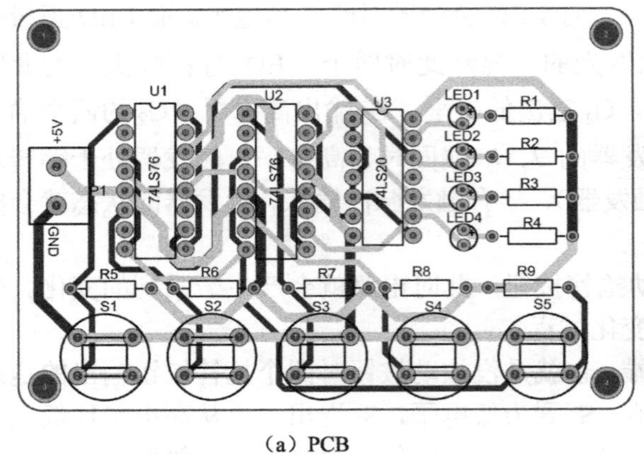

（a）PCB

（b）装配实物图

图 8-21　四人抢答器装配参考图

注意：抢答情况由低电平驱动 LED 进行显示，因此由各触发器的互补输出端 $\overline{Q}$ 进行驱动连接，不要搞错。另外，每一块 IC 都需要供电电源（14 脚接+5 V，7 脚接地 GND）。

检查无误后，接通电源开关，先按动复位（清零）按钮 S_5 进行清零，然后尝试按动各抢答按钮，看看指示各组抢答的 LED 显示是否正常。再进行多按钮抢答，看看能否锁定最快按动的那一组状态。

注意：如果用实验箱（或学习机）构建抢答器，则焊接电路部分可以省略，其余连接和测试电路的方法基本一样。按钮用逻辑电平开关代替（或其中两个用下降沿单次脉冲输出端），常接高电平状态，按动时相当于接低电平，按完后拨回高电平。

如果通电后发现电路工作不正常，可以先检查触发器（74LS76）工作是否正常，如果没问题，再沿逻辑环路检查各点的逻辑状态是否正常，逐步排除故障。

知识拓展

1. 认识 D 触发器

D 触发器是一种使用方便、通用性较强的实用型触发器，它可以实现数字信号的寄存、移位寄存、分频等逻辑功能。

1）电路结构

假如把 JK 触发器的输入端 J 信号通过非门接到输入端 K 便可构成 D 触发器，如图 8-22 所示。

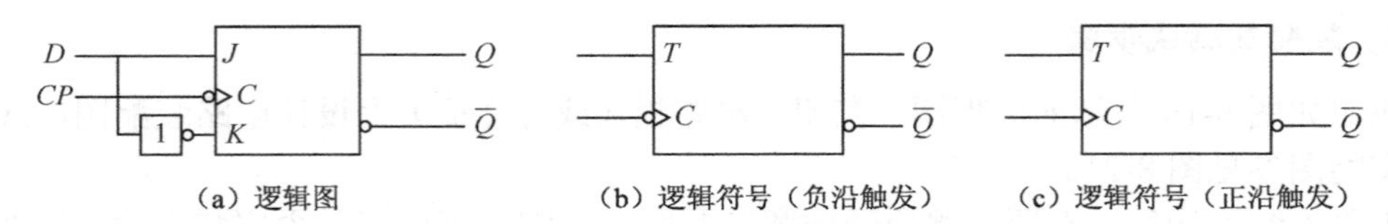

（a）逻辑图　　（b）逻辑符号（负沿触发）　　（c）逻辑符号（正沿触发）

图 8-22　D 触发器

2）逻辑功能

由于在 JK 触发器的输入端 K 加入了非门，实际上就限定了两个输入端 J 和 K 不能相同。因此，和 JK 触发器逻辑功能（见表 8-13）相比，D 触发器只应用了其中置 0 和置 1 两个功能，其真值表如表 8-14 所示。

表 8-14 D 触发器的真值表

输入		输出		逻辑功能
CP	D	Q^{n+1}	$\overline{Q^{n+1}}$	
未到	×	Q^n	$\overline{Q^n}$	保持
到来	0	0	1	置 0
	1	1	0	置 1

注意：对于负沿触发的触发器，CP“未到”的含义是 CP 处于高电平、低电平和上升沿时刻；CP“到来”的含义是 CP 处于下降沿跳变瞬间（也就是负沿跳变）。对于正沿触发的触发器，CP“未到”的含义是 CP 处于高电平、低电平和下降沿时刻；CP“到来”的含义是 CP 处于上升沿跳变瞬间（也就是正沿跳变）。

逻辑功能记忆要诀：时钟信号 CP 未到时，保持原态（前一时刻状态）；时钟信号 CP 到来时，触发器状态就跟当时的输入端 D 相同（$Q^{n+1}=D$）。

3）逻辑分析

『例』在如图 8-22 所示的 D 触发器中，设初态为 0 态，输入端 D 和时钟信号 CP 的波形如图 8-23 所示，试画出 Q 端的波形。

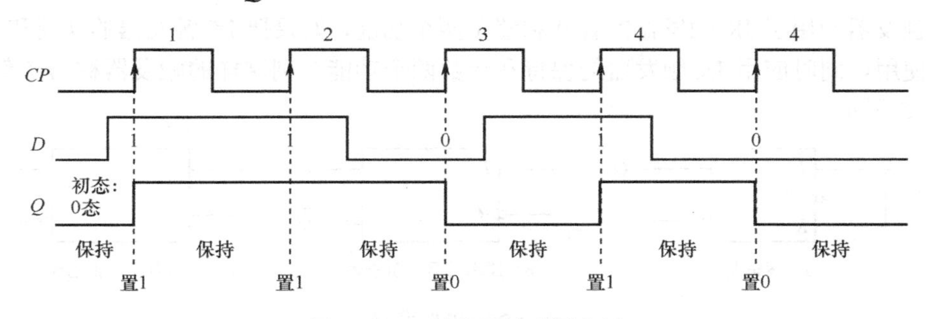

图 8-23 D 触发器波形图分析

『解』

从 D 触发器的符号图可知触发器的触发方式是正沿（上升沿）触发，也就是说，触发器状态的改变只可能在上升沿时刻（从低电平到高电平跳变瞬间，用箭头及虚线标定，如图 8-23 所示），除了这些时刻外，触发器都会保持前一时刻的状态。分析如下。

（1）第 1 个 CP 下降沿到来前，都保持初态（0 态）。

（2）第 1 个 CP 到来（上升沿时刻）时，D=1 时，则 Q=1（新态）。

（3）第 1 个 CP 过后到第 2 个 CP 上升沿到来前，都保持状态（1 态，Q=1）。

（4）第 2 个 CP 到来（上升沿时刻）时，D=1，则 Q=1。

（5）第 2 个 CP 过后到第 3 个 CP 上升沿到来前，都保持状态（1 态，Q=1）。

（6）第 3 个 CP 到来（上升沿时刻）时，D=0，则 Q=0。

（7）第 3 个 CP 过后到第 4 个 CP 上升沿到来前，都保持状态（0 态，Q=0）。

（8）第 4 个 CP 到来（上升沿时刻）时，D=1，则 Q=1。

（9）第 4 个 CP 过后到第 5 个 CP 上升沿到来前，都保持状态（1 态，Q=1）。

（10）第 5 个 CP 到来（上升沿时刻）时，D=0，则 Q=0。

（11）第 5 个 CP 过后，都保持状态（0 态，Q=0）。

〖**思考练习**〗

在如图 8-22 所示的 D 触发器中，设初态为 0 态，输入端 D 和时钟信号 CP 的波形如图 8-24 所示，试画出 Q 端的波形。

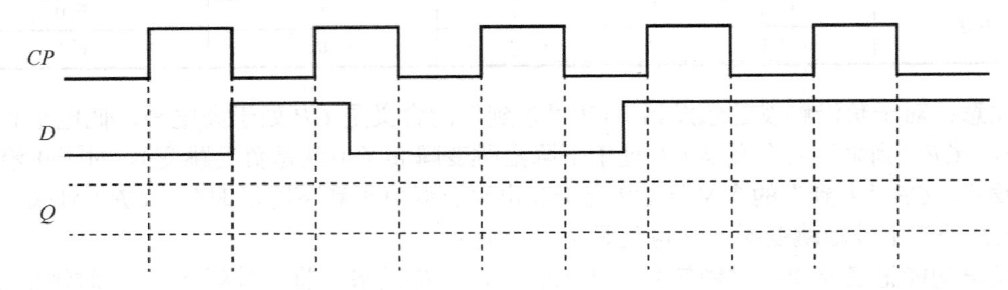

图 8-24　D 触发器波形图分析练习

2．认识 T 触发器

1）电路结构

D 触发器应用了 JK 触发器的置 0 和置 1 两个功能，如果把 JK 触发器的 J 端和 K 端连接起来使用，同时应用 JK 触发器的保持和计数两个功能，则这样的触发器称为 T 触发器，如图 8-25 所示。

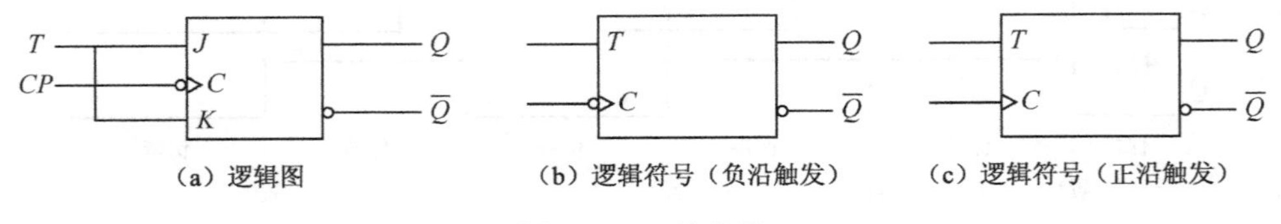

（a）逻辑图　（b）逻辑符号（负沿触发）　（c）逻辑符号（正沿触发）

图 8-25　T 触发器

2）逻辑功能

T 触发器的真值表如表 8-15 所示。当 T = 0 时，触发器保持原来的状态；当 T = 1 时，触发器为计数触发，即每来一个有效沿（下降沿或上升沿），触发器就翻转一次。

表 8-15　T 触发器的真值表

输入		输出	逻辑功能
CP	T	Q^{n+1}	
未到	×	Q^n	保持
到来	0	0	置 0
	1	1	置 1

3）逻辑分析

如图 8-26 所示为 T 触发器的波形图（时序图）分析举例，设 T 触发器初态为 0 态。

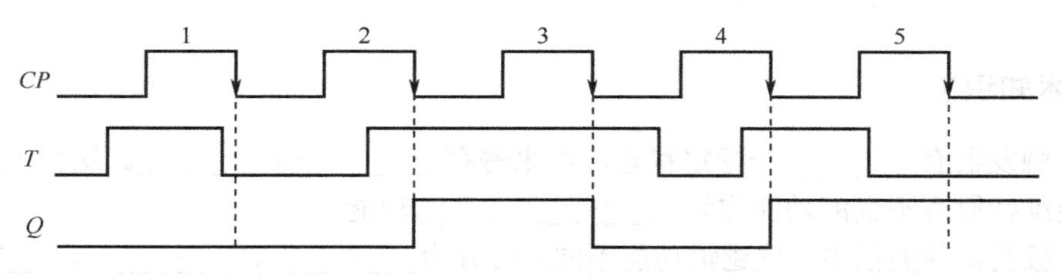

图 8-26　T 触发器波形图分析举例

3．认识 T′触发器

T 触发器具有保持和计数两种功能。当 *T* 端恒接高电平时，*T* 触发器就变成 T′触发器，来一个 *CP* 脉冲，触发器就翻转 1 次。T′触发器也可由 JK 触发器或 D 触发器构成，如图 8-27 所示。图 8-28 为 T′触发器波形图分析举例（T′触发器初态为 0 态）。

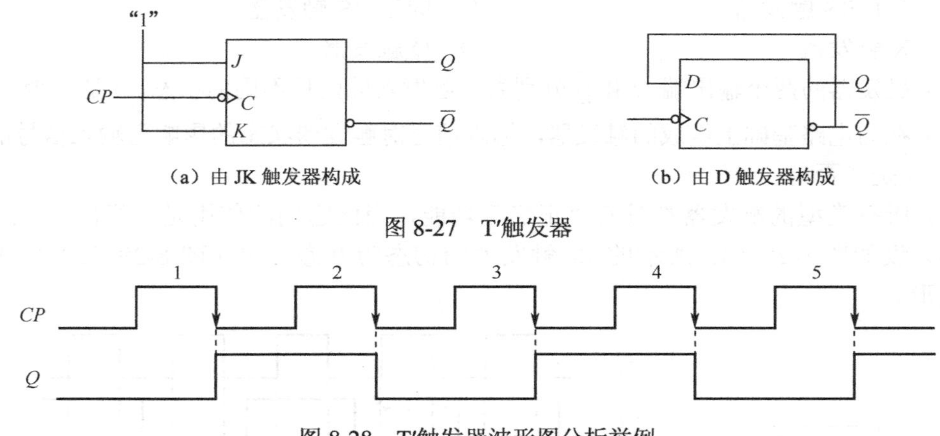

（a）由 JK 触发器构成　　（b）由 D 触发器构成

图 8-27　T′触发器

图 8-28　T′触发器波形图分析举例

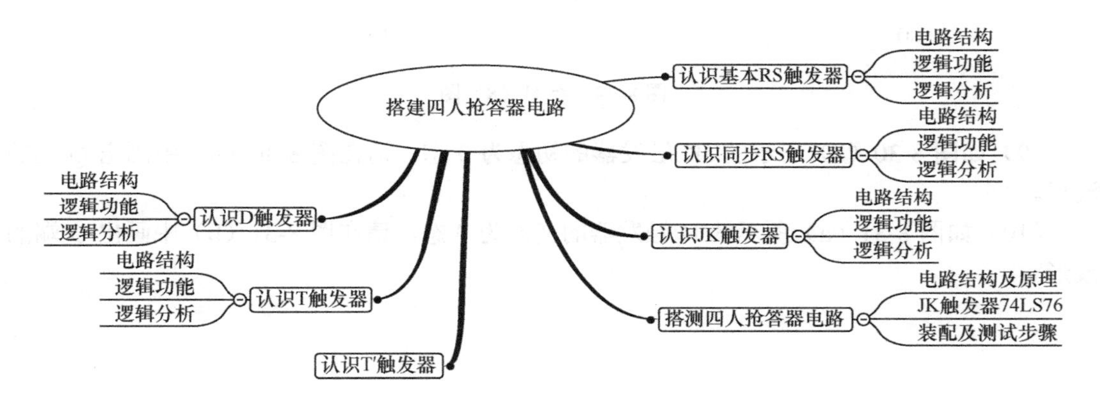

检测评价

〖技术知识〗

（1）触发器有________个稳定状态，用来寄存________和________。这种无外加触发信号时能维持原态不变的功能称为________________功能。

（2）触发器种类很多，按逻辑功能不同，可分为_________、_________、_________和_________等。

（3）在触发脉冲作用下，触发器的输出信号总是和输入信号相同的触发器是（　　）。

A．基本 RS 触发器　　　　B．同步 RS 触发器；

C．JK 触发器　　　　D．D 触发器

（4）具有“置 0”“置 1”“保持原态”和“状态翻转”功能，被称为全功能触发器的是（　　）。

A．基本 RS 触发器　　　　B．同步 RS 触发器

C．JK 触发器　　　　D．D 触发器

（5）触发器的两个输出端 Q 和 $\overline{Q}$ 分别表示触发器的两种不同的状态。（是、否）

（6）在门电路基础上组成的触发器，输入信号对触发器状态的影响随输入信号的消失而消失。（是、否）

（7）所有类型的触发器都具有“记忆”功能，因此它们的作用是一样的。（是、否）

（8）设如图 8-29（a）所示的 JK 触发器的初态为 0 态，请在图 8-29（b）中画出 Q 端的波形。

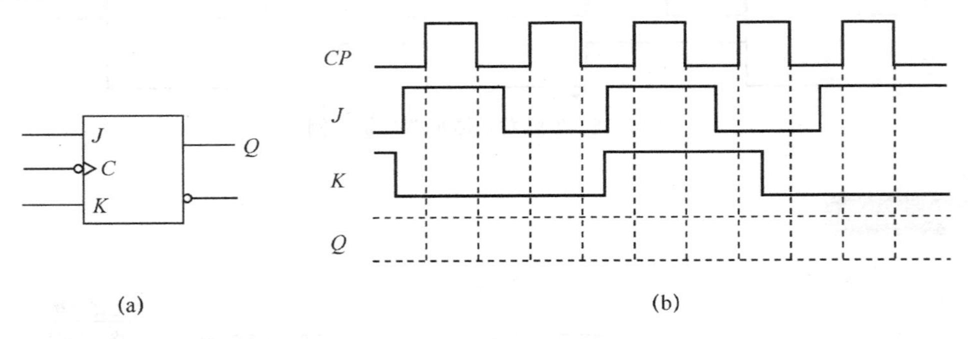

图 8-29　练习（8）图

（9）如图 8-30（a）所示的 JK 触发器的初态为 0 态，请在图 8-30（b）中画出 Q 端的波形。

（10）如图 8-31（a）所示的 D 触发器的初态为 0 态，请在图 8-31（b）中画出 Q 端的波形。

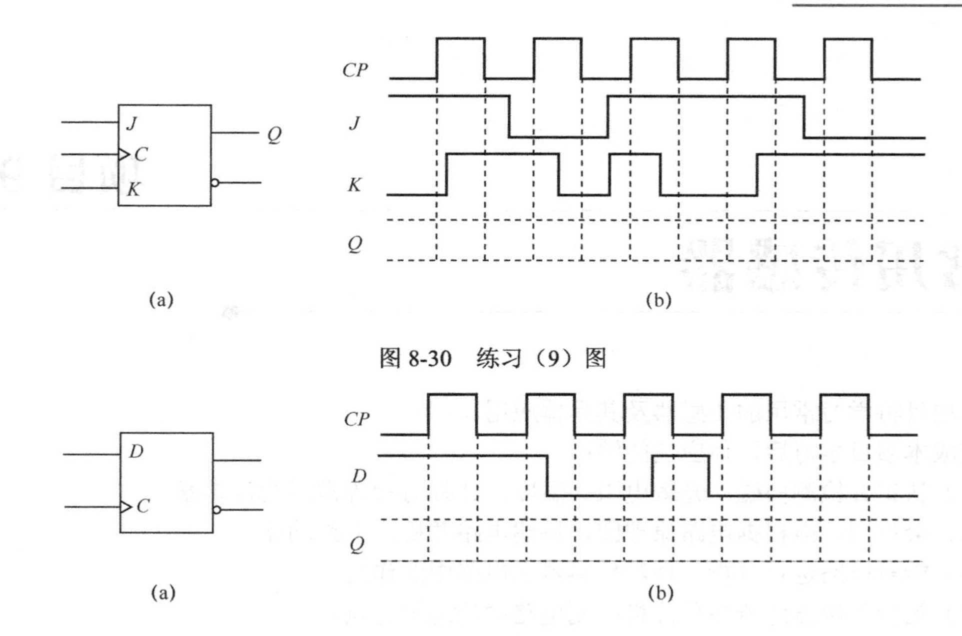

图 8-30　练习（9）图

图 8-31　练习（10）图

〖实践操作〗

参考本项目任务 1 中的三人表决电路，设计一个举重比赛判定电路。在举重比赛中，有 A、B、C 三个裁判，其中 A 为主裁判。只有当两名以上裁判（必须包括 A 在内）认为运动员上举杠铃成功，按动面前的按钮时，表明“成功”的灯才亮。

项目 9

常用传感器

本项目将学习常用的传感器及其具体应用。

完成本项目学习后，你应当能够：

（1）认识并检测门磁、光敏电阻、温度、红外对管等常用的传感器；

（2）会识图，能根据电路原理图，搭建电路并检测电路功能；

（3）能对电路进行分析，理解传感器在电路中的作用；

（4）初步了解传感器在单片机控制电路中的运用特点。

建议本项目安排 6～10 学时。

任务 1　搭建门磁报警电路

有套元件，包括 2 个门磁开关，以及双刀双掷继电器、NPN 晶体三极管、二极管、有源蜂鸣器、LED 灯、电阻、面包板及多彩面包线等。要求从中挑选出合适的元件，搭建出如图 9-1 所示的门磁报警电路。其功能是：当门磁开关断开时，触发蜂鸣器和 LED 报警。

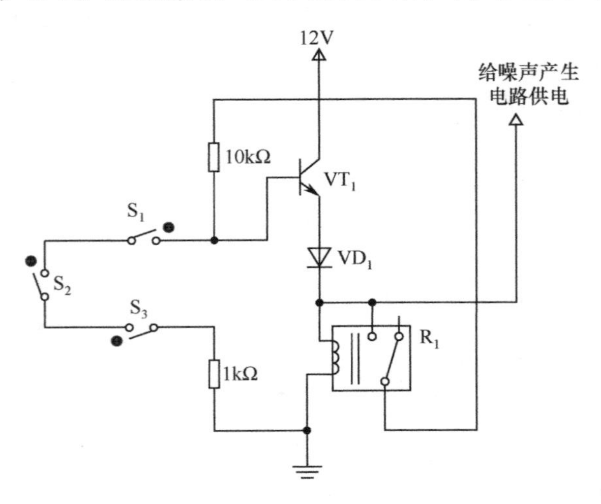

图 9-1　门磁报警电路

任务分析

为完成本项任务，首先需要认识门磁开关的工作原理，然后在前面所学的三极管放大电路的基础上，进一步学习三极管作为开关管使用的具体应用，认识并学习继电器、蜂鸣器的使用。最后根据任务要求，挑选参数合适的元件，在面包板上搭建出电路，并进行报警功能检验测试。

任务实施

1. 认识门磁开关

1）内部结构

门磁开关是用来探测门、窗、抽屉等是否被非法打开或移动的一种开关，一般作为位置传感器使用，如图 9-2 所示。

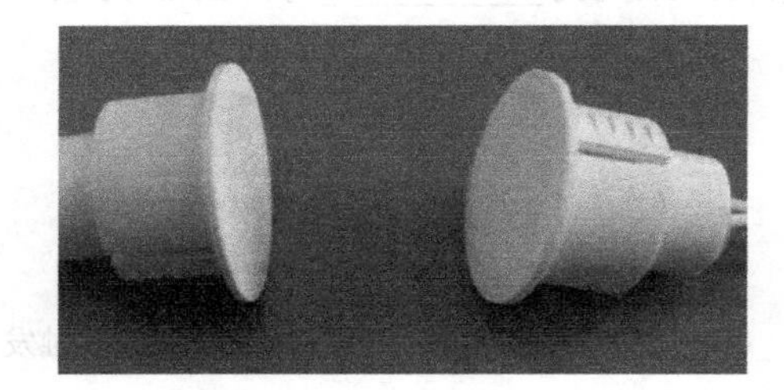

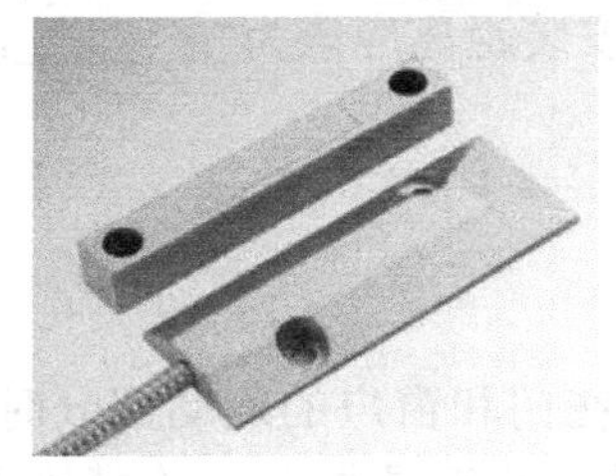

图 9-2　门磁开关实物图

门磁开关由磁簧管经引线连接、定型封装而成，当磁性物体接近时，引起开关动作。它包含两个模块：磁铁模块和开关模块。其中，磁铁模块是由一块永久磁铁做成的；开关模块中包含一个磁簧开关，当磁铁模块靠近开关模块时，可隐约听到磁簧开关发出嘀嗒的声音，即进行了开关状态的转换。磁簧开关可以是常开或是常闭的，在本任务中需要的是常开的开关，即只有当磁铁模块靠近磁簧开关时，它才闭合。

2）触发原理

门磁开关的内部示意图如图 9-3 所示。磁簧开关有两个柔软的磁化条连接到两颗螺钉上，当磁铁模块靠近磁簧开关时，磁化条被磁化，同名磁极相互排斥，异名磁极相互吸引，当磁场的作用足够大时，两个被磁化出不同极性的磁化条相互吸合在一起，实现了磁簧开关的闭合。当磁铁模块逐渐远离磁簧开关时，磁化条失去磁性，恢复到原来的断开状态。

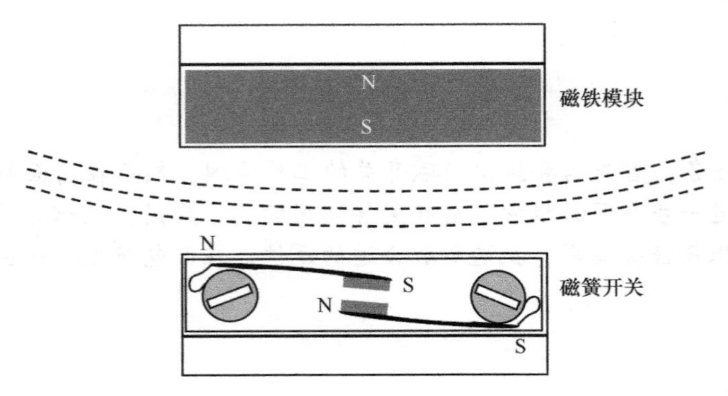

图 9-3　门磁开关的内部示意图

〖**思考练习**〗

（1）门磁开关触发 LED 灯。如图 9-4 所示，如果该 LED 的工作电流为 10～30mA，直流电源为 5V，则所选择的限流电阻的阻值应在__________范围。在面包板上连接此电路并进行观察，当磁铁模块向磁簧开关靠近，距离为__________时，LED 灯亮；当磁铁模块远离磁簧开关，距离为__________时，LED 灯熄灭。

图 9-4　门磁开关触发 LED 灯

（2）门磁开关的两个模块的安装距离应该为________，这样才能正常工作。

2．识读报警电路

1）单门磁开关报警电路

将门磁开关的磁铁模块安装在门和窗户的运动部分时，将开关模块安装在门框和窗框上。当门或窗户闭合时，磁铁模块几乎是靠在开关模块上的。此时，磁铁使开关保持闭合状态，直到门或窗户打开之后，开关才断开。接下来，如何才能用门磁开关来触发报警器呢？

如图 9-5 所示，当开关闭合时，三极管的基极电压被拉低，基极电流减小，三极管处于截止状态，内阻增大，LED 灯不亮；当开关打开时，三极管的基极电压升高，基极电流增大，三极管处于饱和导通状态，内阻减小，LED 灯有电流通过，被触发点亮（即报警系统被启动）。

2）多门磁开关报警电路

在同一个报警系统中，如果要连接两个或多个门磁开关，该如何连接呢？

当门磁开关散布在家里的多个地方时，如大门、窗户、放置贵重物品的抽屉等，可以将它们全部以串联的方式进行连接，如图 9-6 所示。由于连接各个开关的导线电阻阻值比 1kΩ 要小得多，可以忽略不计，因此如图 9-5 所示的电路仍然适用。

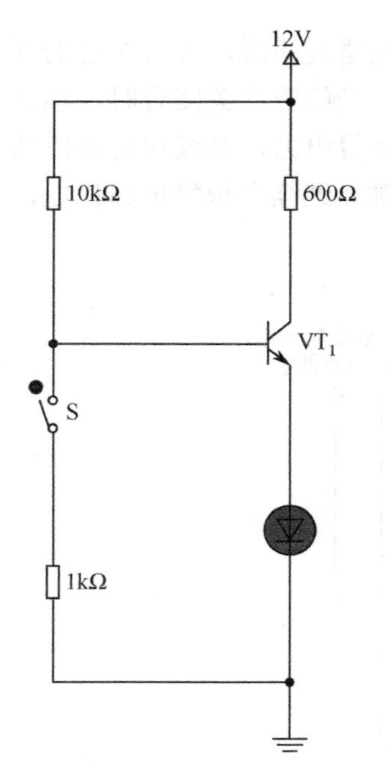

图 9-5　一个门磁开关触发 LED 灯报警

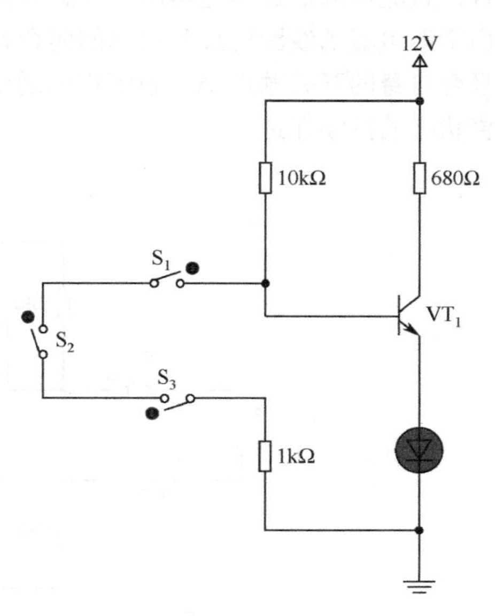

图 9-6　多个门磁开关触发 LED 灯报警

3）报警保持电路

当入侵发生时，门磁开关断开后再快速闭合，图 9-6 的报警系统会处于关闭状态（LED 灯熄灭），这是人们不希望出现的。那么如何保持报警状态呢（即 LED 灯始终点亮）？

如图 9-7 所示，该电路中使用了继电器，当电源开关闭合时，继电器被激磁，吸合自身的开关闭合；当电源开关断开后，由于继电器的线圈通过其内部的闭合触点使开关仍能获得电力，继续保持激磁状态，始终吸合自身的开关触点 A。即继电器一直处于供电状态，直到 12V 电源被切断。

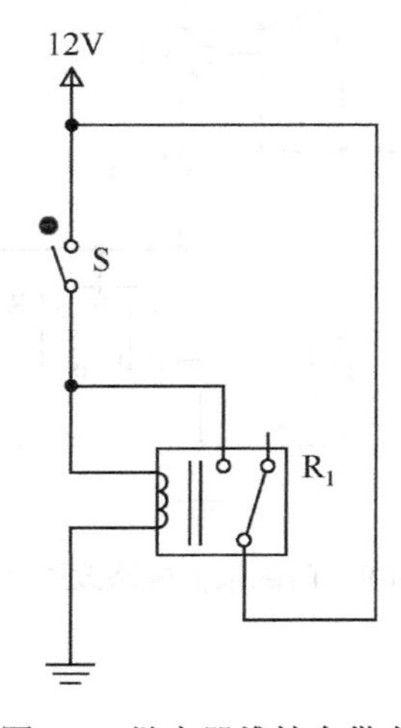

图 9-7　继电器维持自供电

使用这个方法，用晶体管代替电源开关，并从 A 点引出抽头供电给报警电路，如图 9-8

所示。当任意一个门磁开关打开时，晶体管饱和导通，继电器被激磁，吸合左边的开关触点闭合，直流电源通过继电器的吸合触点向报警电路供电；当门磁开关闭合时，晶体管截止，由于继电器的线圈通过其内部的闭合触点使开关仍能获得电力，继续保持激磁状态，始终吸合自身的开关触点 A，直流电源通过继电器的吸合触点继续向报警电路供电，实现了报警状态的持续保持。

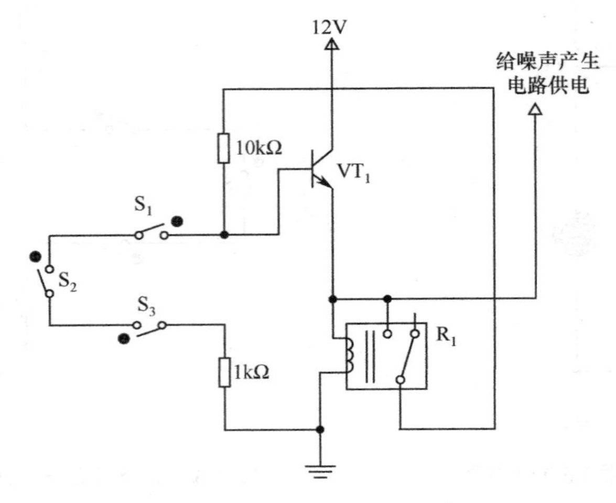

图 9-8　门磁报警电路改进之一

在此电路中，当晶体管断开而继电器保持闭合时，来自继电器的电流会回流到晶体管的发射极，给晶体管施加反向电流。为了阻断该反向电流，添加了一个元件，如图 9-9 所示。

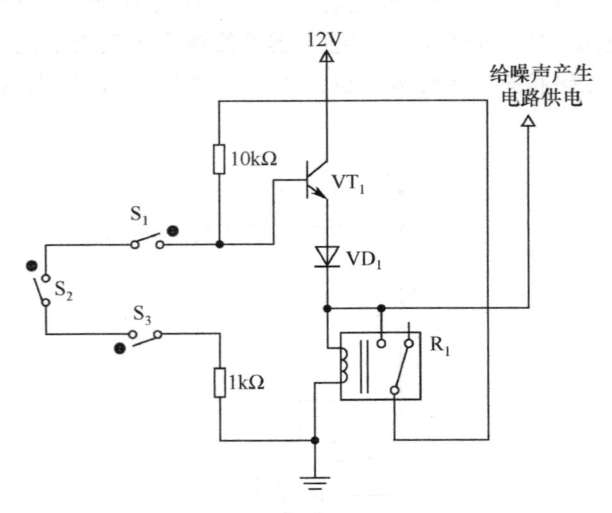

图 9-9　门磁报警电路改进之二

〖思考练习〗

与图 9-8 对比，在图 9-9 中增加了__________元件，该元件的主要作用是：（正向/反向）导通，（正向/反向）截止，阻断了晶体管发射极的反向电流。

3. 搭测门磁报警电路

1）认识面包板

如图 9-10 所示，由于面包板上有很多小插孔，很像面包中的小孔，因此得名。面包板也称万用线路板或集成电路实验板，是专为电子电路的无焊接实验设计制造的。由于各种电子元件可根据需要随意插入或拔出，免去了焊接，节省了电路的组装时间，而且元件可以重复使用，所以非常适合电子电路的组装、调试和训练。

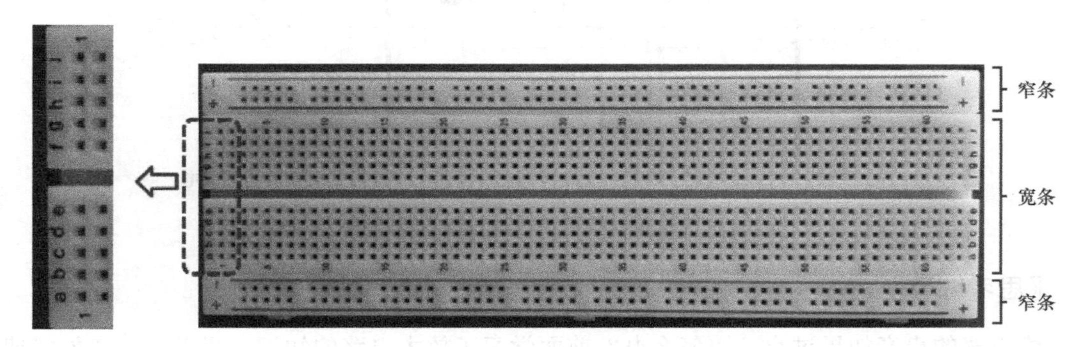

图 9-10 面包板实物图

面包板上标有字母 A、B、C、D、E，这 5 个字母旁边的每竖列上有 5 个方孔，被其内部的一条金属簧片所接通，但竖列与竖列方孔之间是相互绝缘的。同理，标有字母 F、G、H、I、J，这 5 个字母旁边的每竖列的 5 个方孔也是相通的。此外，面包板上、下分别有两行横向+和−，连通情况如图 9-11 所示，此插孔用来连接电源的正极和负极。

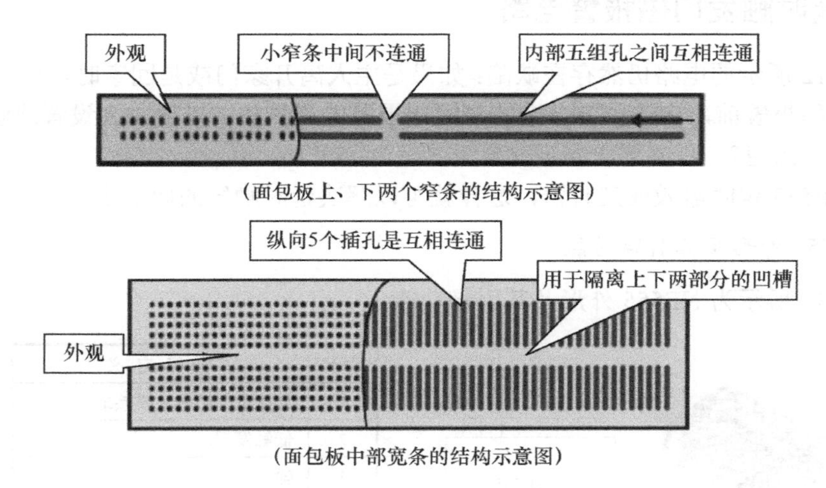

图 9-11 面包板内部结构示意图

2）搭测门磁报警电路

在清楚了解面包板的结构后，按照图 9-9 在面包板上搭建该电路，如图 9-12 所示。

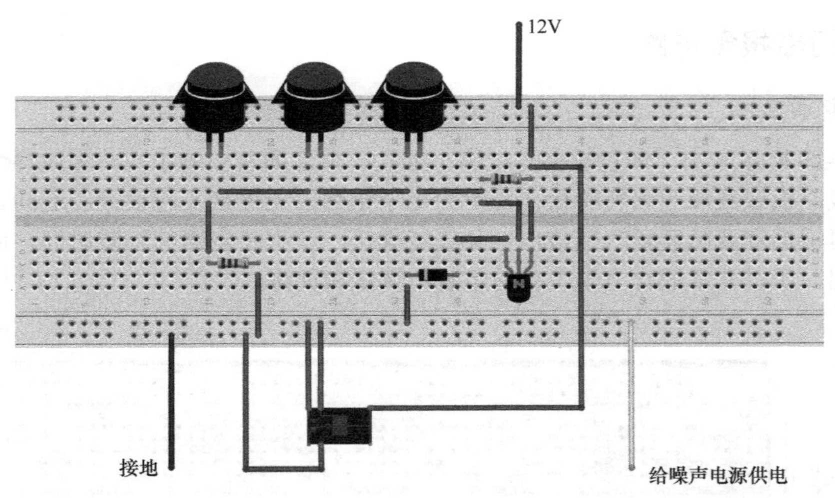

图 9-12　面包板上搭建的门磁报警电路

〖**思考练习**〗

蜂鸣器的声音如果过小，该怎么办？前面学习了放大电路的知识，思考一下该如何使用放大电路来放大音频信号？

1. 认识延时触发门磁报警电路

如图 9-12 所示的电路仍然存在缺陷：如果是主人离开家门或是回家时，也会触发报警。因此，在开始报警前，应该预留一定的时间让报警电路失效，以便主人设置或解除报警。如何做到这一点呢？

使用 NE555 定时器做成延时器，这样就可以解决延时触发的问题了。

1）NE555 外形及其引脚功能

如图 9-13 所示为 NE555 外形及其引脚功能。

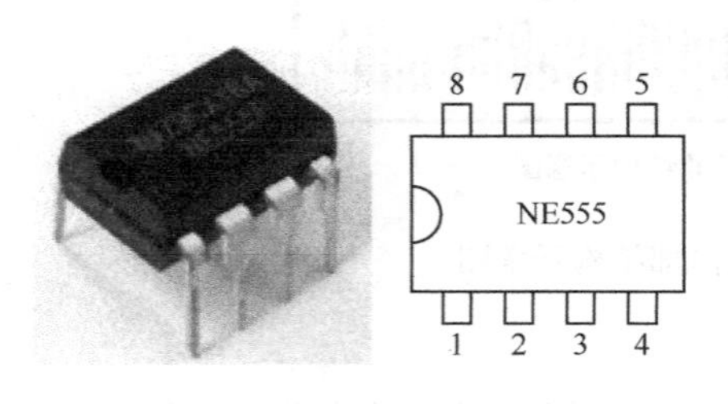

引脚	功 能 定 义
1	外接电源负端，常接地
2	低触发端
3	输出
4	直接清零端
5	控制电位端，常接 0.01μF 到地
6	高触发端（门限）
7	放电端
8	电源正端

图 9-13　NE555 外形及其引脚功能

2）NE555 工作特点

如图 9-14 所示，NE555 定时器包含两个比较器 C_1 和 C_2，比较器各有一个输入端连接到由 3 个 5kΩ 电阻组成的分压电路上（NE555 便由此而得名），比较器的输出接到 RS 触发器上。此外还有输出级和放电管 Tp，输出级的驱动电流可达 200mA。

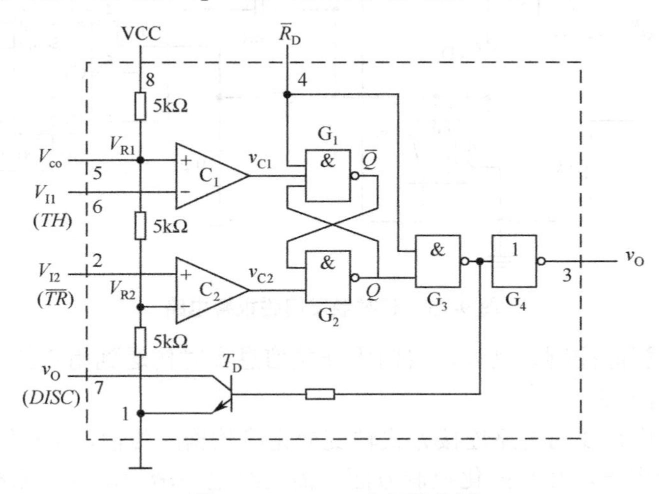

图 9-14　NE555 内部结构图

NE555 有两个触发端，分别为低触发端（2 脚）和高触发端（6 脚）。

比较器的特点是：当同相输入端电压高于反相输入端电压时，比较器输出高电平；当同相输入端电压低于反相输入端电压时，比较器输出低电平。由 3 个 5kΩ 电阻组成的分压电路，可以计算出比较器 C_2 的反相输入端 V_{R2} 电压为(1/3)VCC。当 2 脚的输入电压低于 V_{R2} 的电压时，比较器 C_2 输出低电平，RS 触发器的 Q 值为高电平。当 NE555 的复位脚（4 脚）接高电平时复位无效，555 的 3 脚输出高电平。比较器 C_1 的同相输入端 V_{R1} 电压为(2/3)VCC，当 6 脚的输入电压接低电平时，比较器 C_1 输出高电平，不会影响 RS 触发器的输出，NE555 的 3 脚是否输出高电平就仅取决于低触发端了。

3）报警电路原理

可以利用 NE555 的这一特点在面包板上增加相关的延时电路。如图 9-15 所示，68μF 的电容（连接到电源的正极）通过 1MΩ 的电阻进行放电，通过一段延时时间后，NE555 的低触发端（2 脚）电压被拉低到低于 1/3 的电源电压时，NE555 的 2 脚低电压触发，3 脚输出高电平，向报警电路供电。

到此为止，可以运用所学的门磁开关传感器、模拟及数字电路的知识来自己搭建一个简易的门磁报警电路。还可以把电路元件焊接在一块万能板上，在自己的家里进行门磁报警电路的布线。

2．认识无线门磁（智能门磁）报警器

前面学习的门磁报警单路简单易学，价格也比较便宜，但是它有如下缺点。

（1）采用有线的方式进行连线。每当增加一个门磁开关时，就需要增加相应的电路导线，影响家庭布局的美观。

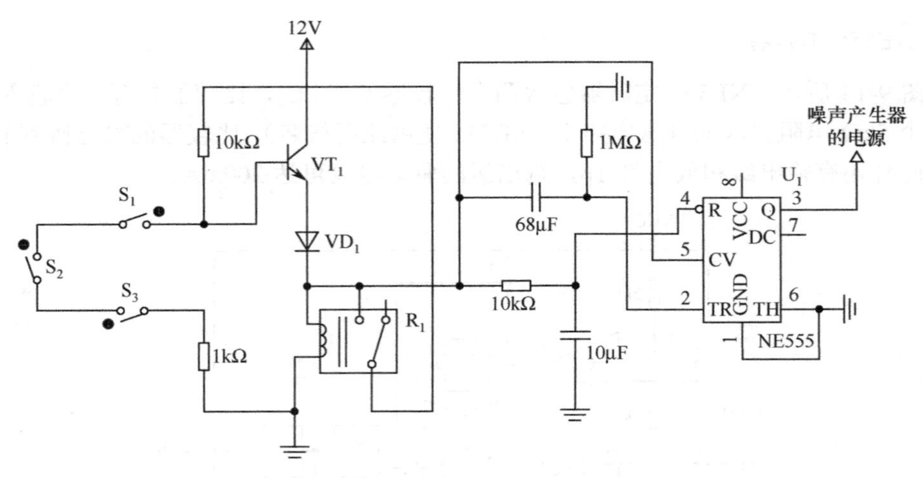

图 9-15　延时触发门磁报警电路

（2）不能做到智能控制。例如，将门磁开关信息实时传送到用户的手机中，方便用户随时了解家中的情况等。

解决的方式是将有线的电路连接方式转变为无线数据的传输，如利用 WiFi 联网，将门磁信息实时传送给用户。在智能化控制方面，需要给电路增设单片机系统，以便进行软件控制。要想做到这一点，就需要学习单片机的软、硬件知识。

学习总结

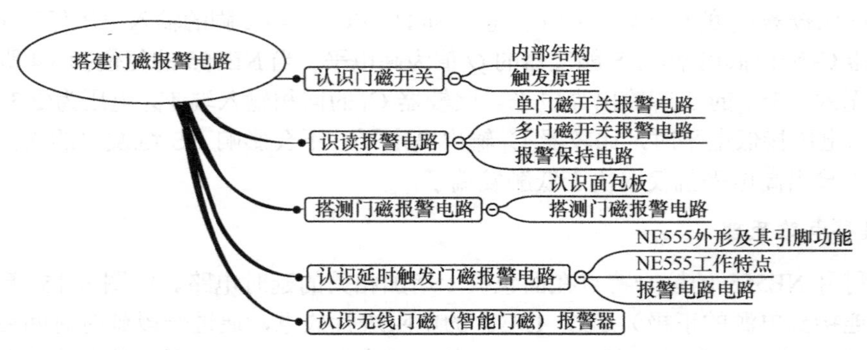

检测评价

〖技术知识〗

（1）门磁开关由________和________模块组成。

（2）当放大电路工作在________和________状态时，该电路的三极管作为开关管使用。即三极管的基极作为触发端，发射极和集电极作为开关的两端。当基极电流增大，放大电路饱和导通时，三极管的________和________极接通，相当于开关__________；当基极电流减小，放大电路截止时，三极管的________和________极接通，相当于开关__________。

〖实践操作〗

如何检测门磁开关的好坏？

任务 2　搭建光控开关电路

有套元件，包括 1 个光敏电阻，以及继电器、晶体三极管、电位器、电阻等。要求从中挑选出合适的元件，搭建出如图 9-16 所示的光控开关电路。该电路具有暗光照情况下触发继电器工作的功能，可以作为路灯自动点亮控制电路。

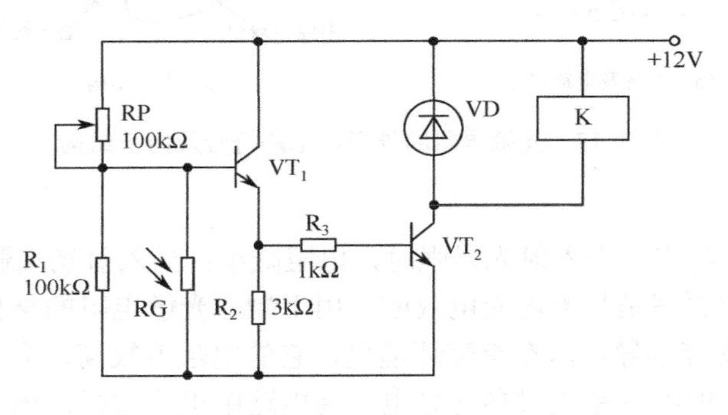

图 9-16　光控开关电路

任务分析

为完成本项任务，首先需要认识并了解光敏电阻的特性和原理。然后在前面所学的放大电路的基础上，分析电路工作原理，并根据任务要求，挑选参数合适的元件，在面包板上搭建电路并进行电路功能检测。

1. 认识光敏电阻

光敏电阻是一种利用半导体的光电效应制成的电阻值随入射光的强弱而改变的电阻。光敏电阻属半导体光敏器件，除具有灵敏度高，反应速度快，光谱特性及电阻值一致性好等特点外，在高温多湿的恶劣环境下，还能保持高度的稳定性和可靠性，广泛应用于照相机、太阳能庭院灯、草坪灯，验钞机、石英钟、音乐杯、礼品盒、迷你小夜灯、光声控开关、路灯自动开关及各种光控玩具、光控灯饰、灯具等光自动开关控制领域。

1）外观及内部结构

如图 9-17 所示，光敏电阻制成薄片梳状结构，由光敏层、玻璃基片（或树脂防潮膜）和电极等组成。通常采用涂敷、喷涂、烧结等方法在绝缘衬底上制作很薄的光敏电阻体，封装在具有透光镜或透明窗的密封壳体内，以免受潮影响其灵敏度；在半导体光敏材料两端装上电极，接出引线；为了增加灵敏度，两电极常做成梳状，构成了光敏电阻。光敏电阻在电路中用 R、RL、RG 表示。

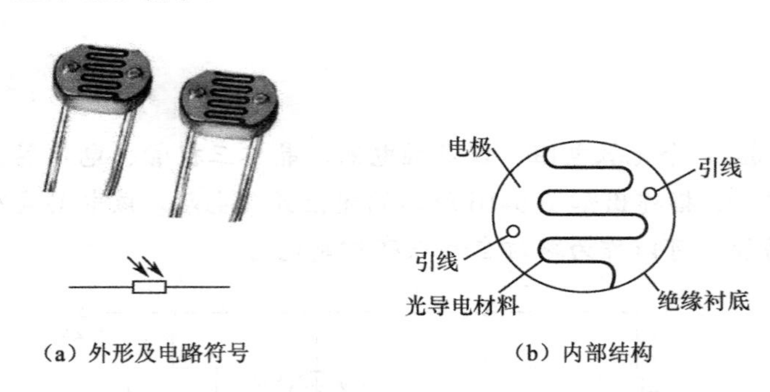

（a）外形及电路符号　　（b）内部结构

图 9-17　光敏电阻的外形、电路符号及内部结构

2）工作原理

光敏电阻的工作特点：当入射光增强时，电阻减小；当入射光减弱时，电阻增大。

光敏电阻的工作原理是基于内光电效应。用于制造光敏电阻的材料主要是金属的硫化物、硒化物和碲化物等半导体。在黑暗环境里，它的电阻值很高，当受到光照时，半导体（光敏层）内就激发出电子-空穴对参与导电，使电路中电流增强，电阻率变小，从而使光敏电阻的阻值下降。光照越强，阻值越低。入射光消失后，由光子激发产生的电子-空穴对将复合，光敏电阻的阻值也就恢复原值。

在光敏电阻两端的金属电极上加上电压，其中便有电流通过，受到波长的光线照射时，电流会随光强的增加而变大，从而实现光电转换。

光敏电阻没有极性，纯粹是一个电阻器件，使用时既可以加直流电压，也可以加交流电压。半导体的导电能力取决于半导体导带内载流子数目的多少。当它受到光的照射时，为了获得高的灵敏度，光敏电阻的电极常采用梳状图案，它是在一定的掩模下向光电导薄膜上镀金或铟等金属形成的。

2．检测光敏电阻的性能

光敏电阻受光照强时其阻值小，受光照弱时其阻值大，它无正、负极。在有光照时，指针式万用表设定在 R×100 挡检测，分别接触光敏电阻两端，检测阻值有几百欧（亮电阻）；在无光照时，用指针式万用表在 R×10k 挡检测，阻值很大（暗电阻）。由此可见光敏电阻的阻值会随光照强度的减小而增大。一般亮电阻为几千欧以下，暗电阻可达几兆欧。

（1）将一光源对准光敏电阻的透光窗口，此时万用表的指针应有较大幅度的摆动，阻值（亮电阻）较小，此值越小说明光敏电阻性能越好。若此值很大甚至无穷大，则表明光敏电阻内部开路损坏，不能再继续使用。

（2）用一黑纸片（或手指）将光敏电阻的透光窗口遮住，此时阻值很大（暗电阻）。此值越大说明光敏电阻性能越好。若此值很小或接近 0，则说明光敏电阻已烧穿损坏，不能再继续使用。

（3）将光敏电阻透光窗口对准入射光线，用小黑纸片（或手指）在光敏电阻的遮光窗上部晃动，使其间断受光，此时万用表指针应随黑纸片的晃动而左右摆动。如果万用表指针始终停在某一位置不随纸片的晃动而摆动，则说明光敏电阻的光敏材料已经损坏。

〖思考练习〗

如图 9-18 所示，在面包板上搭建该电路，改变光敏电阻的光照强度，观察 LED 的亮度变化。

当用手指捏住光敏电阻的感光区时，LED 的亮度_________（增强/减弱）。这是因为手指的遮挡使光敏电阻的阻值_________（增大/减小），流过 LED 的电流_________（增大/减小），所以 LED 变_________（亮/暗）。

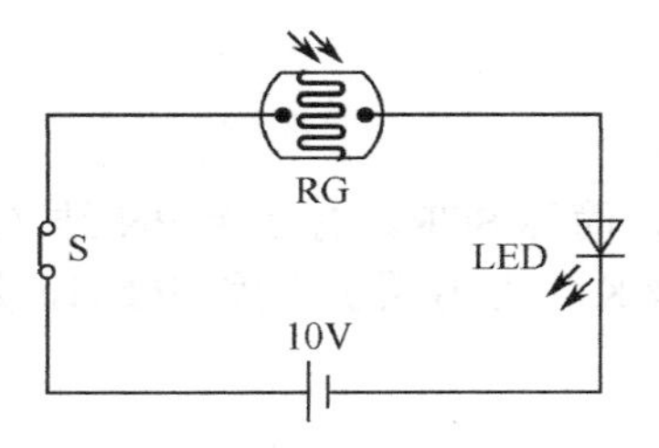

图 9-18　光敏电阻检测电路

3．搭测光控开关电路

如图 9-16 所示的光控开关电路是一种简单的暗激发继电器开关电路。其工作原理是：当光照亮度下降到设置值时，由于光敏电阻的阻值上升，加在三极管 VT_1 发射结的压降增大，基极电流增加激发 VT_1 导通，VT_1 发射极电压提升，VT_2 导通，使继电器工作，常开触点闭合，常闭触点断开，实现对外电路的控制。

〖思考练习〗

在图 9-16 中，光敏电阻 RG 与 R_1 是________（串联/并联）的关系，因此连接后的等效电阻阻值为________。当 RG 的阻值为 50kΩ 时，此等效电阻阻值为________。当光照减弱，RG 的阻值增大为 100kΩ 时，此等效电阻阻值为________。VT_1 的基极电压在光照减弱时比较大，VT_1 导通，激发 VT_2 导通，使继电器工作。

1．了解光敏电阻的分类

根据光敏电阻的光谱特性，光敏电阻可分为以下三种。

1）紫外光敏电阻

对紫外线较灵敏，包括硫化镉、硒化镉光敏电阻等，用于探测紫外线。

2）红外光敏电阻

主要有硫化铅、碲化铅、硒化铅、锑化铟光敏电阻等，广泛用于导弹制导、天文探测、非接触测量、人体病变探测、红外光谱、红外通信等国防、科学研究和工农业生产中。

3）可见光光敏电阻

包括硒、硫化镉、硒化镉、碲化镉、砷化镓、硅、锗、硫化锌光敏电阻等，主要用于各种光电控制系统，如光电自动开关门户，航标灯、路灯和其他照明系统的自动亮灭，自动给水和自动停水装置，机械上的自动保护装置和位置检测器，极薄零件的厚度检测器，照相机自动曝光装置，光电计数器，烟雾报警器，光电跟踪系统等方面。

2. 认识光控调光电路

1）认识晶闸管

晶闸管又称可控硅整流管，简称 SCR。有 3 个 PN 结（J_1、J_2、J_3），从 J_1 结构的 P_1 层引出阳极 A，从 N_2 层引出阴极 K，从 P_2 层引出控制极 G，是一种四层三端的半导体器件，如图 9-19 所示。

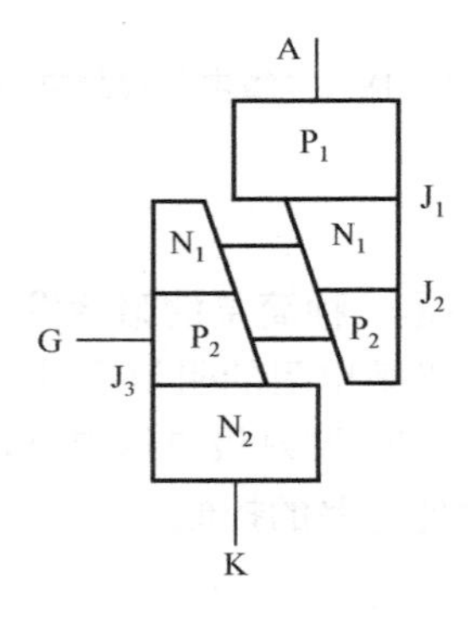

图 9-19　晶闸管结构示意图

常用的晶闸管外形和实物图如图 9-20 所示。

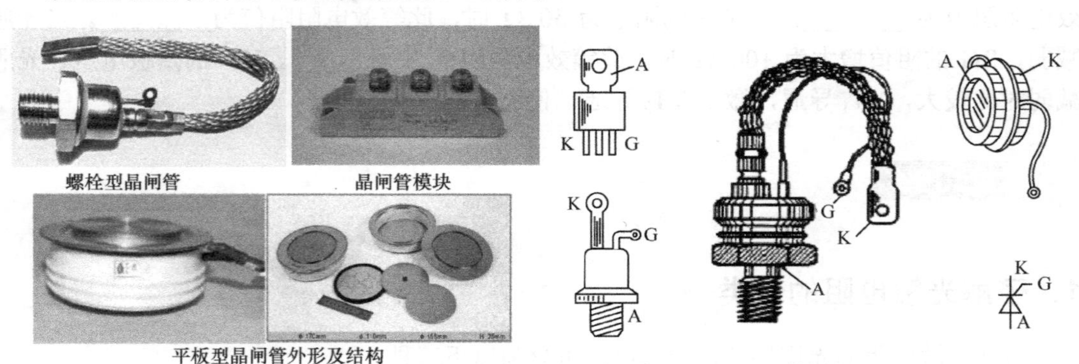

图 9-20　常见的晶闸管外形和实物图

2）晶闸管的工作特性

晶闸管的导通条件有两个：一是在它的阳极 A 与阴极 K 之间外加正向电压，二是在它的控制极 G 与阴极 K 之间输入一个正向触发电压。如果阳极或控制极外加的是反向电压，则晶闸管不能导通。

控制极的作用是通过外加正向触发脉冲使晶闸管导通，却不能使它关断。那么用什么方法才能使导通的晶闸管关断呢？要使导通的晶闸管关断，可以断开阳极电源或使阳极电流小于维持导通的最小值（称为维持电流）。如果晶闸管阳极和阴极之间外加的是交流电压或脉动直流电压，则电压在过零时，晶闸管会自行关断。

3）光控调光原理

如图 9-21 所示为光控调光电路，该电路中使用了晶闸管。其工作原理是：当周围光线变弱时，光敏电阻 RG 的阻值增加，使加在电容 C 上的分压上升，进而使晶闸管的导通角增大，达到增大照明灯两端电压的目的。反之，若周围的光线变亮，则 RG 的阻值下降，使晶闸管的导通角变小，照明灯两端电压也同时下降，使灯光变暗，从而实现对灯光亮度的控制。

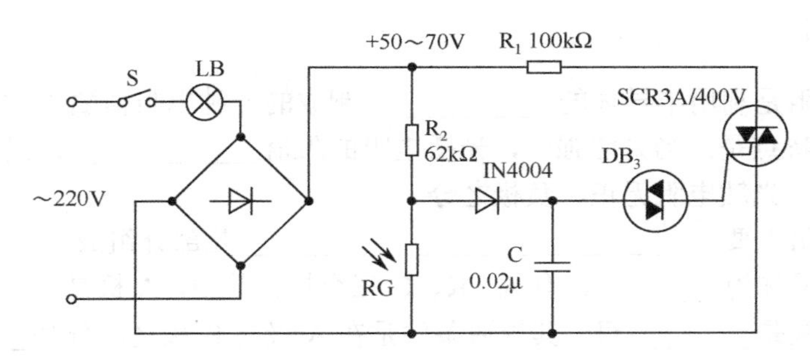

图 9-21　光控调光电路

注意：上述电路中整流桥给出的必须是直流脉动电压，不能将其用电容滤波变成平滑直流电压，否则电路将无法正常工作。原因在于直流脉动电压既能给晶闸管提供过零关断的基本条件，又可使电容 C 的充电在每个半周从零开始，准确完成对晶闸管的同步触发。

〖思考练习〗

在如图 9-21 所示的光控调光电路中，电容 C 上的平均电压大小决定了晶闸管在一个周期内平均导通时间的长短，从而决定了灯的亮度。

（1）当外界亮度高时，光敏电阻 RG 的阻值（增大/减小/不变），电容 C 的充电电压（升高/降低/不变），晶闸管平均导通时间（长/短），LB 灯光就（亮/暗）。

（2）当外界亮度低时，光敏电阻 RG 的阻值（增大/减小/不变），电容 C 的充电电压（升高/降低/不变），晶闸管平均导通时间（长/短），LB 灯光就（亮/暗）。

由于光敏电阻 RG 的阻值是随外界光线强弱自动变化的，所以 LB 灯光的亮度也是受外界光线强弱自动控制的。

（3）改变分压电路中________的阻值，可以改变对电容 C 的充电时间，即改变晶闸管的导通角，调节 LB 灯光的亮度。

学习总结

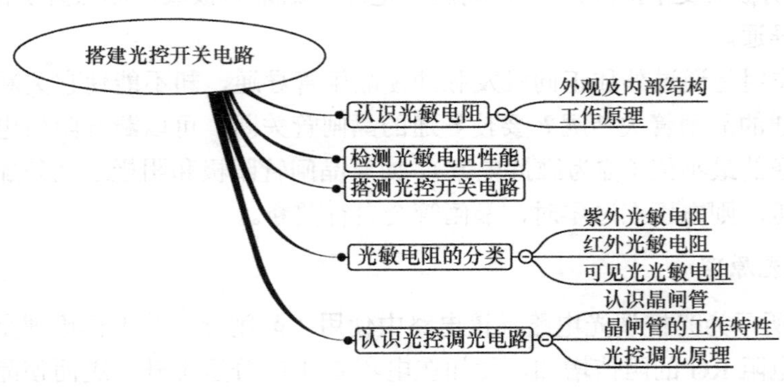

检测评价

〖技术知识〗

（1）光敏电阻是利用半导体的____________制成的一种电阻值随入射光的强弱而改变的电阻。其工作特点是：当光照强时，光敏电阻的阻值____________；当光照弱时，其阻值____________。光敏电阻无正、负极之分。

（2）光敏电阻主要由____________________________几部分组成。

（3）晶闸管又称为________，有 A、K、G 三个极。其中，A 极是________极，K 极是________极，G 极是________极。其导通条件是在 A 极与 K 极之间外加________电压，在 G 极与 K 极之间输入一个________触发电压。如果阳极或控制极外加的是反向电压，则晶闸管不能导通。

〖实践操作〗

如何用万用表对光敏电阻进行检测，并判断其好坏？

任务 3　搭建温控报警电路

任务描述

有套元件，包括 1 块 Arduino UNO R3 主板、1 个 LM35 温度传感器，以及电阻、LED 等。要求从中挑选出合适的元件，在面包板上搭建如图 9-22 所示的温控报警电路，并进行报警功能检测。

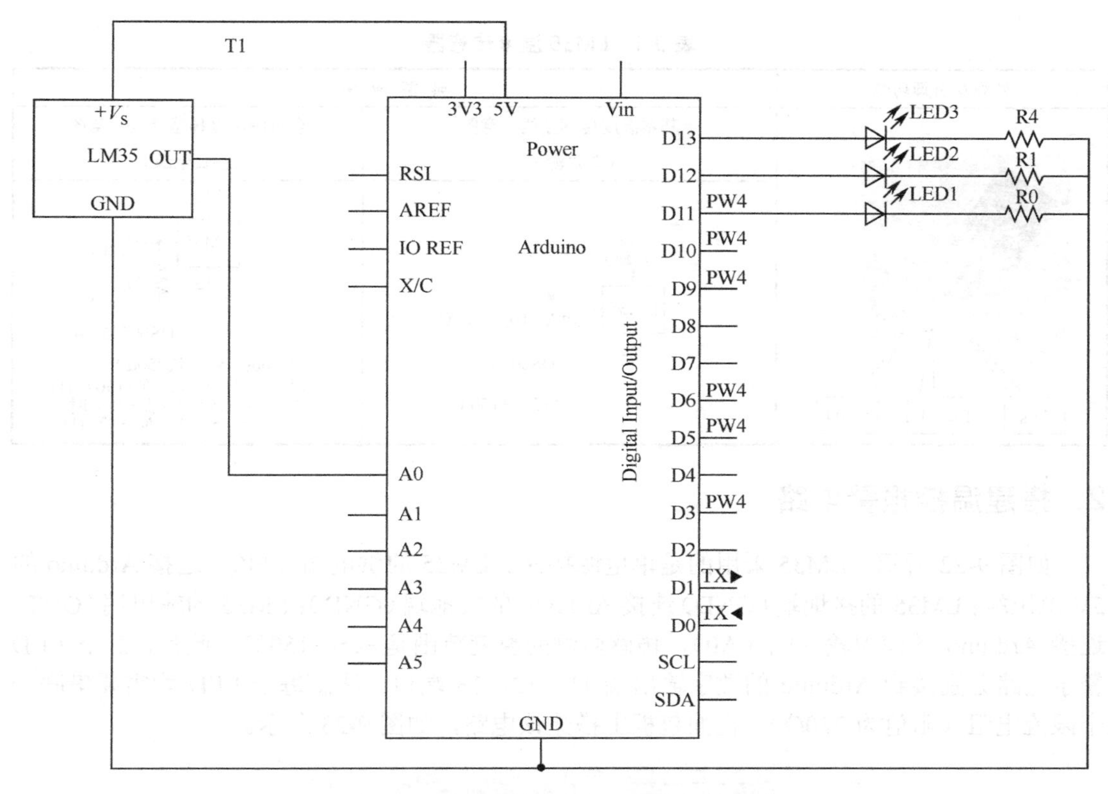

图 9-22　基于单片机系统的温控报警电路

为完成本项任务，首先需要认识 LM35 温度传感器的工作特性，能看懂温控报警电路图，然后在面包板上进行电路搭建，将温控报警代码写入单片机中，由单片机的输出信号控制报警电路。

1．认识 LM35 温度传感器

LM35 温度传感器，其输出电压与摄氏温度呈线性正比关系。因此，LM35 比按绝对温标校准的线性温度传感器优越得多。LM35 温度传感器生产制作时已经过校准，输出电压与摄氏温度一一对应，使用极为方便。

LM35 温度传感器的灵敏度为 10.0mV/℃，精度为 0.4～0.8℃（−55～+150℃温度范围内），重复性好，低输出阻抗，线性输出和内部精密校准使其与读出或控制电路接口简单、方便，可单电源和正负电源工作，如表 9-1 所示。

表 9-1　LM35 温度传感器

外观及引脚功能	典型应用	
	基本温度传感接线示意图 （单电源）	全范围温度传感接线示意图 （正负电源）
$+V_S$　OUT　GND	$+V_S$ (4~20V) LM35 输出 0mV+10.0mV/℃ DS005516-3 (+2 ~+150℃)	$+V_S$ LM35 V_{OUT} R_1 $-V_S$ DS005516-4 Choose $R_1=-V_S/50\mu A$ V_{OUT}=1,500mV(在+150℃时) =+250mV(在+25℃时) =−550mV(在−55℃时)

2. 搭建温控报警电路

如图 9-22 所示，LM35 采用的是单电源接法。LM35 的供电端（$+V_S$）连接 Arduino 的 5V 电压端；LM35 的接地端（GND）连接 Arduino 的接地端（GND）；LM35 的输出端（OUT）连接 Arduino 的模拟输入端（A0），传感监测的温度范围是+2～+150℃。此外，3 个 LED 警示电路分别接到 Arduino 的数字输出端 11、12、13 端口。注意每个 LED 均需要串联一个限流电阻（阻值为 220Ω）。在面包板上搭建该电路，如图 9-23 所示。

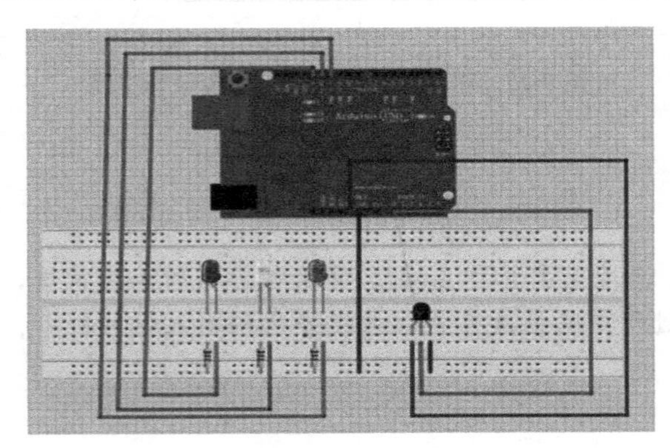

图 9-23　面包板上搭建的温控报警电路

该电路的工作原理：温度传感器 LM35 将监测到的温度数据实时传送到 Arduino 单片机的模拟数据采样端，单片机对该模拟量进行 A/D 变换（将模拟信号变换为数字信号），并换算为摄氏温度，然后将该温度实时传送到串行监控窗口显示。当温度数据达到设定的报警温度时，单片机对应的数字端口输出高电平，触发相应的 LED 警示电路，如图 9-24 所示。

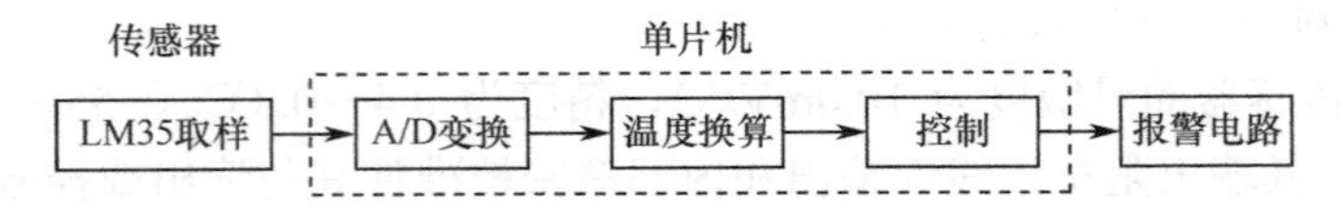

图 9-24　温控报警电路控制原理方框图

3．测调温控报警电路功能

通过 Arduino 软件界面将温控报警功能软件代码（如表 9-2 所示）烧录到 Arduino 单片机后，就可以在监视窗口中看到实时的温度数据，如图 9-25 所示。

表 9-2　LM35 温控报警软件参考代码

```
void setup(){
  pinMode(13, OUTPUT);      //定义数字端口 11、12、13 为输出端
  pinMode(12, OUTPUT);
  pinMode(11, OUTPUT);
}
void loop() {
  int vol = analogRead(A0) * (5.0 / 1023.0*100);    //从模拟端 A0 读取 LM35 温度监测模拟值进行 A/D 变换，
                                                    //并换算为摄氏温度
  if (vol<=31){                                     //当温度≤31℃时，13 脚的 LED 灯点亮
    digitalWrite(13, HIGH);
    digitalWrite(12, LOW);
    digitalWrite(11, LOW);
  }
  else if (vol>=32 && vol<=40){                     //当 32℃≤温度≤40℃时，12 脚的 LED 灯点亮
    digitalWrite(13, LOW);
    digitalWrite(12, HIGH);
    digitalWrite(11, LOW);
  }
  else if (vol>=41){                                //当温度≥41℃时，11 脚的 LED 灯点亮
    digitalWrite(13, LOW);
    digitalWrite(12, LOW);
    digitalWrite(11, HIGH);
  }
}
```

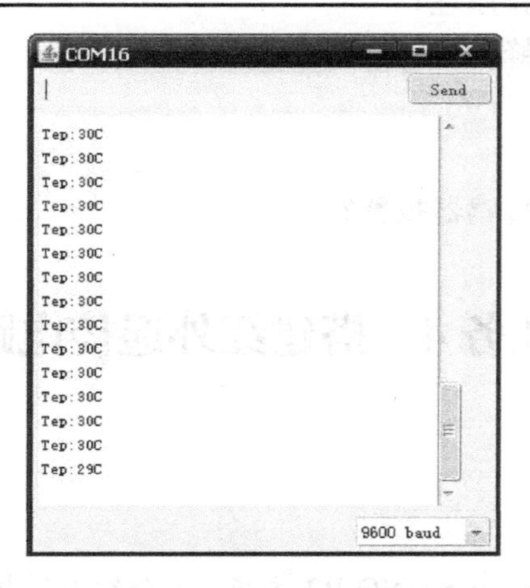

图 9-25　温度监视窗口

（1）用手指捏住 LM35，观察监视窗口中的温度是否发生变化？

（2）如何检测该电路的温控报警功能是否正常？

可将软件代码中设定的温度数据调整到人体温度范围，重新烧录代码后，用手指捏住

LM35，当温度上升到设定报警温度后，对应报警电路中的 LED 会被点亮，则该警示电路工作正常。

（3）用万用表的 10V 挡测量 A0 端电压，当用手指捏住 LM35 时，观察 A0 端电压的变化；再用万用表分别测量 Arduino 单片机的 11、12、13 端口，当温度上升到设定报警温度时，注意观察对应端口电压的变化。

〖思考练习〗

在本学习任务所搭建的温控报警电路中，如果要求在触发 LED 点亮报警的同时，触发蜂鸣器报警，该如何连接电路？应使用有源蜂鸣器还是无源蜂鸣器？

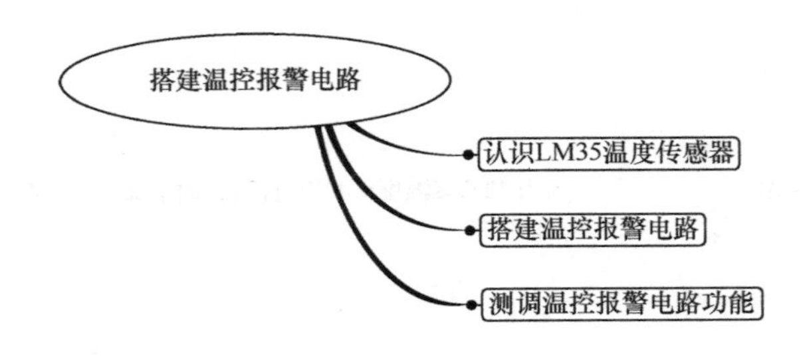

〖技术知识〗

（1）温控报警电路的工作原理？

（2）有源蜂鸣器与无源蜂鸣器的区别？

〖实践操作〗

当水烧开时，如何触发蜂鸣器报警？

任务 4　搭建红外遥控电路

有套元件，包括 1 块 Arduino UNO R3 主板、1 个红外遥控发射器、1 个红外接收头，以及 LED 灯、电阻、面包板及多彩面包线等。要求从中挑选出合适的元件，搭建出如图 9-26 所示的红外遥控电路。这个电路具有发射及接收红外信号，控制相应的 LED 灯点亮和关闭的功能。

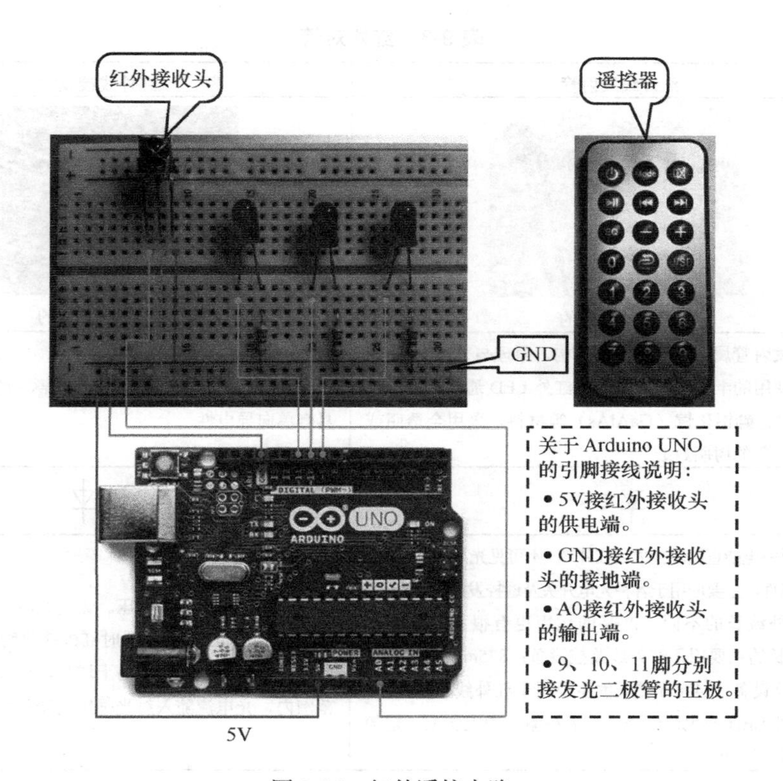

图 9-26　红外遥控电路

为完成本项任务，首先需要认

识红外对管元件，然后学习红外通信的工作原理，并根据任务要求挑选参数合适的元件，在面包板上搭建出电路；接下来需要调试软件代码，并将代码写入 Arduino 单片机中；最后通过红外遥控发射器发射红外信号完成对 LED 灯的控制。

1. 认识红外对管

1）结构及工作原理

红外线在光谱中波长为 0.76～400m 的一段称为红外线，红外线是不可见光。所有高于绝对零度（−273.15℃）的物质都可以产生红外线。

红外对管是红外线发射管与光敏接收管（红外线接收管）配合在一起使用时的总称，如表 9-3 所示。

表 9-3　红外对管

	红外线发射管	红外线接收管
外观	通常是透明的	通常是黑色的
结构	红外线发射管属于二极管，其结构、原理与普通 LED 相近，只是使用的半导体材料不同。红外 LED 通常使用砷化镓（GaAs）、砷铝化镓（GaAlAs）等材料，采用全透明或浅蓝色、黑色的树脂封装	它是一个具有光敏特征的 PN 结，属于光敏二极管，具有单向导电性
符号		
功能说明	它是可以将电能直接转换成近红外光（不可见光）并能辐射出去的发光器件，主要应用于各种光电开关及遥控发射电路中。 根据红外波长的不同，产品的运用也有很大的差异：850nm 波长的主要用于红外线监控设备；875nm 波长的主要用于医疗设备；940nm 波长的主要用于红外线控制设备。 要使红外 LED 产生调制光，只需在驱动管上加上一定频率的脉冲电压即可	工作时需加上反向电压。无光照时，有很小的饱和反向漏电流（暗电流），此时红外接收管不导通。当有光照时，饱和反向漏电流马上增加，形成光电流，在一定范围内，光电流随入射光强度的变化而增大

2）红外线发射与接收的方式

红外线发射与接收的方式有两种：其一是直射式，其二是反射式。直射式指发光管和接收管相对安放在发射物与受控物的两端，中间相距一定距离；反射式指发光管与接收管并列在一起，平时接收管始终无光照，只有当发光管发出的红外线遇到反射物时，接收管收到反射回来的红外线才工作。

3）红外接收一体头

如果将光电信号接收、放大和解调三个功能集合在一起，则所做成的器件称为红外接收一体头，如表 9-4 所示。

表 9-4　红外接收一体头的外观、引脚及功能说明

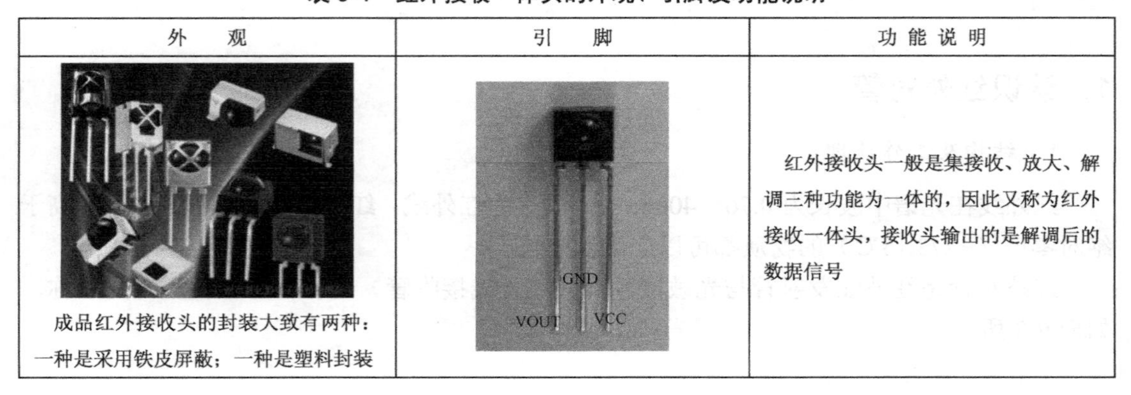

外　观	引　脚	功 能 说 明
成品红外接收头的封装大致有两种：一种是采用铁皮屏蔽；一种是塑料封装	GND VOUT　VCC	红外接收头一般是集接收、放大、解调三种功能为一体的，因此又称为红外接收一体头，接收头输出的是解调后的数据信号

4）检测红外对管

红外对管的外形与普通圆形的 LED 类似。初次接触红外对管的人，较难区分发射管和接收管。用指针式万用表的 R×lk 挡测量红外对管的极间电阻，可以判别红外对管。

判据一：在红外对管的端部不受光线照射的条件下调换表笔测量，发射管的正向电阻小，反向电阻大，且黑表笔接正极（长引脚）时，电阻小的（1～20kΩ）是发射管。正、反向电阻都很大的是接收管。

判据二：黑表笔接负极（短引脚）时，电阻大的是发射管，电阻小并且随着光线强弱变化时，万用表指针摆动的是接收管。

2．认识红外遥控工作原理

红外通信是利用红外技术实现两点间的近距离保密通信和信息转发，它一般由红外发射和接收系统两部分组成。下面以红外遥控为例学习红外通信的工作原理，如图 9-27 所示。

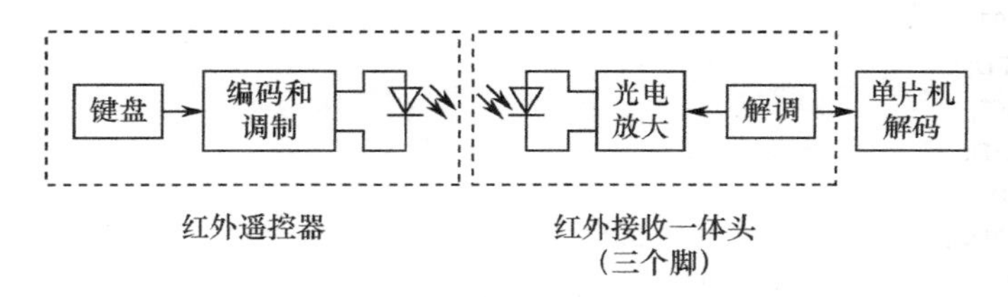

图 9-27 红外遥控通信原理框图

发射原理：红外遥控信号通过编码所发出的信号是一连串的二进制脉冲码。为了使其在无线传输过程中免受其他红外信号的干扰，通常都是将其调制在特定的载波频率上，然后再经红外发射二极管发射出去。

接收原理：红外线接收管接收红外信号，经光电转换和放大，从特定的载波频率上解调出二进制脉冲码，送到单片机系统进行解码，再去控制相应的功能电路。

3．搭建红外遥控电路

在面包班板上将红外接收一体头 VOUT 端连接到 Arduino 单片机的 11 端口引脚，VCC 脚接系统的电源正极（+5V），GND 脚接系统的地（GND），再将 LED 灯的串接限流电阻接到单片机数字引脚 2、3、4、5、6、7，这样就完成了电路的搭建，如图 9-26 所示。

4．测调红外遥控电路功能

将 Arduino 单片机连接到计算机的 USB 端口，安装驱动（通常自动识别完成）。在软件界面选择正确的单片机系统板型号和对应串口，将红外遥控软件代码（如表 9-5 所示）刷写到单片机芯片中。

打开软件界面的监视窗口，按红外遥控器的某一个键，会观察到该键的键值。将需要设定的键值在软件代码中进行替换，就能实现相应的按键功能了。

表 9-5　红外遥控软件关键代码

```
#include <IRremote.h>
int RECV_PIN = 11;   //红外接收头输出端连接的 Arduino 单片机的引脚
int LED1 = 2;              //LED 电路对应的单片机引脚
int LED2 = 3;
int LED3 = 4;
int LED4 = 5;
int LED5 = 6;
int LED6 = 7;
long on1   = 0x00FFA25D;         //红外遥控按键键值
long off1 = 0x00FFE01F;
long on2 = 0x00FF629D;
long off2 = 0x00FFA857;
long on3 = 0x00FFE21D;
long off3 = 0x00FF906F;
long on4 = 0x00FF22DD;
long off4 = 0x00FF6897;
long on5 = 0x00FF02FD;
long off5 = 0x00FF9867;
long on6 = 0x00FFC23D;
long off6 = 0x00FFB047;
IRrecv irrecv(RECV_PIN);
decode_results results;
// Dumps out the decode_results structure.
// Call this after IRrecv：：decode()
// void * to work around compiler issue
//void dump(void *v) {
//    decode_results *results = (decode_results *)v
void dump(decode_results *results) {
  int count = results->rawlen;
  if (results->decode_type == UNKNOWN)
    {         Serial.println("Could not decode message");        }
  else
   {     if (results->decode_type == NEC)
      {            Serial.print("Decoded NEC：   ");            }
    else if (results->decode_type == SONY)
      {            Serial.print("Decoded SONY：   ");            }
    else if (results->decode_type == RC5)
      {            Serial.print("Decoded RC5：   ");            }
    else if (results->decode_type == RC6)
      {            Serial.print("Decoded RC6：   ");            }
     Serial.print(results->value, HEX);
     Serial.print(" (");
     Serial.print(results->bits, DEC);
     Serial.println(" bits)");
   }
     Serial.print("Raw (");
     Serial.print(count, DEC);
     Serial.print(")：   ");
  for (int i = 0; i < count; i++)
```

（续表）

```
  {
      if ((i % 2) == 1) {
      Serial.print(results->rawbuf[i]*USECPERTICK, DEC);
     }
    else
     {
      Serial.print(-(int)results->rawbuf[i]*USECPERTICK, DEC);
     }
    Serial.print(" ");
  }
      Serial.println("");
 }

void setup()
 {
   pinMode(RECV_PIN, INPUT);
   pinMode(LED1, OUTPUT);
   pinMode(LED2, OUTPUT);
   pinMode(LED3, OUTPUT);
   pinMode(LED4, OUTPUT);
   pinMode(LED5, OUTPUT);
   pinMode(LED6, OUTPUT);
   pinMode(13, OUTPUT);
   Serial.begin(9600);

   irrecv.enableIRIn(); // Start the receiver
 }

int on = 0;
unsigned long last = millis();

void loop()
{
   if (irrecv.decode(&results))
     {
      // If it's been at least 1/4 second since the last
      // IR received, toggle the relay
      if (millis() - last > 250)
         {
           on = !on;
//         digitalWrite(8, on ? HIGH ：  LOW);
           digitalWrite(13, on ? HIGH ：  LOW);
           dump(&results);
         }
      if (results.value == on1 )
         digitalWrite(LED1, HIGH);
      if (results.value == off1 )
         digitalWrite(LED1, LOW);
      if (results.value == on2 )
         digitalWrite(LED2, HIGH);
      if (results.value == off2 )
```

（续表）

```
        digitalWrite(LED2, LOW);
    if (results.value == on3 )
        digitalWrite(LED3, HIGH);
    if (results.value == off3 )
        digitalWrite(LED3, LOW);
    if (results.value == on4 )
        digitalWrite(LED4, HIGH);
    if (results.value == off4 )
        digitalWrite(LED4, LOW);
    if (results.value == on5 )
        digitalWrite(LED5, HIGH);
    if (results.value == off5 )
        digitalWrite(LED5, LOW);
    if (results.value == on6 )
        digitalWrite(LED6, HIGH);
    if (results.value == off6 )
        digitalWrite(LED6, LOW);
    last = millis();
    irrecv.resume(); // Receive the next value
  }
}
```

〖思考练习〗

如何操控红外遥控器的按键，分别对 LED 电路进行遥控？

学习总结

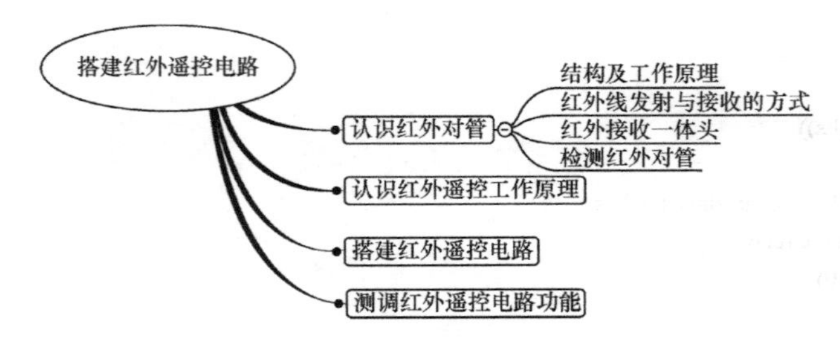

检测评价

〖技术知识〗

（1）画出红外遥控通信原理框图。
（2）简述红外接收一体头的功能。

〖实践操作〗

如何实现红外测距避障或报警？

项目 10

供电系统电路安装

本项目将学习电气线路常用器件的工作原理及其安装方法，以及电气线路接入供电系统的方法。

完成本项目学习后，你应当能够：

（1）能叙述导线的类型和导线的电阻特性，会按需求检测、选用导线；

（2）会按规范连接导线，熟练掌握剖削绝缘方法、导线连接方法、导线封端方法、恢复绝缘方法；

（3）能识别电源接插件的连线，会按需求选择接插件类型，熟悉接插件连线方法；

（4）能识别开关的作用、类型，会按需求检测、选用开关，能叙述二控一灯的工作原理；

（5）能叙述空气开关的结构、工作原理，会检测空气开关质量的好坏，会在电路中安装空气开关；

（6）能叙述漏电保护开关的结构、工作原理，会检测空气开关质量的好坏，会按需求选择及应用漏电保护开关；

（7）能理解电气地的零电位，了解接地装置的构成；

（8）能叙述供电系统接地、防雷接地和防静电接地的功能和要求，理解保护接地的作用；

（9）了解基本供电系统的类型，熟悉 TN 系统、TT 系统、IT 系统的特点和接入方法。

建议本项目安排 8～12 学时。

任务 1　认识并安装电气线路器件

某房间需要引入电源，安装 1 套用电系统，该用电系统包括 1 个灯具和 1 个插座。要求使用 2 个开关来操作灯具，其中任意 1 个开关都可以控制灯的亮灭。为了用电安全，需要为用电器安装独立的安全保护装置。此外，还需要使用 1 个总开关来切断电源。

设计人员已经为这套用电系统画好了安装示意图(见图 10-1)，所用到的器件包括灯具、三插、双控开关、空气开关、漏电保护开关、电度表等。

请安装好这套用电系统。

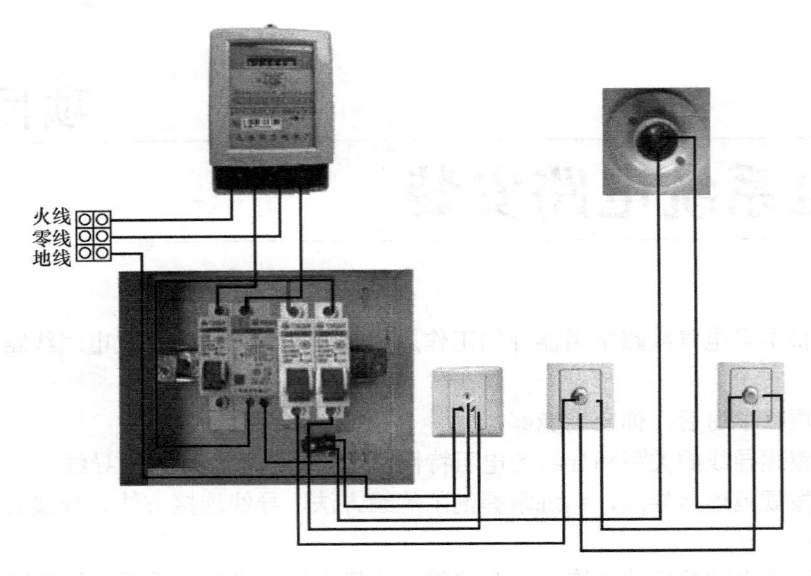

图 10-1　包含灯具和插座的用电系统

任务分析

电气线路的安装过程，简单说来，就是使用导线，按功能需求和工艺规范连接各个器件的过程。当然，安装完毕还要进行测试。

为了成功安装线路，实现电路功能，首先要学习导线选用、检测的相关知识，然后学习导线的连接方法。该用电线路使用了开关、插座、空气开关、漏电保护开关等常用电器，所以将学习这些器件的技术知识，掌握其正确的安装方法。当然，双控开关是如何工作的，也是学习的重点。最后，利用所学知识安装并检测线路，实现所要求的功能。

任务实施

1．选用导线

导线在电路中的作用是连接电气设备，提供电流流通的路径。

1）导线的类型

按绝缘材料分类有：聚氯乙烯（PVC）绝缘电线、橡皮绝缘电缆、低烟低卤、低烟无卤、硅橡胶导线、四氟乙烯线等类型。

按防火要求分类有：普通、阻燃类型。

按线芯分类有：BV 线、BVR 线（单根 0.5mm 左右）、RV 线（单根 0.3mm 左右）。

按导线根数分类有：单芯线、多芯线。

按温度分类有：普通 70℃、耐高温 105℃。

按颜色分类有：黑线、色线。优先推荐使用黑线。

按电压分类有：额定电压 300/500V、450/750V、600/1000V 和 1000V 以上。

按导线线芯导体材料分类有：铜导线、铝导线等。

图 10-2 是一些不同类型的导线。

图 10-2　不种类型的导线

2）导线的电阻特性

（1）电阻率。

不同材料的导体导电能力不同，电阻特性也不同。电阻率是用来表示各种物质电阻特性的物理量。某种材料制成的长 1m、横截面积是 $1m^2$，在常温下（20℃时）的导线的电阻，叫作这种材料的电阻率。电阻率与导体的长度、横截面积等因素无关，是导体材料本身的电学性质，由导体的材料决定，且与温度有关。

导体的电阻率随温度的变化而变化，所以导体的电阻也随温度的变化而变化。温度变化 1℃，电阻变化的百分数称作电阻的温度系数。有些材料的温度系数随温度的升高而减小，如碳，其温度系数为负值。有些材料的温度系数随温度的升高而增大，如铜等一些金属材料，其温度系数为正值。有些材料的温度系数很大，这类材料称作热敏材料，可制作热敏电阻。有些材料随照射光线的强弱变化，这类材料称作光敏材料，可制作光敏电阻。当温度下降到某一值时，电阻值减小到 0 的现象，称为超导现象，这类材料可制作超导材料。

（2）电阻定律。

导体的电阻有一定的规律。在温度不变的情况下，一段导体的电阻 R 与导体的电阻率 ρ 和导体的长度 L 成正比，与导体的横截面积 S 成反比，这就是电阻定律：

$$R=\rho\frac{L}{S}$$

式中，ρ 为制成导线的材料电阻率，单位 Ω·m（欧姆·米）；L 为导线长度，单位 m（米）；S 为导线横截面积，单位 m^2（平方米）。

3）导线的选用

在实际工作中，有时需要选择导线的粗细（横截面积），这涉及电流密度的概念。电流密度是指当电流在导体的横截面上均匀分布时，该电流的大小与导体横截面积的比值，即：

$$J=\frac{I}{S}$$

式中，J 为电流密度，单位 A/mm^2（安培/平方毫米）；I 为电流，单位 A（安培）；S 为导线的横截面积，单位 mm^2（平方毫米）。

『例』一捆铜导线长度 L=100m、横截面积 S=4mm^2，那么这捆铜导线的电阻是多少？

（铜的电阻率 $\rho=1.7\times10^{-8}\Omega\cdot m$）

『解』

$$R=\rho\frac{L}{S}=1.7\times10^{-8}\times\frac{100}{4\times10^{-6}}=0.425(\Omega)$$

选择合适导线的横截面积就是使导线的电流密度在允许的范围内，如果电流密度超过允许值，导线将过热，甚至起火，发生电气事故。

（1）导线横截面积的选择规则。

① 导线的横安全载流量应不小于导线的工作电流。

② 导线的横截面积不能小于根据导线用途、机械强度、敷设环境和方式规定的最小横截面积。

③ 导线上的电压损失不超过规定的允许电压降。一般公用电网电压降不得超过额定电压的5%。

④ 要与导线的保护方式配合，使保护装置能有效地保护导线的安全。

注：国产导线横截面积规格系列有 $0.3mm^2$、$0.5mm^2$、$0.75mm^2$、$1.0mm^2$、$1.5mm^2$、$2.5mm^2$、$4mm^2$、$6mm^2$、$10mm^2$、$16mm^2$、$25mm^2$、$35mm^2$、$50mm^2$、$70mm^2$、$95mm^2$、$120mm^2$、$150mm^2$、$185mm^2$、$240mm^2$。

（2）导线选用规则。

① 按一次选用原则。

选线时，若有空气开关则按空气开关选取，空气开关整定值可调整时按最大值选取，整定值为固定时按固定值选取；若没有空气开关，如只有刀开关、熔断器、电流互感器等则以电流互感器的一侧额定电流选取；如果这些都没有，还可以按接触器额定电流选取；如果也没有接触器，则按熔断器熔芯额定电流选取。

② 选择导线额定电压。

没有明确规定的380V系统中，选用450/750V导线。

③ 选择导线颜色。

相线一般采用黄、绿、红色；中性线一般采用淡蓝色；安全用接地线采用黄绿相间色；装备和设备的内部布线采用黑色。

如果没有明确规定，导线颜色选用黑色。

④ 选择导线材质。

通常用铜和铝作为导线的导电材料。铜的电导率高，50℃时铜的电阻系数为 $0.0206\Omega\cdot mm^2/m$，铝的电阻系数为 $0.035\Omega\cdot mm^2/m$。铜的载流量大、损耗小、机械性能好、抗疲劳强度好，但比重大，价贵。

低压供电都是铝线，室内一般都用铜线，电缆一般是铜线，但也有一部分镀铜的，精密仪器有的是镀银和镀金。

⑤ 根据使用环境、敷设方式及敷设部位选择导线。

对住宅和办公室等较干燥的环境做固定敷设时：

- 暗线敷设可采用BV型塑料绝缘铜芯线。
- 明线敷设可采用BVV型塑料绝缘护套铜芯线。

环境较潮湿的水泵房用的导线一定要选用BX型橡胶绝缘铜芯线或BVV型塑料绝缘护

套铜芯线。

对于要求移动的户外电气设备，以选用 YH 系列橡套电缆为宜。

4）导线的检测

导线在使用过程中，有可能因各种原因而损坏，可以用万用表来检测导线的通断，如图 10-3 所示。具体步骤如下。

（1）万用表水平放置，检查指针是否在机械零位。必要时，进行机械调零。

（2）将红、黑表笔分别插入“+”与“−”插孔内。

（3）将转换开关转至“Ω”挡中的“X1”挡，欧姆调零后，将红、黑表笔置于被测导线两端。被测导线阻值接近∞时可断定为断路，阻值接近 0 时可断定为正常。

（4）也可选用万用表的蜂鸣挡，先短接红、黑表笔，确认蜂鸣挡能否正常鸣响。然后将红、黑表笔置于被测导线两端，听到蜂鸣器鸣响时可断定为正常，否则可断定为断路。

（5）检测完毕，收好表笔，将转换开关旋至 OFF 或交流电压最大挡。

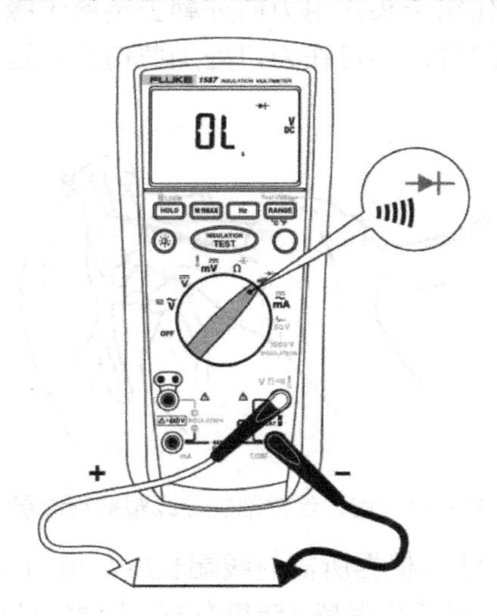

图 10-3 使用蜂鸣挡检测导线

提示：上述检测方法可以应用到电路中，测试应该接通的两点之间的通断。

〖思考练习〗

（1）导线在电路中的作用是：____________________________________。

（2）判别导线的通断，可以选用万用表的__________挡或__________挡。

（3）一根铝制导线长 5m，横截面积为 3.5mm^2，这根导线的电阻是__________Ω。

（4）对提供的导线，使用万用表来检测其通断性。（是、否）

2. 连接导线

绝缘导线连接的四个步骤：剖削绝缘、导线连接、导线封端、恢复绝缘。

1）剖削绝缘

（1）剖削方法。基本剖削方法如表 10-1 所示。

表 10-1 导线剖削方法

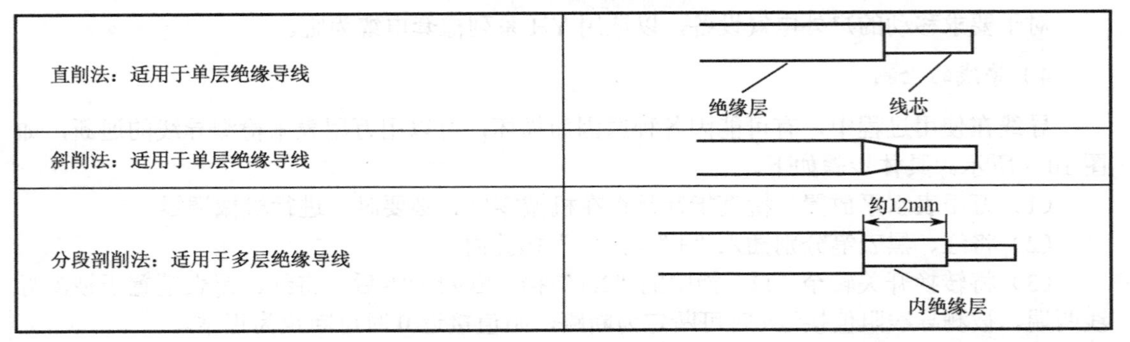

直削法：适用于单层绝缘导线	绝缘层 线芯
斜削法：适用于单层绝缘导线	
分段剖削法：适用于多层绝缘导线	约12mm 内绝缘层

（2）剖削塑料绝缘层。通常使用钢丝钳或电工刀来剖削塑料绝缘层。

① 使用钢丝钳的操作方法：根据所需的线端长度，用钳子头部刀口轻切塑料绝缘层，不可切入芯线；然后右手握住钳子头部用力向外勒去塑料绝缘层；左手把紧电线反向用力配合动作，在勒去塑料绝缘层时，不可在刀口处加剪切力，这样会伤及线芯，甚至将导线剪断，如图 10-4 所示。

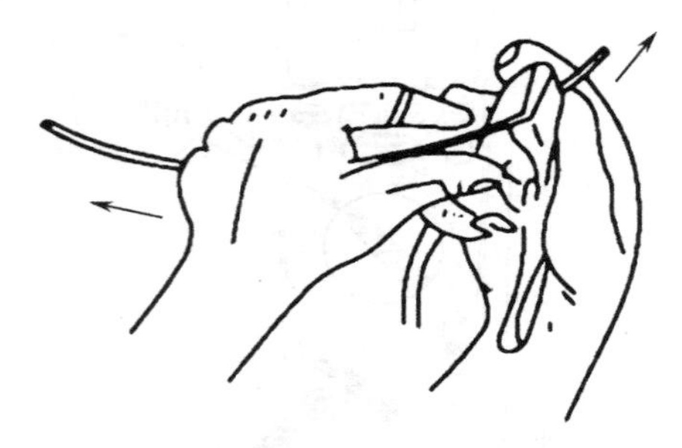

图 10-4 用钢丝钳剖削导线塑料绝缘层

② 使用电工刀的操作方法：根据所需的线端长度，用刀口以 45°倾斜角切入塑料绝缘层，不可切入芯线；接着刀面与芯线保持 15°角左右，用力向外削出一条缺口；然后将塑料绝缘层剥离芯线，向后扳翻，用电工刀取齐切去，如图 10-5 所示。

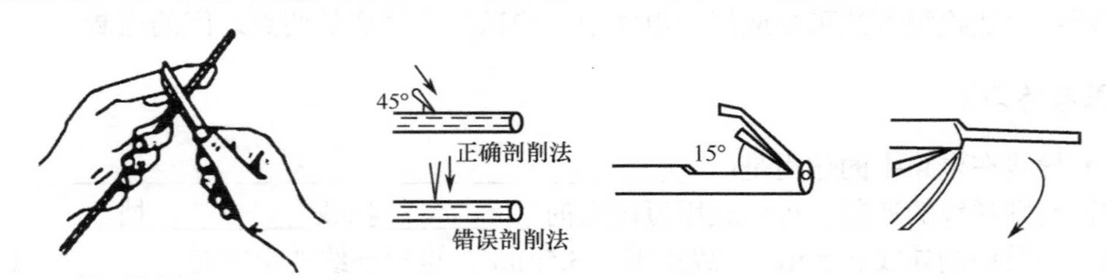

图 10-5 电工刀剖削导线塑料绝缘层

（3）剖削塑料护套线的护套层和绝缘层。

其绝缘层分为外层的公共护套层和内部芯线的绝缘层。公共护套层通常都采用电工刀进行剖削。按所需长度用刀尖在芯线缝楔间划开护套层接着扳翻，用刀口切齐，如图 10-6 所示。

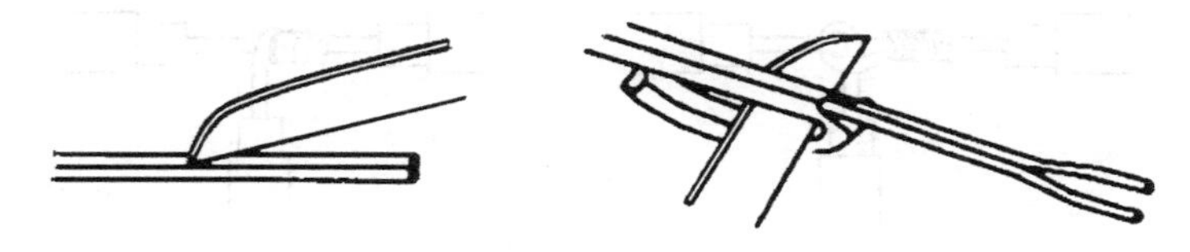

图 10-6 护套层的削离方法

塑料护套线只有端头连接，不允许进行中间连接。

2）导线连接

连接导线时，要求线端接触紧密，接头电阻小，稳定性好，工艺美观。

（1）接触电阻不大于同长度、同横截面积导线的电阻。

（2）接头的绝缘层强度应与导线的绝缘强度一样。

（3）接头的机械强度应不小于导线机械强度的 80%。

（4）耐腐蚀。对于铝与铝的连接，如采用熔焊法，主要防止残余熔剂或熔渣的化学腐蚀。对于铝与铜的连接，主要防止电化腐蚀。在接头前后，要采取措施，避免这类腐蚀的存在。

下面以单股铜芯线为例，讲解导线的连接方法。

（1）单股铜芯线的直接连接。

① 将两根芯线 X 形相交（见图 10-7（a）），互相绞绕 2～3 圈（见图 10-7（b））。

② 扳直两芯线线端（见图 10-7（c）），将两芯线线端分别在对方芯线上紧贴缠绕 6～8 圈（见图 10-7（d））。

③ 绕好一端后即将剩余的芯线用电工钳剪去，钳平芯线的末端（见图 10-7（e））。

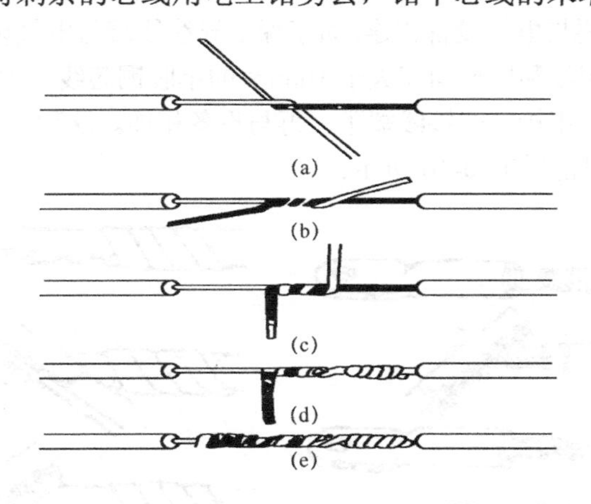

图 10-7 单股铜芯线的直线连接

（2）单股铜芯线的 T 连接。

① 如果导线直径较小，可按如图 10-8（a）所示的方法绕制成结状，然后再把支路芯线线端拉紧扳直，紧密地缠绕 6～8 圈后，剪去多余芯线，并钳平毛刺。

② 如果导线直径较大，先将支路芯线的线端与干线芯线做十字相交，使支路芯线根部留出 3～5mm，然后缠绕支路芯线，缠绕 6～8 圈后，用钢丝钳切去余下的芯线，并钳平芯线末端，如图 10-8（b）所示。

（3）线端与瓦形接线桩的连接，如图 10-9 所示。

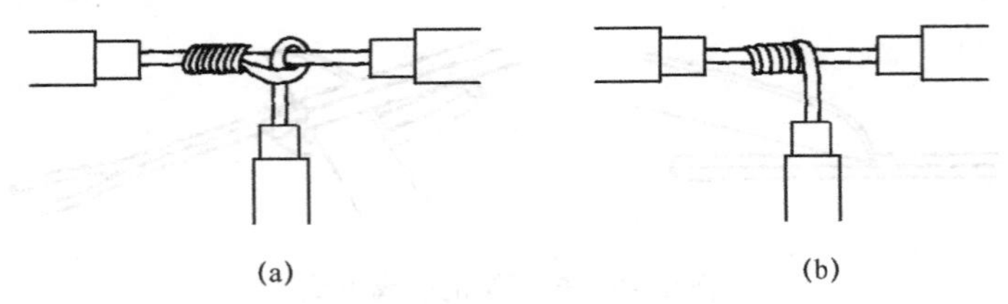

图 10-8　单股铜芯线的 T 连接

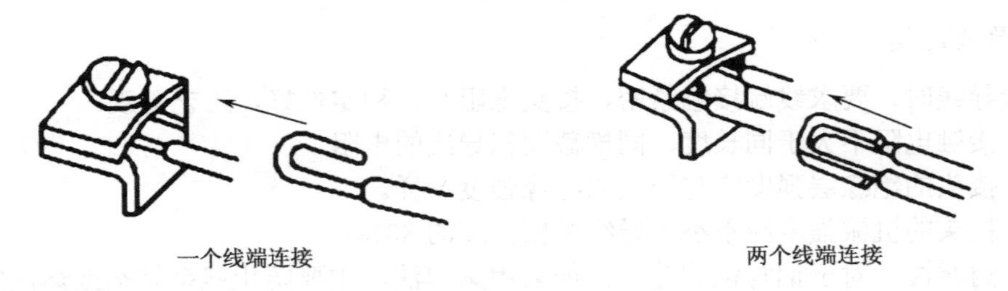

图 10-9　线端与瓦形接线桩的连接

步骤：

① 清除线端的氧化层和污物。

② 按略大于瓦形垫圈直径，将线端弯成 U 形。

③ 如果两个线端接在同一接线桩上，则两个线端的 U 形按相反方向叠在一起。

④ 螺钉穿过 U 形孔压在垫圈下旋紧。

3）导线封端

安装好的配线最终要与电气设备相连，为了保证导线线端与电气设备接触良好并具有较强的机械性能，对于多股铝线和横截面积大于 $10mm^2$ 的单股铜芯线、大于 $2.5mm^2$ 的多股铜线，都必须在导线终端焊接或压接一个接线端子，再与设备相连。这种工艺过程叫作导线封端。

导线的压接封端过程如图 10-10 所示。

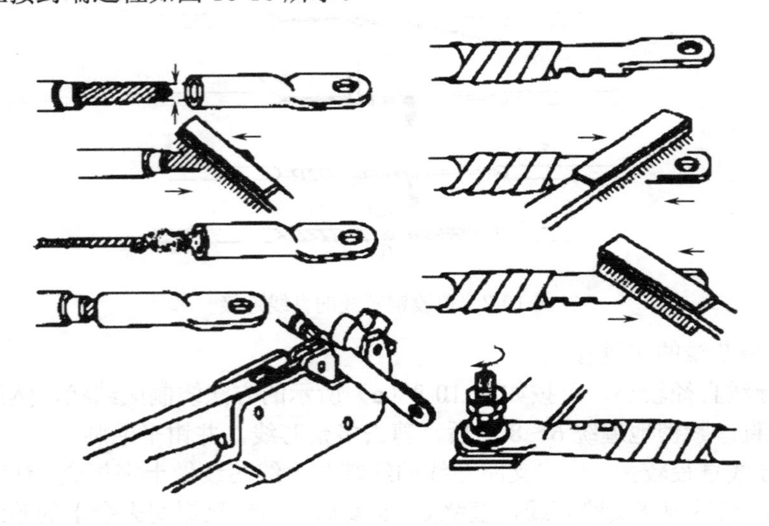

图 10-10　导线的压接封端过程

铜导线可以采用锡焊法或压接法封端，而为了避免腐蚀，铝导线使用压接法来封端。

4）恢复绝缘

当发现导线绝缘层破损或完成导线连接后，一定要恢复导线的绝缘。要求恢复后的绝缘强度不低于原有绝缘层。

（1）使用绝缘胶带。

在低压电路中，所用材料通常是黄蜡带、涤纶薄膜带、黑胶带、自黏性绝缘橡胶带、电气胶带等多种。其中，电气胶带因颜色有红、绿、黄、黑，又称相色带，如图 10-11 所示。

黄蜡带和黑胶带一般选用宽度为 20mm 的较合适。

图 10-11　黄蜡带与电气胶带

操作工艺要求：

① 在为工作电压为 380V 的导线恢复绝缘时，必须先包缠 1～2 层黄蜡带，然后再包缠 1 层黑胶带。

② 在为工作电压为 220V 的导线恢复绝缘时，应先包缠 1 层黄蜡带，然后再包缠 1 层黑胶带，也可只包缠 2 层黑胶带。

③ 包缠绝缘带时，不能过疏，更不能露出芯线，以免造成触电或短路事故。

下面以直线连接头的绝缘恢复为例（见图 10-12），讲解具体操作方法。

（a）首先将黄蜡带从导线左侧完整的绝缘层上开始包缠，包缠 2 层后再进入无绝缘层的接头部分。

（b）包缠时，应将黄蜡带与导线保持约 55°的倾斜角，每圈叠压带宽的 1/2 左右。

（c）包缠一层黄蜡带后，把黑胶带接在黄蜡带的尾端，按相反的斜叠方向再包缠一层黑胶带，每圈仍要压叠带宽的 1/2，仍倾斜 55°。

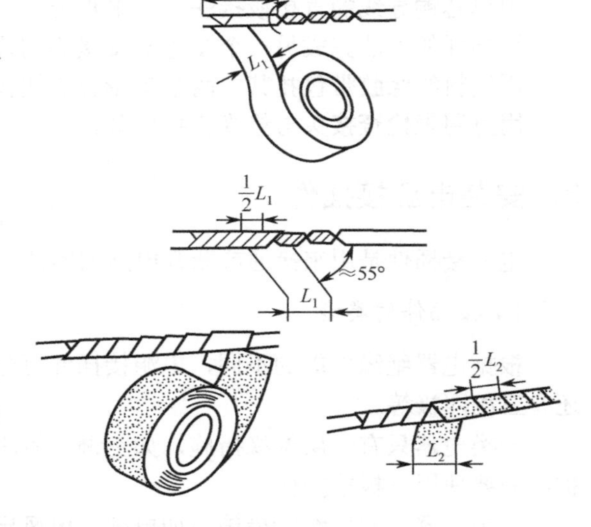

图 10-12　直线连接头的绝缘恢复

（2）使用热收缩套管。

为使线端具有更高的绝缘特性，可使用热收缩套管，如图 10-13 所示。

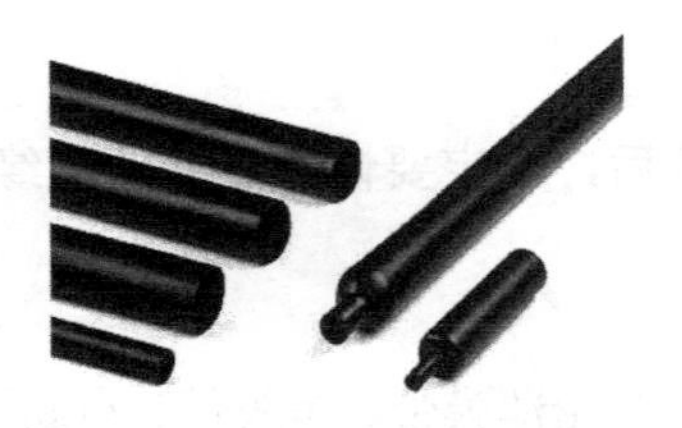

图 10-13　热收缩套管及其应用

首先截取一段热收缩套管，其长度应长于胶带在接头导线上缠绕的长度。将截取的热收缩套管套在其中一根导线上，使用黄蜡带将导线接头处包缠，使热收缩套管将接头处整个套住。

然后使用加热装置，如电烙铁、喷灯等，从热收缩套管中间向两侧反复加热，使热收缩套管受热紧贴在导线上。

热收缩套管紧固的导线还具有防水的特性。

〖**思考练习**〗

（1）单股绝缘铜导线的直线连接。

用钢丝钳剪出 2 根约 300mm 长的单股铜导线（横截面积约 1.5mm^2），用剖线钳剖开其两端的绝缘层。

用单芯铜导线的直接铰接法，按直线接头连接工艺要求，将 2 根导线的两端分别对接（接后成圈状）。

用塑料绝缘胶带包扎接头。

用万用表检查接头与绝缘包扎质量。

（2）单股绝缘铜导线的 T 形分支连接。

用钢丝钳剪出 2 根约 300mm 长的单股铜导线。

用单芯铜导线的直接铰接法，按 T 形分支接头连接工艺要求，将支线连接在干线上。

用同样的方法完成另一个 T 形分支接头的连接。

用塑料绝缘胶带包扎其中两个 T 形分支接头。

用万用表检查接头与绝缘包扎质量。

3．安装电源接插件

电源接插件是用来接通或断开电路的器件，一般分为插头和插座。

1）接插件的类型

根据电器绝缘性能的不同，电源接插件可分为两极、三极接插件。此外，特殊接插件还有三相四极等。

一类电器只有一层绝缘措施，如空调、机床、电动机等，必须加漏电保护器和接地保护，需要使用三极接插件。

二类电器有双层绝缘措施，如电视、电风扇、台灯、电磁炉等，可以不用接地保护，因此使用两极接插件就可以了。

不同国家的电源接插件的标准不一样，插头和插座的样式也不同，如图 10-14 所示。我国的电源接插件是按照澳标制造的。到其他国家旅游，可能需要使用转换电源插头。

造型				
插头造型说明	category A 两脚扁形	category B 两脚扁+圆形接地脚	category C 八字扁脚形	category D 八字扁脚形
造型				
插头造型说明	category E 双脚圆形(4.0mm)	category F 双脚圆形(4.8mm)	category G 双脚圆形+接地孔	category J 两脚扁形-中国插头
造型				
插头造型说明	category I 三脚扁形-英国插头	category K 三脚圆形(6A)	category L 三脚圆形(16A)	category M 瑞士插头
造型				
插头造型说明	category M 意大利插头	category O 丹麦插头	category O 以色列插头	锁入式插头

注：不同国家分别使用 A、B、E、F、G、I、K、N、P 型插头。

图 10-14　不同样式的接插件

有些插头是注塑的：插头和线通过高温压在一起，不可以拆开；有些插头则是电源线和插头通过螺钉等固定在一起的，可以装拆。插座通常是可装配的。

图 10-15 是一些不同类型的接插件。

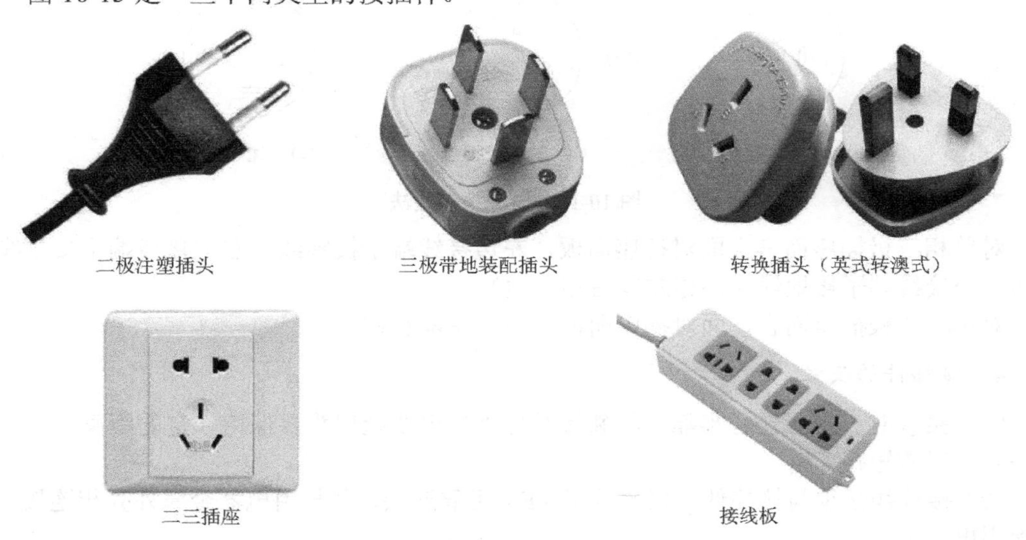

图 10-15　不同类型的接插件

2）接插件的选用

（1）额定值。

根据允许电压和电流的不同，电源接插件可以使用在 250V、125V、36V 的电压上，有 16A、13A、10A、5A、2.5A 等规格。超额定值使用会使过电流发热，从而产生危险。带熔断器、超负荷保护器的接插件，最小额定值应等于熔断器、超负荷保护器上标注的额定值。例如，空调器、大功率淋浴器等产品应选用 16A 的插头和插座，其他小功率的家电选用 10A 的插头和插座即可。

（2）电源线。

电源线应有足够的横截面积，以确保电源线不会因发热而导致绝缘受损，造成短路、着火、漏电事故。例如，常见的 250V/10A 的接插件的电源线横截面积应大于或等于 $0.75mm^2$。

3）接插件的连线

三极插座的接线如图 10-16 所示。

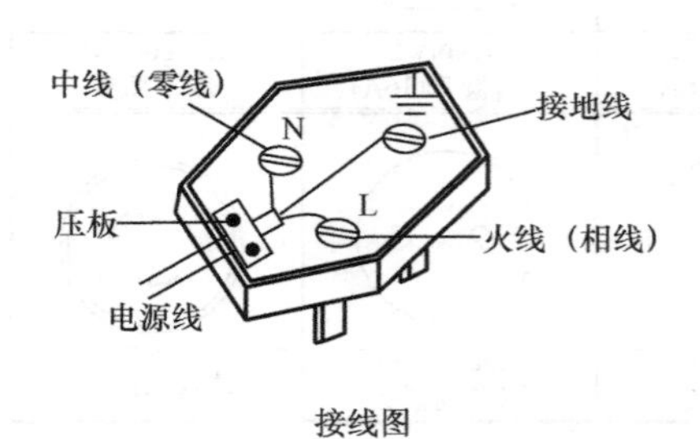

接线图

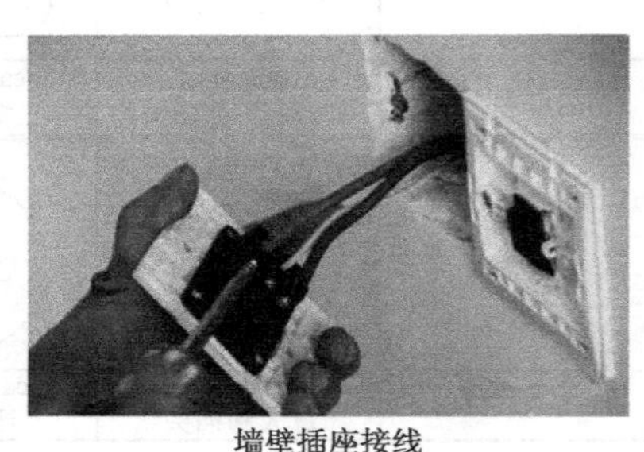
墙壁插座接线

图 10-16　三极插座的接线

在接插件上，标有 N 的端子接电源中性线（俗称零线），标有 L 的端子接电源相线（俗称火线），中间标有 E 的端子接接地保护线（俗称地线），如图 10-17 所示。

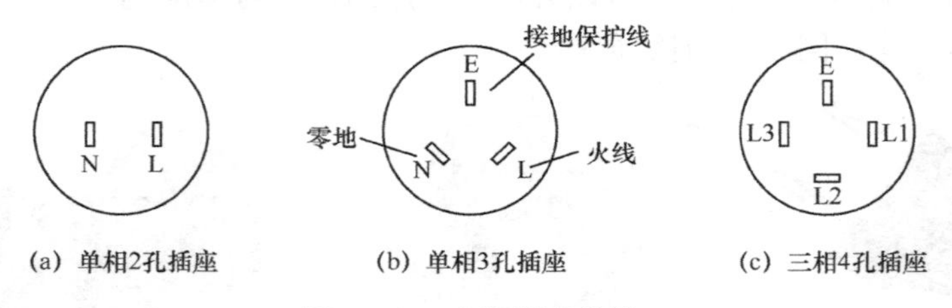

(a) 单相2孔插座　(b) 单相3孔插座　(c) 三相4孔插座

图 10-17　电源插座接法

对单相三极插座而言，面对插座面板，左边接线端子接零线，右边接线端子接相线，上边一个接线端子接地线（俗称左零右相上地）。

对单相二极插座而言，面对插座面板，则是左零右相。

4）接插件的安装

（1）接线时一定要接触牢靠，相邻接线柱上的电线金属头要保持一定的距离，不允许有毛刺，以防短路。

（2）接地线必须与接插件的接地端子（E）可靠连接，并与用电器金属外壳相连接，以确保用电安全。

（3）在特别潮湿和易燃易爆的危险场所，以及多粉尘的场所，严禁安装普通插座。

(4) 使用移动插头要保持清洁，注意防潮，以免绝缘损坏发生漏电或短路。

(5) 插座安装高度如下。

① 一般距地面高度为 1.3m。在托儿所、幼儿园及小学，应不低于 1.8m。同一场所安装的插座高度应保持一致，高、低差不得大于 5mm。

② 车间及实验室的明、暗插座安装高度不低于 0.3m，特殊场所暗装插座不低于 0.15m。

5) 接插件的电路符号

在电气施工图上看到的是电源接插件的平面图，如图 10-18 所示。

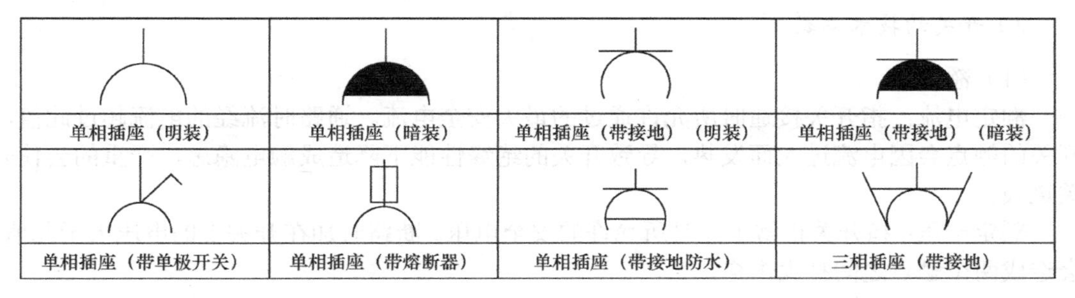

图 10-18 接插件的电路符号

〖思考练习〗

(1) 接插件类型可分为____________、____________。

(2) 接插件内部或外部通常有字母标志，其中 M 表示___________，L 表示__________，E 表示____________。

(3) 插头上标有 N 标志的电极要接火线。(是、否)

(4) 在电网中，插头是取电的装置，而插座是供电的装置。(是、否)

(5) 一般情况下，二极插头使用时是不分零线和火线的。(是、否)

(6) 插座水平安装时，接线原则是左零右相；竖装时，接线原则时上相下零。(是、否)

(7) 在网上查询欧标、美标、英标、澳标的插头和插座，整理一份关于不同标准的接插件的说明书。

(8) 按工艺要求，安装一个带开关的单相插座。

4. 认识电气开关

低压电气开关是用来控制电路通断的器件，其作用是允许或禁止电流流到其他地方。

1) 开关的类型

按照用途分类：电源开关、预选开关、限位开关、波动开关、控制开关、隔离开关、行程开关、波段开关、转换开关，墙壁开关、智能防火开关等。

按照结构分类：微动开关、船形开关、钮子开关、拨动开关、按钮开关、按键开关，还有时尚的薄膜开关、点开关等。

按照开关数分类：单控开关、双控开关、多控开关等。

另外，民用电路常用开关有调光开关、调速开关、防溅盒、门铃开关、感应开关、触摸开关、遥控开关、智能开关、插卡取电开关、浴霸专用开关等。

图 10-19 是一些不同类型的开关。

图 10-19 不种类型的开关

2）开关的技术参数

（1）额定值。

额定电流：指开关接通时所允许通过的最大安全电流。通路时流经的电流超过此值，开关的触点会因电流过大而发热，导致开关的绝缘性能下降造成触电隐患，严重的会使开关烧毁。

额定电压：指开关正常工作时所允许的安全电压。断路时加在开关上的电压大于此值，会造成两个触点之间打火击穿。

例如，开关上标注的“380V/30A”，表示该开关的额定电压是 380V，额定电流是 30A。

（2）电阻值。

绝缘电阻：指开关的导体部分与绝缘部分的电阻值，此值越大越好，一般应在 100MΩ 以上。

接触电阻：指开关在开通状态下，每对触点之间的电阻值。此值越小越好，一般要求在 0.1～0.5Ω 以下。

（3）其他参数。

耐压：指开关对导体及地之间所能承受的最高电压。

寿命：指开关在正常工作条件下，能操作的次数。一般要求为 5000～35000 次。

3）开关的主要材料

（1）开关载流件。

黄铜：其质硬、弹性略弱、电导率中等，呈亮黄色。

锡磷青铜：质硬、弹性好、电导率比黄铜好，呈红黄色。

红铜：质略软、弹性好、电导率高，呈紫红色。

（2）开关触点。

纯银：电阻低、质地柔软、熔点低、易氧化、易产生电弧烧坏电线或开关元件，造成通电不畅。

银合金：电阻低、质地耐磨、熔点高、抗氧化，综合性能比纯银优越。

（3）开关附件。

面板：ABS、PC 料、电玉粉等。

拔嘴：自润型尼龙、普通增强尼龙等。

底座：加强尼龙、再生 PC 料、普通合成塑料等。

4）开关的安装

安装要求：

① 室内照明开关一般使用壁式扳把开关。在特别潮湿、有腐蚀性气体及易燃易爆场所应采用密闭式或防爆式开关。民用住宅严禁设床头开关和灯头开关。

② 壁式扳把开关安装时应把扳把子向上设为断开位置。

③ 单极照明开关应串联在相线上。

④ 壁式开关安装高度为 1.3m，距门框为 0.15～0.3m。

⑤ 成排安装的开关应保持高度一致，高、低差不大于 2mm。

⑥ 暗装开关的盖板应在墙面粉刷和装修后再安装，要端正严密，并与墙面平齐。

5）开关的电路符号

在电气施工图上看到的是开关的平面图，如图 10-20 所示。

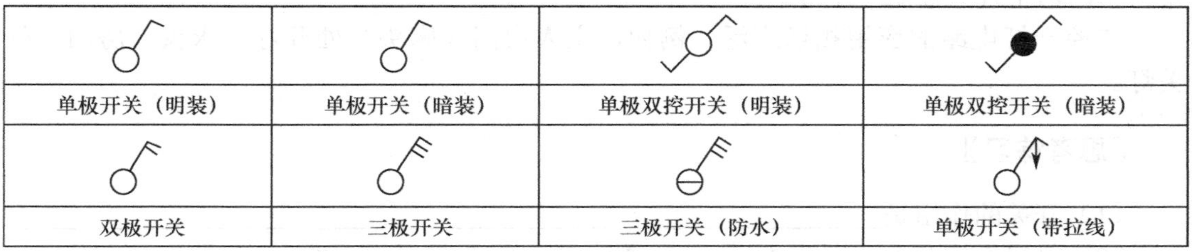

单极开关（明装）
单极开关（暗装）
单极双控开关（明装）
单极双控开关（暗装）
双极开关
三极开关
三极开关（防水）
单极开关（带拉线）

图 10-20 开关的电路符号

6）单极双控开关及其应用

普通开关通常是单控的，用来控制一个支路线路的通断。例如，如图 10-21 所示的电路中，开关接在火线上，闭合开关，灯具发光；断开开关，灯具熄灭。

D
S
L
AC220V
N

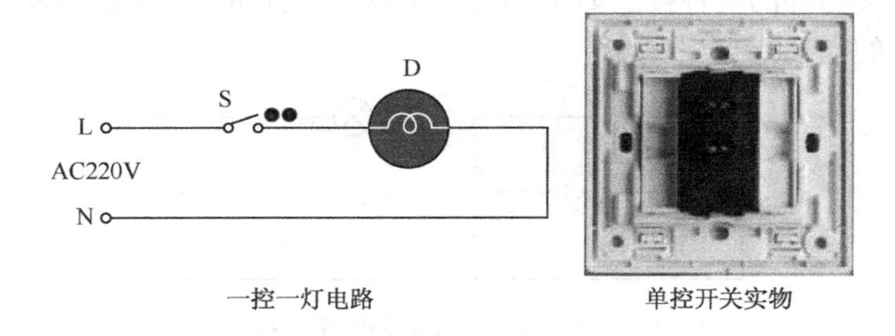

一控一灯电路　　单控开关实物

图 10-21 单极单控开关及其应用电路

应该注意到，上面的开关只有 2 个接线孔。

双控开关也称双联开关。与单控开关相比，双控开关有三个接线孔，如图 10-22 所示。

S
L
L1
L2

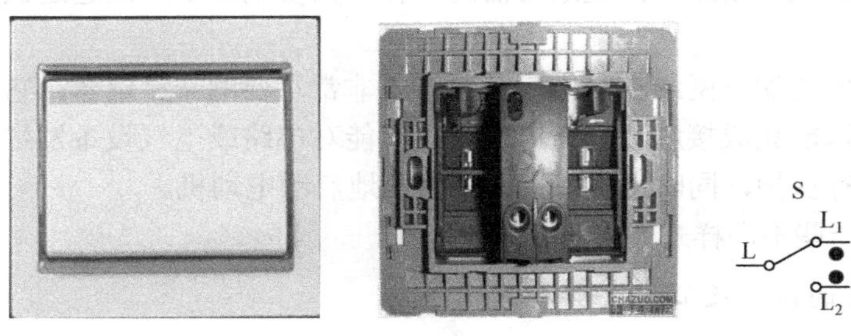

图 10-22 双控开关实物图及电路符号

在单极双控开关中，L 为单极端，L_1、L_2 为双控端。图 10-23 是单极双控开关接法。

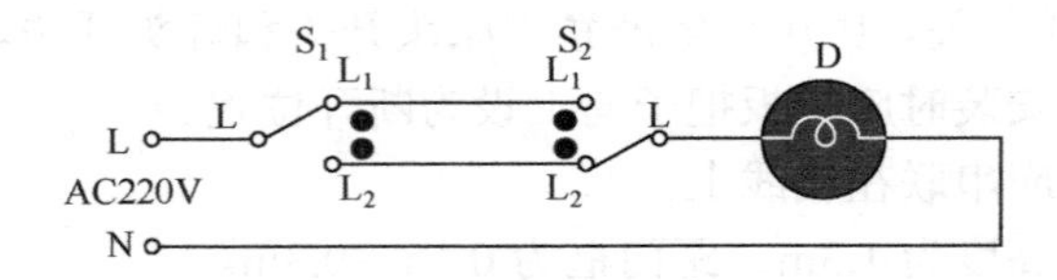

图 10-23　二控一灯电路

在此电路中，火线 L 与开关 S_1 的 L_1 端接通，地线 N 与开关 S_2 的 L_2 端接通，但整个电路是未连通的，因此灯具不亮。此时，拨动开关 S_1 或 S_2 任何一个时，电路都将闭合，灯具发光。当电路接通后，再拨动开关 S_1 或 S_2 任何一个时，电路都将断开，灯具熄灭。这就是所谓的两个开关控制一个灯。

二控一灯电路的应用相当广泛。例如，主人房门（床头）处开灯，床头（房门）处关灯。

〖**思考练习**〗

（1）开关的作用是____。

（2）单极双控开关标有 L 为________端，L_1、L_2 为________端。

（3）单极双控开关一般用在控制电路中，在很多情况下，单极双控开关可以代替_____________。

（4）画出用单极双控开关实现两地控制的电路。

（5）拆开一个废弃的开关，仔细观察，判断它是单极开关？还是单极双控开关？

（6）双控开关另外的两种接法如图 10-24 所示。请分析该接法能否实现双控功能？并试着分析该接法的电气特点。

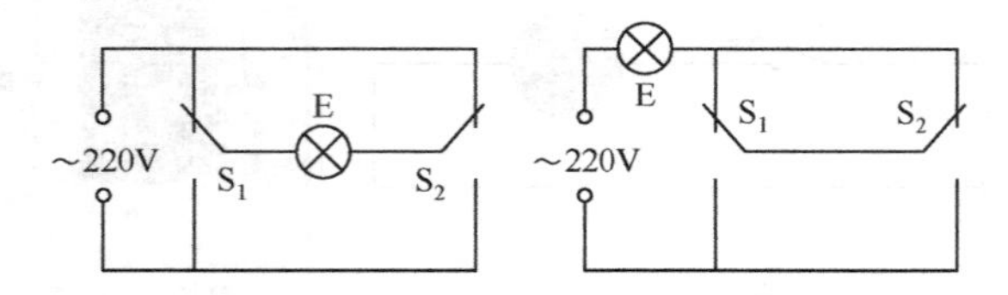

图 10-24　双控开关另外的两种接法

5. 认识空气开关

空气开关，即空气断路器，是断路器的一种，只要电路中电流超过额定电流就会自动断开。

空气开关是低压配电网络和电力拖动系统中非常重要的一种电器，它集控制和多种保护功能于一身。除能完成接触和分断电路外，尚能对电路或电气设备发生的短路、严重过载及欠电压等进行保护，同时也可以用于不频繁地启动电动机。

图 10-25 是一些不同样式的空气开关。

1）空气开关的结构及工作原理

空气开关的结构如图 10-26 所示，由操作机构、触点、保护装置（各种脱扣器）、灭弧系统等组成。

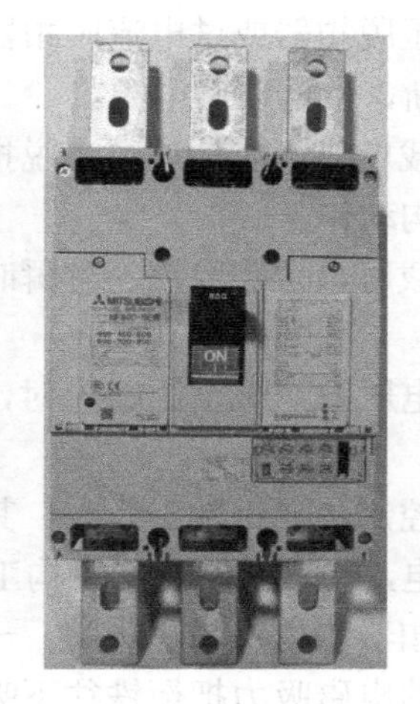
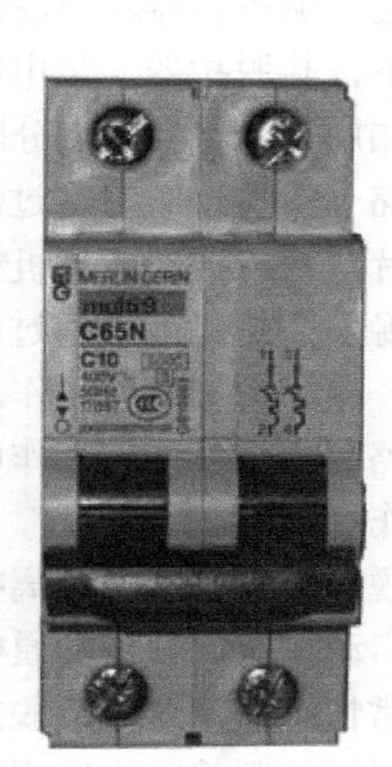

图 10-25 各种样式的空气开关

图 10-26 空气开关内部结构图

工作原理如图 10-27 所示，说明如下。

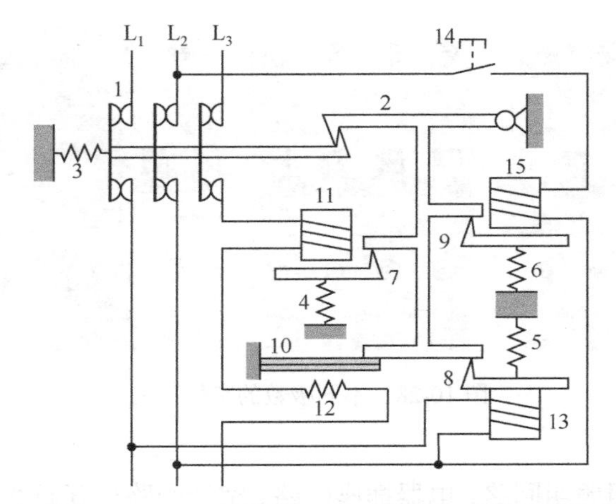

1—主触点；2—锁钩；3，4，5，6—弹簧；7，8，9—衔铁；10 双金属片（热脱扣器）；

11—过电流脱扣线圈；12—加热电阻丝；13—欠电压脱扣线圈；14—按钮；15—分励脱扣线圈

图 10-27 空气开关工作原理图

使用手动操作或电动合闸，将空气开关的主触点闭合后，脱扣机构将主触点锁在合闸位置上。过电流脱扣器和热脱扣器的热元件与主电路串联，欠电压脱扣器和电源并联。在一定条件下，热脱扣器、欠电压脱扣器或过电流脱扣器发生作用，推动脱扣机构动作，使锁钩与锁扣脱开，将主触点分断，从而切断电源。

当电路一般性过载时，过载电流不能使过电流脱扣器动作，但热脱扣器的热元件发热使双金属片弯曲，推动脱扣机构动作。

当电源发生短路或严重过载时，短路电流超过瞬时脱扣整定电流值，过电流脱扣器的衔铁吸合，推动脱扣机构动作。

当电路欠电压（额定工作电压的70%至35%）时，欠电压脱扣器的衔铁释放，也使脱扣机构动作。

分励脱扣器则作为远距离控制，在正常工作时，其线圈是断电的，在需要远距离控制时，按下启动按钮，使线圈通电，衔铁带动脱扣机构工作，使主触点断开。

在正常情况下，过电流脱扣器的衔铁是释放的。一旦发生严重过载或短路故障时，与主电路串联的线圈将产生较强的电磁吸力把衔铁往下吸引而顶开锁钩，使主触点断开。欠电压脱扣器的工作恰恰相反，在电压正常时，电磁吸力吸住衔铁，主触点得以闭合。一旦电压严重下降或断电时，衔铁就被释放而使主触点断开。当电源电压恢复正常时，必须重新合闸后才能工作，实现了失压保护。

2）空气开关的常识

（1）空气开关的极性和表示方法。

单极（1P）：220V 切断火线。

双极（2P）：220V 火线与零线同时切断。

三极（3P）：380V 三相线全部切断。

四极（4P）：380V 三相火线一相零线全部切断。

不同极数的空气开关如图 10-28 所示。

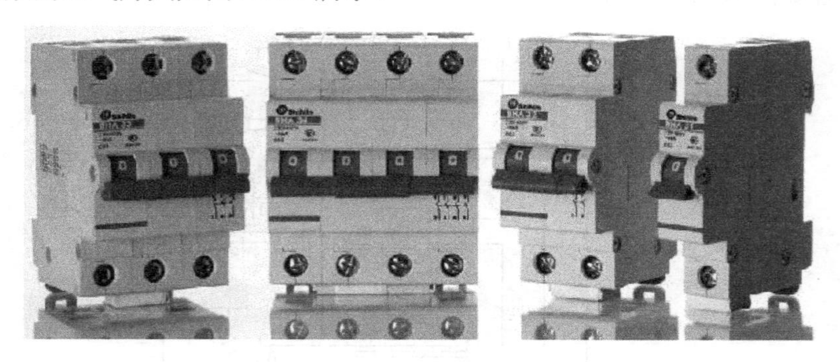

图 10-28　不同极数的空气开关

（2）选购安装。

现代家居用电按照照明回路、电器插座回路、空调回路分开布线，当其中一个回路（如插座回路）出现故障时，其他回路仍可以正常供电。插座回路必须安装漏电保护装置，防止家用电器漏电造成人身电击事故。

住户配电箱总开关一般选择双极 32～63A 空气开关，照明回路一般选择 10～16A 空气开关，插座回路一般选择 16～20A 的带漏电保护的空气开关，空调回路一般选择 16～25A

空气开关。上述选择仅供参考，每户的实际家用电器功率不一样，具体选择要以电工设计为准。

一般家庭用电接线图如图 10-29 所示。

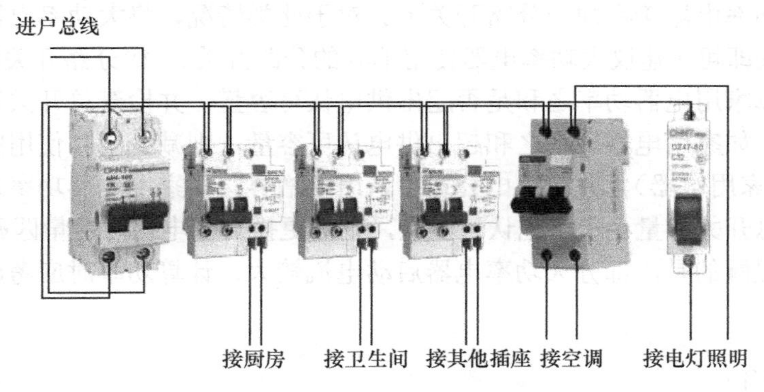

图 10-29 一般家庭用电接线图

3）空气开关的接线

在照明系统中，空气开关用来保护用电。图 10-30 是空气开关在一般照明线路中的应用示例。

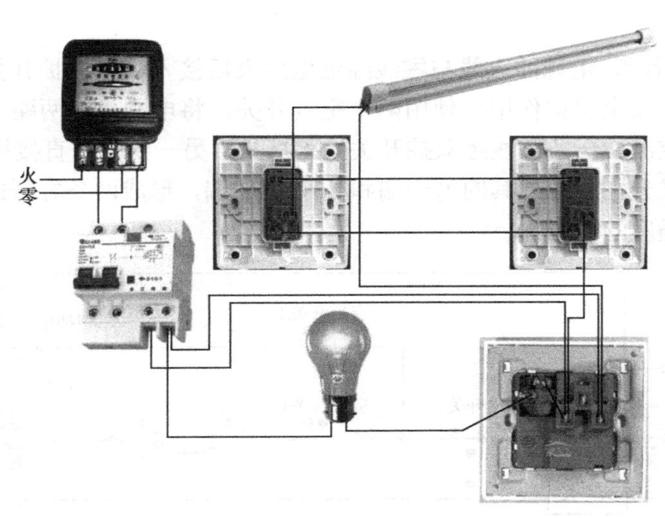

图 10-30 照明接线图

4）空气开关的检测

（1）常规检测。

每路线的插座、灯头、厨房、卫生间、冰箱、空调都应该单独放线，每路线上都要有单独的空气开关。大功率的房间，如厨房和卫生间，4mm^2 以上的线路要达到 20A，一般的灯头线只要 16A，每条线路都有特定的规格。

使用漏电相位检测仪来检测空气开关是否正常。如果空气开关处于正常保护状态，检测时，每路线上的空气开关都会单独跳闸，漏电保护器也跟着一起跳闸。如果空气开关处于不正常的状态，那么只是总开关跳闸，单独的空气开关不跳闸，漏电保护器也不跳闸。

（2）跳闸故障检测。

首先判断跳闸的空气开关是家中配电箱内的总开关还是分路出线开关。

空气开关如总开关未跳闸，只是分路开关跳闸，则说明大功率电器供电线路接线有问题，即多件大功率电器接在同一分路开关上。对于此类情况，将大功率电器线路调整至负荷轻的分路开关即可（建议大功率电器使用单独的分路开关）；如分路开关没跳闸，而总开关跳闸，则计算家用电器功率之和是否超出供电认可容量，并检查总开关容量是否与供电认可容量匹配。如家用电器功率之和超出供电认可容量，则减少同时使用的家用电器数量（特别是大功率家用电器），并向供电公司申请用电增容；如家用电器功率之和未超出供电认可容量，但总开关容量小于供电认可容量，则需更换与供电认可容量匹配的总开关。

同时需要提醒的是，部分大功率电器启动电流较大，计算功率时应考虑启动电流造成的影响。

〖**思考练习**〗

回家对空气开关进行检测，看空气开关是否正常工作。

6. 搭测二控一灯线路

1）线路分析

如图 10-31 所示，电源的火线与零线经过电度表后接入漏电保护开关。漏电保护开关对负荷侧的电器起安全保护作用。使用两个空气开关，将电源分为两路，分别对灯具和插座进行独立通断控制。一条火线经双控开关接入灯具，另一条火线直接接入插座的 L 端。经漏电开关的零线分别接入灯具的另一端和插座的 N 端，形成两条并联的电路回路。最后电源的地线接入插座的 E 端。

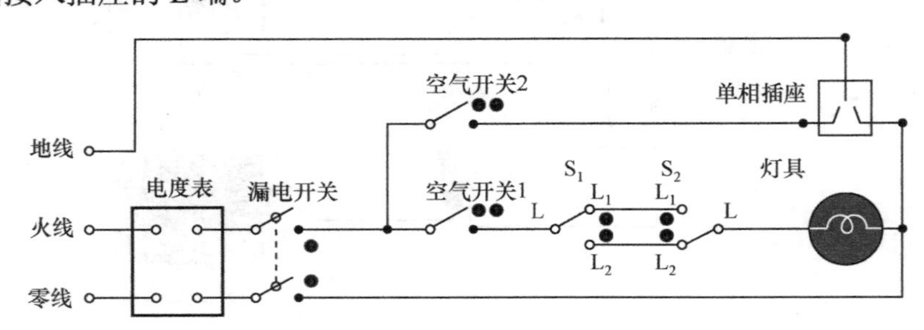

图 10-31　安装线路图的电路原理

2）线路安装

由于本线路功率不大，使用 $2mm^2$ 的单股铜导线进行连接。

先固定好电度表、漏电开关、空气开关、灯具和插座的位置。然后根据电器的安装位置，剪裁适当长度的导线，并对线端进行剖削加工。最后根据电路原理图，用导线连接各个电器。

注意：

（1）火线使用红色线、零线使用蓝色线、地线使用黄色线。

（2）按工艺规范，将导线接入电器的接线柱，保证连接牢固，火线、零线可靠绝缘。

（3）火线、地线可能会做直接连接或 T 连接，按连接工艺规范进行，并进行绝缘恢复操作。

3）线路检测

（1）静态检测。

使用万用表，按照测量电阻的方式检测线路的连接情况。

① 短路检测：无论开关处于何状态，电源入口处火线、零线之间电阻不应为零。

② 开路检测：火线进线端到插座与灯具的 L 端、零线进线端到插座与灯具的 N 端、地线进线端到插座的 E 端，在对应开关闭合时，电阻接近零。

③ 漏电检测：将万用表的红、黑表笔中的一个置于火线或零线的进线端，另一个置于地线的进线端，则无论漏电保护器、空气开关置于什么状态，电阻值都应该为无穷大。否则，很可能有漏电故障，需要排查。

（2）通电试验。

通电前应完成电路的静态检测，漏电保护器、各空气开关应处于断开状态，并应安装上灯具。

通电前网孔板必须清理干净，不允许留下工具及多余的电线。

① 依次合上漏电保护器、空气开关 1、空气开关 2。

② 观察白炽灯是否已亮，若不亮，则按下任一单极双控开关。

③ 利用测电笔正确测量插座右孔，看是否带电。

认识漏电保护开关

漏电保护开关又叫漏电保护器。它是断路器的一种，只要电路中出现漏电电流就会自动断开。主要用于保障人身安全，防止人体触及带电的电气设备金属外壳和构件或触及火线而造成触电伤亡事故，也用于防止因电路或电气设备的接地故障或严重的漏电故障而造成的火灾或爆炸事故。

图 10-32 是不同外形的漏电保护开关。

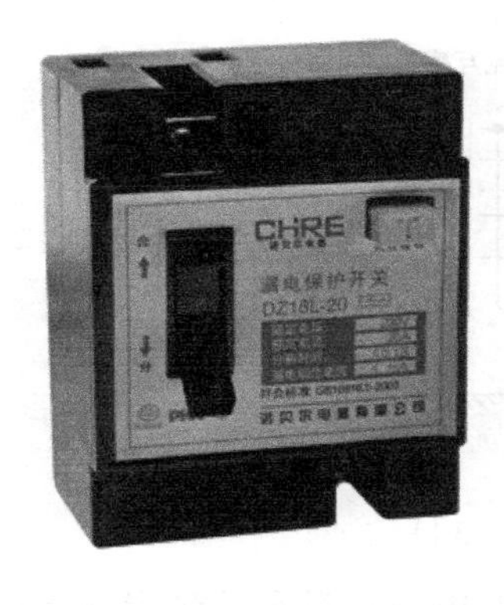

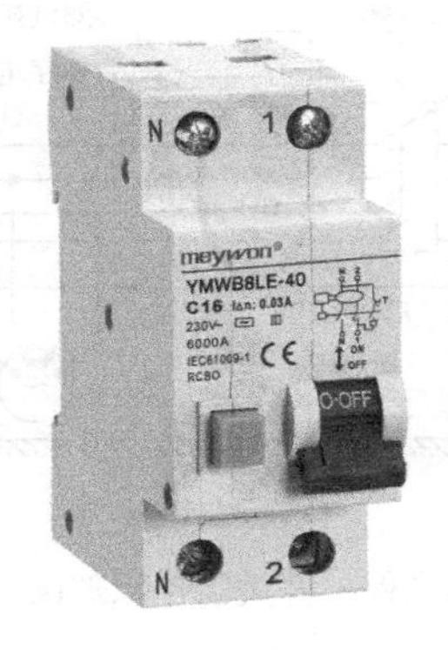

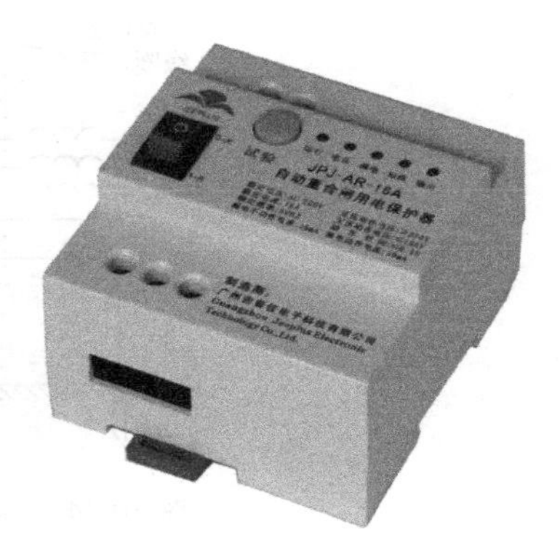

图 10-32 各种漏电保护开关

漏电保护开关用以对低压电网直接触电和间接触电进行有效保护，也可以作为三相电动机的缺相保护。它有单相的，也有三相的。灵敏度高，动作后能有效切断电源，保障人身安全。

1）漏电保护开关的结构及工作原理

目前我国漏电保护开关采用电流动作型。

漏电保护开关主要由零序电流互感器（检测元件）、中间环节（放大比较器）、漏电脱扣器（执行机构）、开关装置（试验装置）组成。

对单相线路而言，如图 10-33 所示，正常时电源线产生的磁场大小相等，方向相反，正好抵消，不产生电流，漏电脱扣器不动作。当发生人身触电或漏电接地故障时，漏电电流直接接入大地，不返回零线，电源线中的电流不再平衡，使零序互感器铁芯中的磁通不平衡，出现漏电电流的磁通，线圈就有感应电压输出，经过放大使漏电脱扣器动作，开关装置跳闸，从而切断电源。

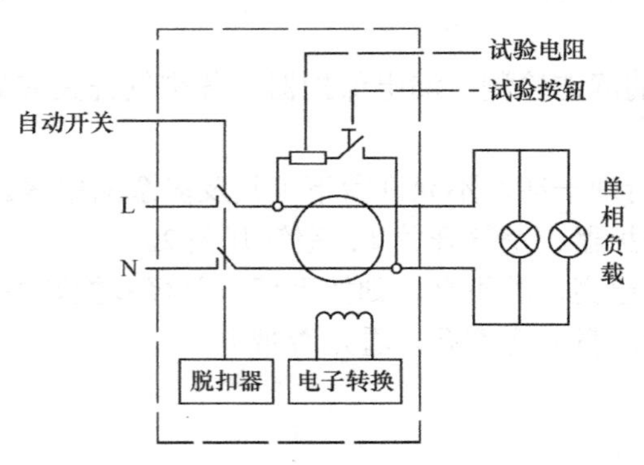

图 10-33　漏电保护开关工作原理图（单相）

对三相交流电而言，如图 10-34 所示，正常情况下，三相负荷电流和对地漏电电流基本平衡，流过互感器一次线圈电流的相量和约为零，即由它在铁芯中产生的总磁通为零，零序互感器二次线圈无输出。当发生触电时，触电电流通过大地构成回路，即产生了零序电流。这个电流不经过互感器一次线圈流回，破坏了平衡，于是铁芯中便有零序磁通，使二次线圈输出信号。这个信号经过放大、比较元件判断，若达到预定动作值，则发执行信号给执行元件动作掉闸，切断电源。

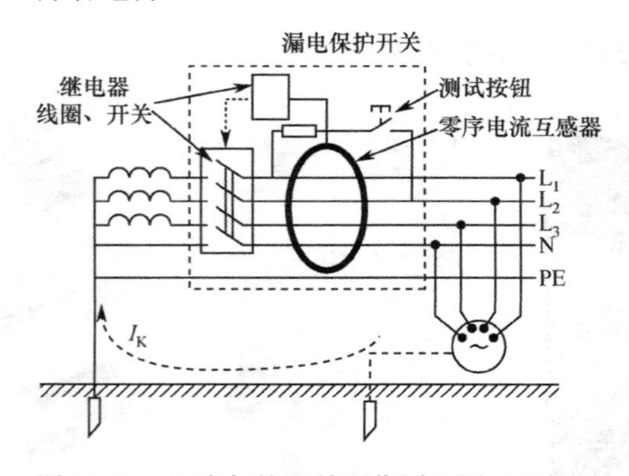

图 10-34　漏电保护开关工作原理图（三相）

由工作原理可见，当三相对地阻抗差异大，三相对地漏电流相量和达到漏电保护开关动作值时，将使断路器掉闸或送不上电。同时，三相漏电流和触电电流相位不一致或反相，会降低漏电保护开关的灵敏度。

2）漏电保护开关的选用

市面上的漏电保护开关根据功能常有以下几个类别。

（1）只具有漏电保护断电功能，使用时必须与熔断器、热继电器、过流继电器等保护元件配合。

（2）同时具有过载保护功能。

（3）同时具有过载、短路保护功能。

（4）同时具有短路保护功能。

（5）同时具有短路、过负荷、漏电、过压、欠压功能。

需要根据电路安装的具体需求选用不同功能的漏电保护开关。

此外，应根据保护范围、人身设备安全和环境要求确定漏电保护开关的电压等级、工作电流、漏电电流及动作时间等参数。

应根据被保护设备的正常泄漏电流大小进行选择，否则不能正常工作。

对于一般环境（居民住宅、办公室等），选择动作电流不超过 30mA，动作时间不超过 0.1s，这两个参数保证了人体触电时，不会使触电者产生病理性生理危险效应。

对于不允许断电的电气设备，如公共场所的通道照明、应急照明、消防设备的电源、用于安防报警的电源等，应选用报警式漏电保护开关，并接通声、光报警信号，以通知管理人员及时处理故障。

分级保护时，要求干线动作电流大于支线动作电流，同时支线保护动作时间小于总保护动作时间，保证支线发生漏电故障时不越级跳闸。

3）漏电保护开关的应用

漏电保护开关的应用如图 10-35 所示，220V 的交流电源接入单相电度表，然后连接电源负荷开关，再接到漏电保护开关，漏电保护开关后面接负载，负载就是人们日常生活中的家用电器，如灯具、洗衣机等。

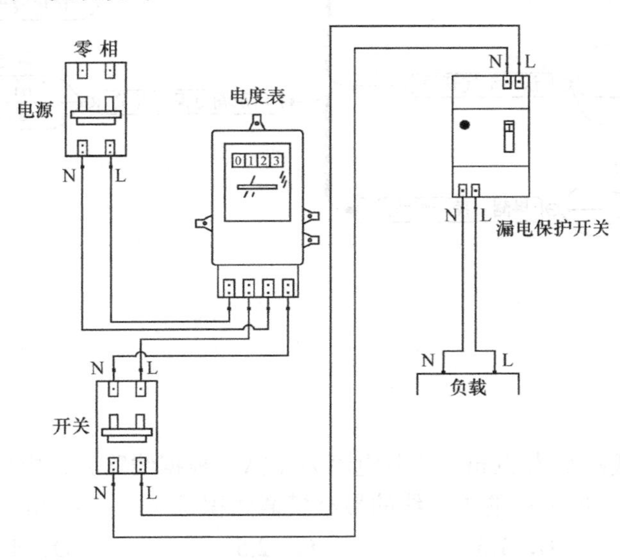

图 10-35　漏电保护开关的应用

安装漏电保护开关是安全保护措施之一，它不能代替现有的有关电规程安全装置，还必须按规程采用其他有效的安全技术措施，如保护接地、保护接零、绝缘保护等，不能把安装漏电保护开关当作保护的唯一法宝。

〖思考练习〗

（1）漏电保护开关主要由________、________、________组成。

（2）当发生人身触电时，正常的漏电保护开关能动作并切断电源。（是、否）

（3）按下漏电保护开关测试按钮 T 时，应先断开所有负载。（是、否）

（4）选用漏电保护开关要考虑以下因素（　　）。

A．电压等级　　B．工作电流　　C．正常泄漏电流的大小

（5）在教师的指导下拆开配电箱，查看漏电保护开关的接线。

学习总结

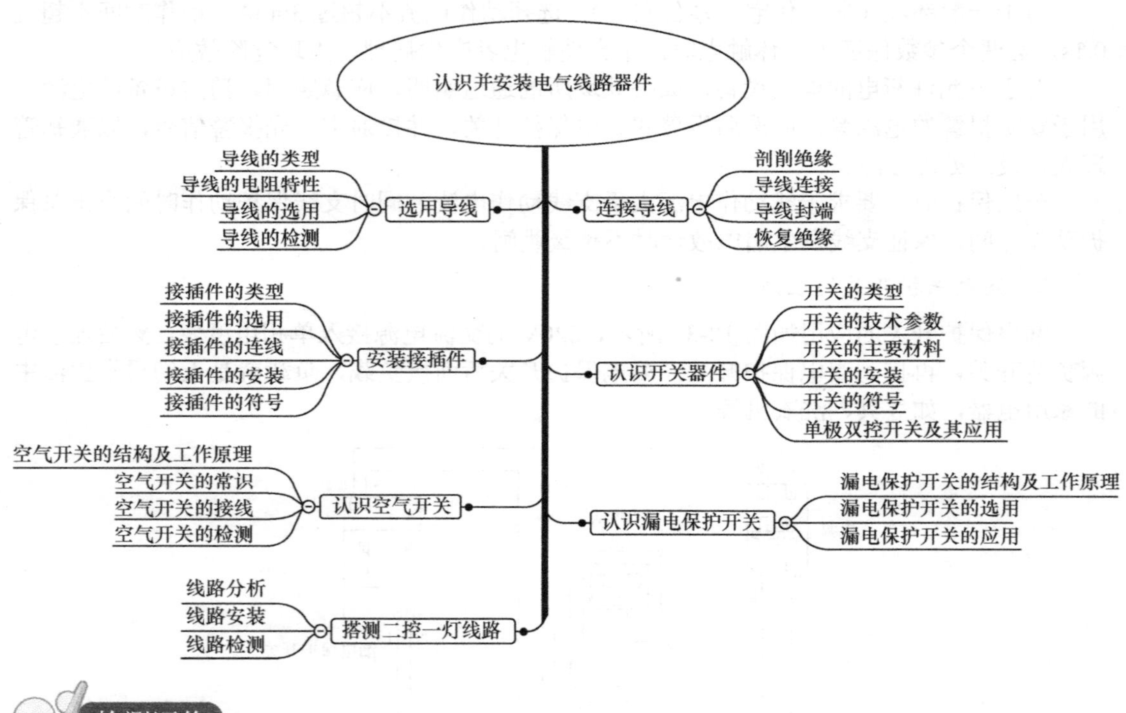

检测评价

〖技术知识〗

（1）单相照明线路长为 50m，负荷电流为 12A，根据线路允许电压损失不得超过线路额定电压 5%的规定，所采用的铜芯线的最小横截面积是（　　）mm^2。

A．1　　B．1.5　　C．2.5　　D．4

（2）导线连接的基本要求是（　　）。

A．接触紧密、接头电阻小、稳定性好，与同长度同截面导线的电阻比不大于 1

B．耐腐蚀

C．接头的机械强度应不小于导线抗拉强度的 90%

D．耐电压冲击

E．接头的绝缘强度和导线的绝缘强度一样

（3）安装照明线路开关时，开关底边距地面一般有（　　）等要求。

A．拉线开关是 2～3m　　B．拉线开关是 1.8～2m

C．墙边开关是 1.3～1.5m　　D．墙边开关是 1m

E．每一单相回路采用的胶壳开关和自动开关是 1.8～2m

（4）插座的安装使用要求是（　　）。

A．插座的容量应与用电负荷相适应

B．每一个插座只允许接一个电器

C．插座安装高度一般是 1.3～1.5m

D．居民住宅和儿童活动场所，插座安装高度不得小于 1.3m

E．任何情况下插座与地面距离不得小于 0.15m

〖**实践操作**〗

在二控一灯线路的基础上，要求实现三控一灯的线路，即使用 3 个开关中的任意 1 个都可以控制灯的亮灭。

（1）查找器件，学习三控一灯的电路原理。

（2）动手搭建线路。

任务 2　认识接地与供电系统

任务描述

安防设备需要电源才能正常工作。使用电源时，一是要正确接入电源，二是要确保用电安全。电源一般从变压器引入，或从独立电源装置引入。引入时可能有 3 根线或 4 根线，这些线起什么作用？如何接入设备？安防设备有可能漏电、也可能受到雷击，如何才能确保设备正常工作，避免触电危险？这些都是需要学习的基本用电知识。

任务分析

为了安全用电、正确用电，首先学习有关接地的知识，然后了解各种不同类型的供电系统。这些知识的学习，对看懂电气施工图，理解用电方案的技术术语非常重要。

任务实施

1. 认识接地

1）电气地

大地是一个电阻非常低、电容量非常大的物体，拥有吸收无限电荷的能力，而且在吸收大量电荷后仍能保持电位不变，因此适合作为电气系统中的参考电位体。

大地具有一定的电阻率，如果有电流流过，便以电流场的形式向四处扩散，使大地各处具有不同的电位，如图 10-36 所示。

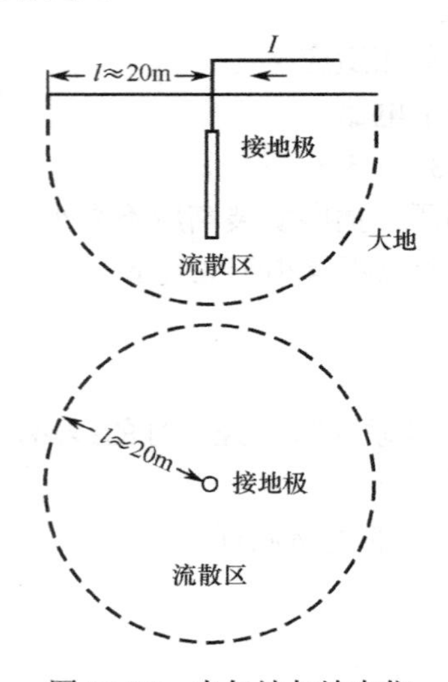

图 10-36　电气地与地电位

在流散区以外，即在距单根接地极或碰地处 15～20m 以外的地方，实际已没有什么电阻存在，即该处的电位已近零，称为“地电位”。

2）接地装置

接地装置包括接地极和接地线，用来实现电气系统与大地的连接，如图 10-37 所示。

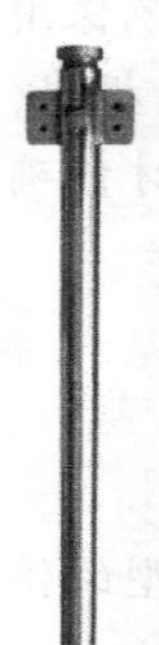

图 10-37　接地装置

接地极是与大地直接接触实现电气连接的金属物体。它可以是人工接地极，如圆钢、角钢、钢管等，也可以是自然接地极。接地极可以用作工作接地、保护接地或信号接地。

接地线是接地极到电气设备之间的连接导线。

接地母排是建筑物电气装置的参考电位点，通过它将电气装置内需接地的部分与接地极相连接。它还起另一个作用，即通过它将电气装置内各等电位连接线互相连通，从而实现一建筑物内大件导电部分间的总等电位连接，如图 10-38 所示。

接地极与接地母排之间的连接线称为接地极引线。

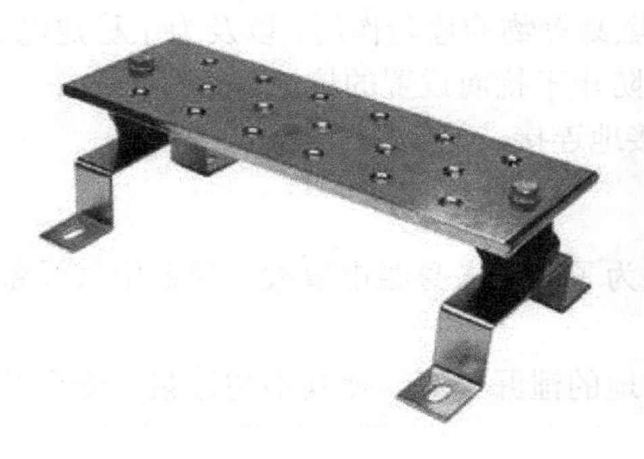

图 10-38　接地母排

3）接地方式

通常将接地分为供电系统接地、防雷接地、防静电接地，用它们来保护不同的对象，这几种接地方式从目的上来说没有什么区别，均是将过电压产生的过电流通过接地装置导入大地，从而实现保护的目的。

（1）供电系统接地。

供电系统接地分为工作点接地和保护接地。

接地电阻小于 4Ω。如达不到要求，则应加接地极，条件不好的，应加电解物及（或）更换土壤。

① 工作接地。

工作接地也叫系统接地，是在正常或故障情况下为了保证电气设备的可靠运行，而将电力系统中的某一点接地。该点通常是电源中性点。

例如，电源（发电机或变压器）的中性点直接接地，能维持非故障相的对地电压不变；电压互感器一次线圈的中性点接地，能保证一次系统中相对低电压测量的准确度，如图 10-39 所示。

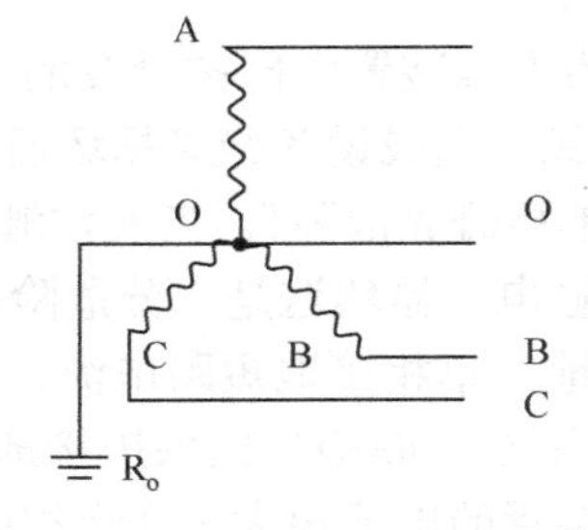

图 10-39　供电系统工作接地

② 保护接地。

保护接地也叫安全接地。电气装置的电气设备外壳、配电装置的构架和线路杆塔等，由于绝缘损坏有可能带电，为防止其危及人身和设备的安全而将其接地。

（2）防雷接地。

防雷接地又称过电压保护接地。其目的是为雷击时对地释放雷电流，以减少雷电流流过时引起的电位升高。如避雷针、避雷线及避雷器等接地。

（3）防静电接地。

又称仪器仪表接地。为了防止静电对易燃易爆物的危险作用，以及为了稳定电子设备、计算机监控系统、数据采集系统等的电位，防止干扰而设置的接地。

该系统接地电阻小于 1Ω，不能与防雷接地连接。

4）接地保护

保护接地与保护接零统称接地保护，是为了防止人身触电事故、保证电气设备正常运行所采取的一项技术措施。

保护接地的基本原理是限制漏电设备对地的泄漏电流，使其不超过某一安全范围，一旦超过某一整定值保护器就能自动切断电源。

保护接零的基本原理是借助接零线路，使设备在绝缘损坏后碰壳形成单相金属性短路时，利用短路电流促使线路上的保护装置迅速动作。

保护接地和保护接零不能在同一个配电系统中。假如同一系统有保护接零和保护接地，A 是保护接零，B 是保护接地，当设备 B 发生碰壳时，电流通过保护接地形成回路，当电流不太大时，线路可能不会断开，此时除了接触该设备的人员有触电的危险外，由于 N 线对地电压升高，会使与其他所有接零设备接触的人员都有触电的危险，如图 10-40 所示。

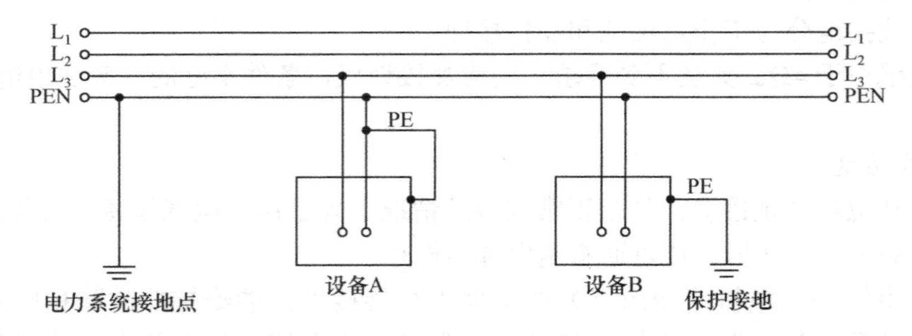

图 10-40　同一个配电系统中混用保护接地和保护接零

5）保护接地的作用

电气装置“外露导电部分”为电气装置中能被触及的导电部分，一般指电气设备外壳，在正常情况下是不带电的。当 L 线碰壳或设备绝缘损坏而漏电时，外壳带电，其电位与设备带电部分的电位相同，称作“单相碰壳故障”。当人体触及带电的设备外壳时，接地电流将全部流经人体，此即人体单相触电。显然这是十分危险的。

如果将电气设备做了保护接地，单相接地短路电流就会沿接地装置和人体这两条并联支路分别流过。一般因为人体电阻（>1000Ω）比保护接地电阻（<4Ω）大得多，所以流经人体的电流就很小，而流经接地装置的电流很大（分流作用），这样就可以避免或减轻触电的伤害。

如图 10-41 所示，在电气设备外壳有接地保护时，通过人体的电流 I_b 为：

$$I_b = I_e \frac{R_0}{R_0 + R_b}$$

式中，I_e 是漏电电流，R_0 是接地电阻值。

R_0 与 R_b 并联，且 R_0 远小于 R_b，所以通过人体的电流 I_b 可以减少到安全值以内。

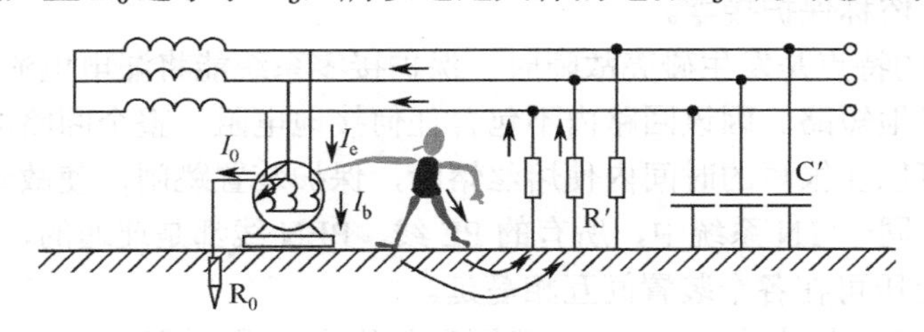

图 10-41　保护接地的作用

〖思考练习〗

（1）为了保证安全用电，有效的安全技术措施有（　　）。

A．保护接地　　B．保护接零

C．绝缘保护　　D．加装漏电保护开关

（2）测量接地电阻可用（　　）。

A．钳表　　B．摇表

C．万用表　　D．接地电阻测定仪

2．认识供电系统

1）基本供电系统的类型

我国使用的基本供电系统有三相三线制、三相四线制等。国际电工委员会（IEC）按配电系统的接地形式将供电系统分为 TN、TT、IT 三大类，其含义如表 10-2 所示。

表 10-2　基本供电系统的类型

<table>
<tr><th colspan="2" rowspan="2">系统符号</th><th colspan="3">保护方式</th><th rowspan="2">线　制</th><th colspan="2" rowspan="2">适用范围</th></tr>
<tr><th>电源端</th><th>负载端</th><th>N 线与 PE 线关系</th></tr>
<tr><td rowspan="4">TN</td><td>TN-S</td><td rowspan="5">电源接地系统（大电流接地系统）：中性点接地</td><td rowspan="4">保护接零系统：电气设备保护接零</td><td>分开</td><td>三相五线制</td><td rowspan="5">110kV 及以上</td><td rowspan="6">380V/220V 低压配电系统</td></tr>
<tr><td>TN-C</td><td>合一</td><td>三相四线制</td></tr>
<tr><td rowspan="2">TN-C-S</td><td rowspan="2">部分分开，部分合一</td><td>三相四线制</td></tr>
<tr><td>三相五线制</td></tr>
<tr><td colspan="2">TT</td><td rowspan="2">保护接地系统：电气设备保护接地</td><td rowspan="2"></td><td>三相四线制</td></tr>
<tr><td colspan="2">IT</td><td>电源不接地系统（小电流接地系统）：中性点不接地</td><td>三相三线制</td><td>35kV、10kV</td></tr>
</table>

注意：供电系统中，L 线指电源的相线，俗称火线；N 线指电源的中性线，俗称零线；

PE 线指电源的保护线，俗称地线。如果保护线与中性线公用，则该线称作 PEN 线（保护中性线）。

2）TN 供电系统

TN 供电系统的电源接地，同时所有电气设备的外壳均接到保护线上，并与电源的工作接地点直接相连，俗称保护接零。

TN 供电系统的特点是发生碰壳故障时，保护接零系统能将漏电电流上升为短路电流，实际上就是单相对地短路。因该回路内不包含任何接地电阻，整个回路的阻抗很小，故障电流很大，所以可以在很短的时间内使熔丝熔断，保护装置跳闸，使故障设备断电，保障人身安全。但由于同一 TN 系统中，所有的 PE 线、PEN 线都是连通的，因此所有 PE 线、PEN 线上的故障电压可在各个装置间互相蔓延。

TN 供电系统可节省材料、工时，在我国和其他许多国家得到广泛应用。

TN 供电系统是电源接地、保护接零的三相四线制系统或三相五线制系统。按照系统中保护线形式，又分为 TN-C 系统、TN-S 系统、TN-C-S 系统三种。

（1）TN-C 系统。

TN-C 系统是三相四线制。该系统的 PE 线和 N 线是合一的，该线又称为 PEN 线，如图 10-42 所示。

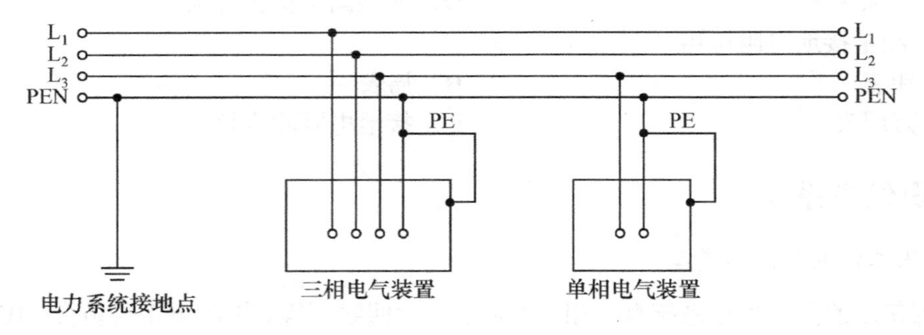

图 10-42 TN-C 系统

TN-C 系统的 PEN 线上常常有正常负荷电流流过，在 PEN 线上产生的压降呈现在电气设备外壳上，使其带电，对地呈现电压，这对敏感性电子设备可能产生电磁干扰，在危险的环境中可能引起爆炸。因此，除维护管理水平较高的场所外，现在已很少采用 TN-C 系统。

（2）TN-S 系统。

TN-S 系统是三相五线制。该系统的 PE 线和 N 线是分开敷设，相互绝缘的，如图 10-43 所示。

TN-S 系统在正常运行时，PE 线不通过负荷电流，与 PE 线相连的电气设备外壳不带电，安全可靠，没有电磁干扰。它适用于数据处理和精密电子仪器设备的供电，也可用于爆炸危险环境中。

TN-S 系统安全可靠，适用于工业与民用建筑等低压供电系统。在建筑工程施工前的“三通一平”（电通、水通、路通和地平）必须采用 TN-S 系统。

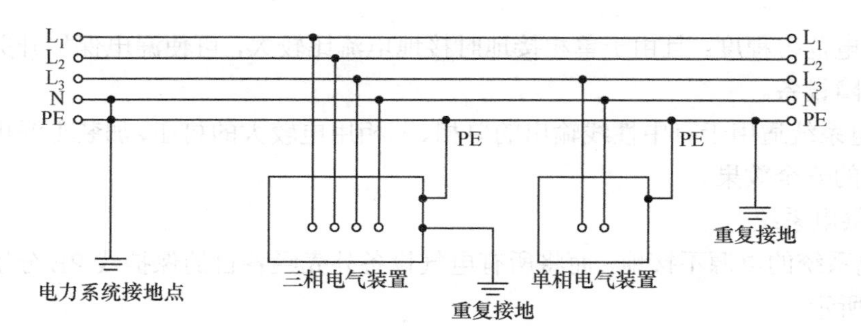

图 10-43　TN-S 系统

（3）TN-C-S 系统。

TN-C-S 系统是三相四线与三相五线混合系统。该系统从变压器到用户配电箱是四线制，N 线和 PE 线是合一的；从配电箱到用户，N 线和 PE 线是分开的，如图 10-44 所示。

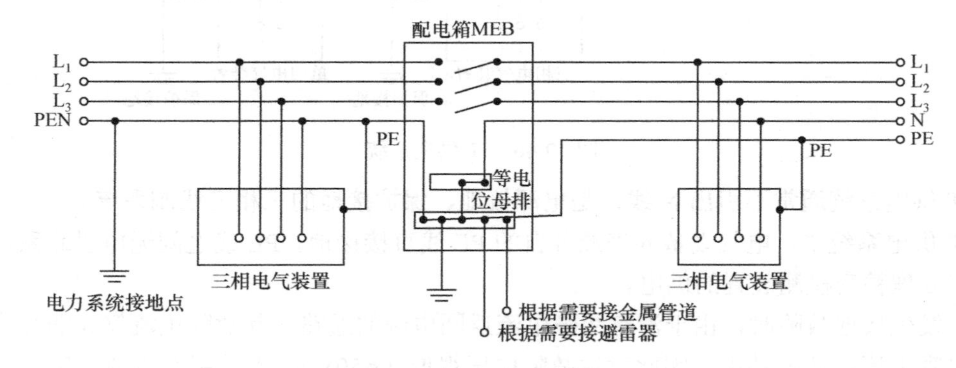

图 10-44　TN-C-S 系统

TN-C-S 系统兼有 TN-C 系统和 TN-S 系统的特点，电源线路结构简单，又保证一定安全水平，常用于配电系统末端环境较差或对电磁抗干扰要求较严的场所。

3）TT 供电系统

TT 供电系统的电源接地，同时所有电气设备外壳经各自的保护线 PE 分别直接接地，如图 10-45 所示。

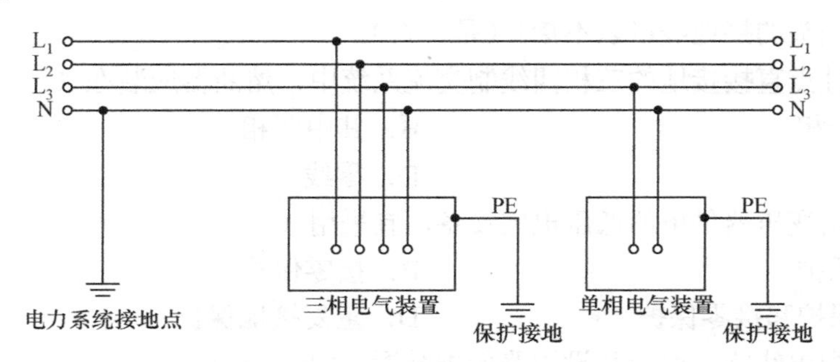

图 10-45　TT 供电系统

TT 供电系统是电源接地、保护接地的三相四线制系统。

与电器外壳不接地相比，TT 供电系统在碰壳故障时，可降低外壳的对地电压，因而可减轻人身触电危害程度；且由于单相接地时接地电流比较大，可使漏电保护开关可靠动作，及时切除故障设备。

TT 供电系统适用于有中性线输出的单相、三相用电较大的村庄，加装上漏电保护开关，可收到较好的安全效果。

4）IT 供电系统

IT 供电系统的电源不接地，而将所有电气设备外壳经各自的保护线 PE 分别直接接地，如图 10-46 所示。

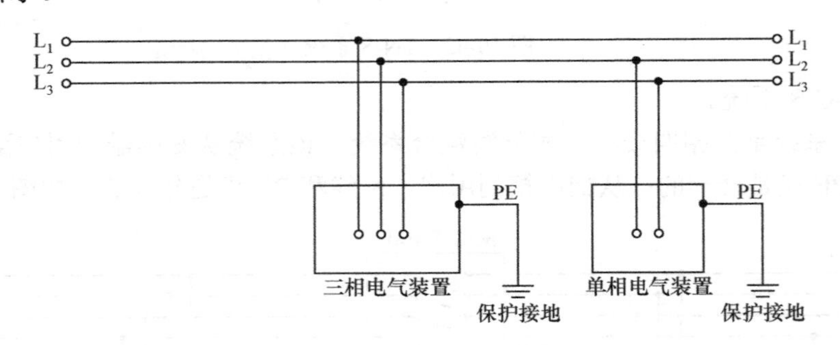

图 10-46　IT 供电系统

IT 供电系统通常不引出 N 线，是电源接地、保护接地的三相三线制系统。

IT 供电系统中，电气设备外壳经各自的 PE 线直接接地，PE 线之间无电磁联系，适用于数据处理精密检测装置的供电。

在发生接地故障时，由于没有故障电流返回电源的通路，其故障电流仅为非故障相的对地电容电流，其值甚小，因此对地故障电压很低（<50V），不致引发事故。所以，发生一个接地故障时，不用切断电源而使供电中断。

IT 供电系统在供电距离不是很长时，供电的可靠性高、安全性好。一般用于不允许停电的场所及有易燃易爆物的场所，如电炉炼钢、大医院的手术室、地下矿井等处。

〖思考练习〗

（1）可以直接将电气设备外壳接到暖气水管或直接接到埋入地下的钢钎中。（是、否）

（2）三极插头的接地线可以不接。（是、否）

（3）在中性点直接接地的三相四线制交流系统中，熔断器应装在（　　）上。

A．其中一相　　　　B．其中两相

C．各相　　　　D．零线

（4）由公用变压器供电的低压电气设备，宜采用（　　）。

A．接地保护　　　　B．接零保护

C．接地保护和接零保护　　　　D．重复接地保护

（5）低压配电线路一般应装设短路保护装置。（是、否）

（6）三相四线制系统的零线应采用铜线，其截面应按相线截面额定载流量的 100%选择。（是、否）

（7）不共地的设备可以互连在一起。（是、否）

学习总结

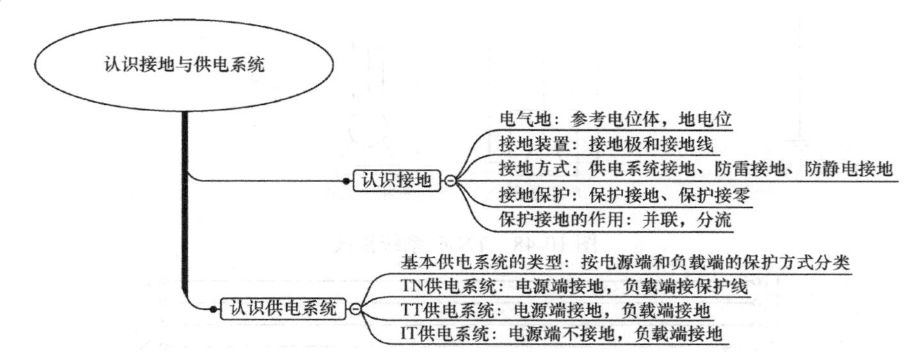

检测评价

〖技术知识〗

（1）接地极的作用是________________、________________、________________。

（2）接地极安装完成后，应使用________测量接地电阻大小，要求接地电阻________。

（3）良好的接地是防雷中至关重要的一环，接地电阻值越____，电压值越低。

（4）先安装接闪器，然后施工接地装置和引下线。（是、否）

（5）供电系统设备端可以接地，也可以不接地。（是、否）

（6）因正常工作或排除故障需要，将电气设备外壳接地，称为工作接地。（是、否）

（7）供电系统接地、防雷接地、防静电接地必须连接在一起，形成一个接地网。（是、否）

（8）同一供电系统既能采用保护接地，又可采用保护接零。（是、否）

（9）IT 供电系统需要安装漏电保护开关。（是、否）

（10）TN-S 系统的中性线与保护线是（　　）的。

A．分开　　　　B．公用

C．前段公用后段分开　　　　D．后段公用前段分开

（11）安装 TN-C-S 系统配电箱时，为什么 PEN 线要先接 PE 线，再将 PE 线与 N 线进行连接？

〖实践操作〗

（1）请分别在不同的供电系统（如图 10-47～图 10-50 所示）中连接电气设备。

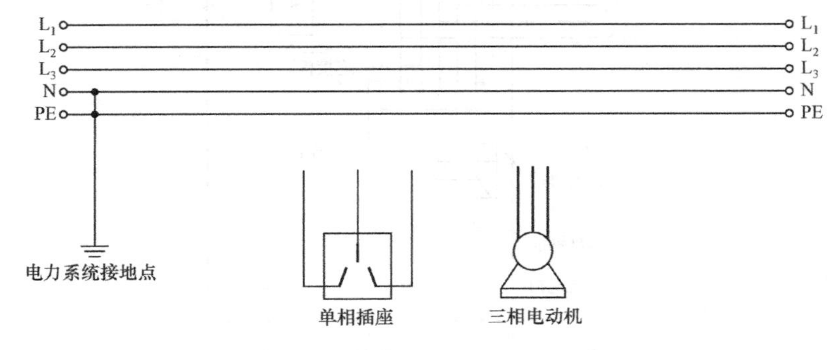

图 10-47　TN-S 系统接线

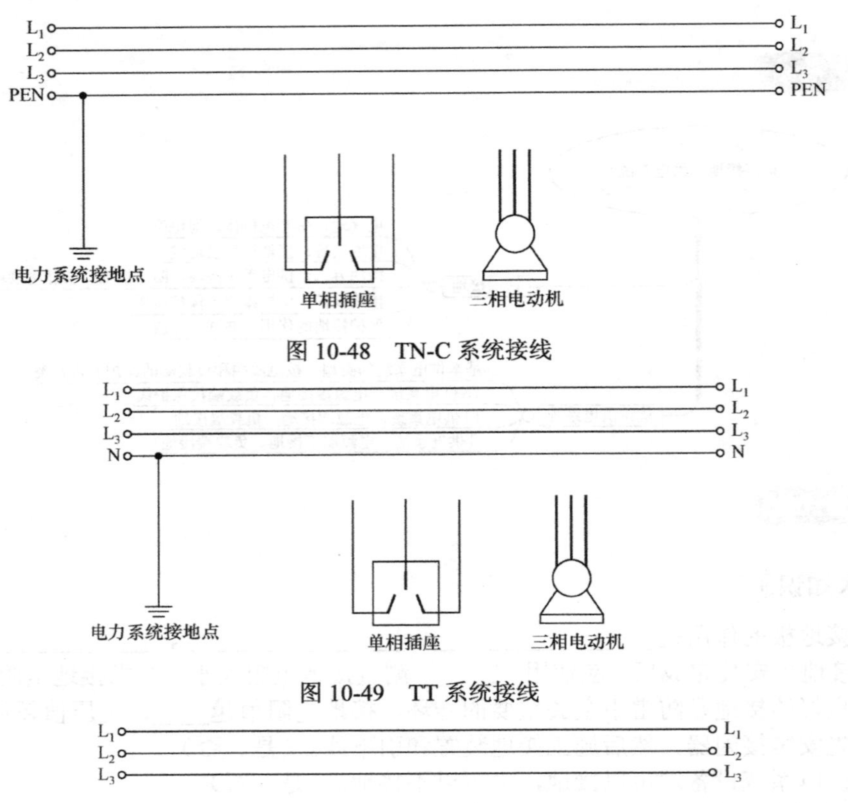

图 10-48　TN-C 系统接线

图 10-49　TT 系统接线

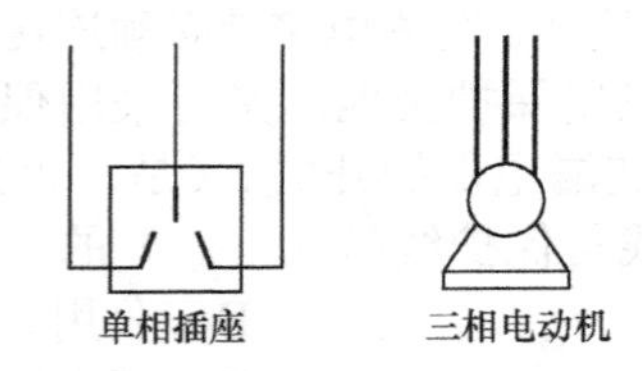

图 10-50　IT 系统接线

（2）如图 10-51 所示是 TN-C-S 系统的配电箱。图中的电气设备应该如何接入电源？

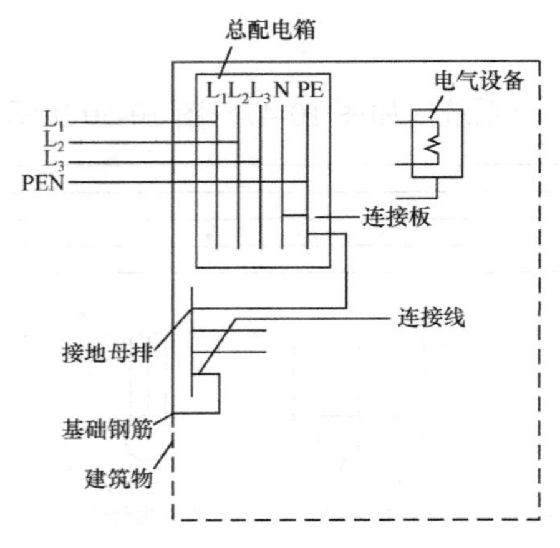

图 10-51　TN-C-S 系统的配电箱